Windows ネットワーク 上級リファレンス

Windows 10/8.1/7 完全対応

Windows Network Advanced Reference

橋本情報戦略企画
Microsoft MVP (Windows and Devices for IT)
橋本和則 K.Hashimoto

本書内容に関するお問い合わせについて

このたびは翔泳社の書籍をお買い上げいただき、誠にありがとうございます。弊社では、読者の皆様からのお問い合わせに適切に対応させていただくため、以下のガイドラインへのご協力をお願い致しております。下記項目をお読みいただき、手順に従ってお問い合わせください。

●ご質問される前に

弊社Webサイトの「正誤表」をご参照ください。これまでに判明した正誤や追加情報を掲載しています。

正誤表　http://www.shoeisha.co.jp/book/errata/

●ご質問方法

弊社Webサイトの「刊行物Q&A」をご利用ください。

刊行物Q&A　http://www.shoeisha.co.jp/book/qa/

インターネットをご利用でない場合は、FAXまたは郵便にて、下記"翔泳社 愛読者サービスセンター"までお問い合わせください。
電話でのご質問は、お受けしておりません。

●回答について

回答は、ご質問いただいた手段によってご返事申し上げます。ご質問の内容によっては、回答に数日ないしはそれ以上の期間を要する場合があります。

●ご質問に際してのご注意

本書の対象を越えるもの、記述個所を特定されないもの、また読者固有の環境に起因するご質問等にはお答えできませんので、予めご了承ください。

●郵便物送付先およびFAX番号

送付先住所　〒160-0006　東京都新宿区舟町5
FAX番号　　03-5362-3818
宛先　　　　（株）翔泳社 愛読者サービスセンター

※本書に記載されたURL等は予告なく変更される場合があります。
※本書の出版にあたっては正確な記述につとめましたが、著者や出版社などのいずれも、本書の内容に対してなんらかの保証をするものではなく、内容やサンプルに基づくいかなる運用結果に関してもいっさいの責任を負いません。
※本書に掲載されているサンプルプログラムやスクリプト、および実行結果を記した画面イメージなどは、特定の設定に基づいた環境にて再現される一例です。

※本書に記載されている会社名、製品名はそれぞれ各社の商標および登録商標です。
※本書は2016年8月時点での情報です。

はじめに

　ネットワーク系のテクニックや知識の収集は、ネット検索で済ませている読者も多いだろう。書籍執筆を生業とする筆者でさえ、実はその1人だったりする。しかし、IT系の情報誌に触れなくなったことで、困ってしまうことがある。

　それは、日々進化していくネットワークデバイス＆OSの魅力を知る機会が少なくなり、「もっと便利に」「もっと楽しく」「もっと効率的に」ネットワークを活用する喜びも失われてしまったことだ。

　最近のネットワークデバイス（特に無線LANルーター）はとりあえず接続すれば動いてしまうが、実はなんとなく動いてしまっているネットワークほど「危険」かつ「もったいない」状態はない。

　そこで本書では、第1部として「ルーターを中心としたネットワーク構造を理解し、ファイル共有環境をしっかり整える」ことを解説している。ここで構築する環境は、ビジネスユースにも耐えうるセキュアかつ現実的なものであり、汎用PC＆低予算で「柔軟性＆将来性のあるファイルサーバー」を構築できるのがポイントだ。

　さらに第2部では、第1部で構築した環境の活用として、「iOS＆Android端末からのPC共有フォルダーへのアクセス」「リモートコントロール」「メディア共有（DLNA）」「Windows 10 Mobile」「NAS／ネットワークカメラ等の各種デバイスの活用」等を紹介している。

　ちなみに本書ではWindows OSの各種操作や設定、レジストリ＆グループポリシーカスタマイズも解説するが、「Windows 10／8.1／7」に完全対応であり、すべてのネットワークデバイスをビジネス＆ホームユースで活用できるよう記述している。

　本書がネットワークにおける「新しい活用方法」「新しい楽しさの喚起」「セキュリティへの新たな意識と対策」「作業の効率化」等々、読者のプラスになれば幸いである。

2016年8月
橋本情報戦略企画
橋本 和則

目的別リファレンス

本書はWindowsネットワークの各種設定やカスタマイズについて幅広く解説している。解説内容が多岐にわたるため、ここでは「目的別リファレンス」として、テーマごとの参照ページを示そう。

■ ルーターの設定＆配線

項目名	参照ページ
ポートマッピング設定	102
ダイナミックDNSの理論とルーターによるDDNS設定	105
ルーターによるダイナミックDNSの設定	106
ルーターの「NAT」機能	58
新しい無線LANルーターの機能とパフォーマンスを最大限活かす	62
無線LANルーターの付加機能の確認	65
ネットワークの物理配線	27
きれいなネットワーク物理配線	30
有線LAN接続によるパフォーマンス確保	32
ルーターの「DHCPサーバー」機能	59
ルーターのファームウェアアップデート	95
ルーターの設定コンソールのログオンパスワード変更	97
ルーターの存在によるセキュリティ効能	104
ルーター設定コンソールへのログオン	71
ルーター設定をファイルに保存する	94
既存の無線LANルーターのアクセスポイント化	112
無線LANルーターのアクセスポイント化	112
ルーター設定ファイルの復元手順に着目する	95
ルーターモード／アクセスポイントモードの指定方法	66
無線LANルーターを独立環境で設定する	71
ルーターのIPアドレス／デフォルトゲートウェイアドレスの変更	98
DHCPサーバー機能による自動割り当て数／自動割り当て範囲の変更	99
DHCPサーバー機能によるIPアドレス割り当てが枯渇する場合の対処	100
ルーター設定コンソールの「用語違い」に注意する	69
ルーターによる固定IPアドレス割り当て設定	101
新しい無線LANルーターの導入事例	61
ルーターのハードウェアリセット方法の確認	71
アクセスポイント化によるルーターの一本化	109
二重ルーター問題の解決と無線LANルーターの導入	109
ハイパワーアンテナ搭載無線LANルーターの導入	110
設定コンソールによるルーターのアクセスポイント化	113

■ 無線LANの操作＆設定

項目名	参照ページ
無線LAN親機でのアクセスポイント設定	73
マルチSSIDによるネットワーク分離	77
MACアドレスフィルタリングによるアクセス制限	79
SSIDステルス機能によるSSIDブロードキャストの停止	84

項目名	参照ページ
チャンネル変更による電波干渉の回避	118
デチューンによる電波干渉の回避	119
PCでのWi-Fi接続手順	85
ステルス機能が有効なアクセスポイントに接続する	89
Wi-Fi接続における従量制課金接続の設定	90
無線LANアクセスポイントの開放は必要最小限に	79
ノートPC／タブレットPCにおける有線LANの活用	253
無線LAN接続の通信規格を知る	60
無線LAN通信パフォーマンスとセキュリティ	63
上位無線LAN規格を旧型ノートPCで活用する	90
デスクトップPCで無線LAN接続を確保する	92
ハイパワーアンテナ搭載無線LANルーターの導入	110
「複数」の無線LAN親機を設置する環境での最適化	118
物理的な無線LAN親機の配置	118

■ スマートフォン＆タブレットの活用

項目名	参照ページ
iOS端末からPC共有フォルダーへのアクセス	262
「ESファイルエクスプローラー」による共有フォルダーへのアクセス（Android端末）	267
AndroidからPC共有フォルダーへのアクセス	267
iOS／Android端末でPCをリモートコントロールする	279
遠隔PCリモートコントロールの実現	280
iOS／Android端末でリモート電源コントロールを行う	281
iOS端末で動画ファイル再生環境を構築する	314
Android端末で動画ファイル再生環境を構築する	315
「Chromeリモートデスクトップ」へのアクセス	334
Windows 10 Mobile端末でのリモートデスクトップ接続	304
Windows 10 Mobile端末でのリモート電源コントロール	306
FileExplorerの活用（iOS端末）	263
GoodReaderの活用（iOS端末）	265
PCのホスト機能にアクセスするための条件	262
Windows 10と同じUIを持つWindows 10 Mobile	298
Officeが無料で使えるWindows 10 Mobile端末	299
スマートフォン用のネットワークツールによる情報確認	231
iOS端末でのネットワーク情報の確認	270
Android端末でのネットワーク情報の確認	271
Windows 10 Mobile端末でのネットワーク情報の確認	304
バッチファイルによる固定ドライブでのファイルアクセス	276
iOS端末でのIPアドレス固定化	272
Android端末でのIPアドレス固定化	273
Windows 10 Mobileで物理キーボード／マウスを利用する	301
Continuum／Miracastによる大画面操作	302
「GoodReader」をホストとしたファイル共有（iOS端末）	274
「Android端末」をホストとしたファイル共有	276
DavDriveでのファイル共有設定（Android端末）	277

■ 周辺機器

項目名	参照ページ
PCをホストとしたUSBプリンターの共有	282
NASによる共有管理	285
無線LANルーターのUSBポートで実現するNAS	288
ハブの商品選択	28
LANケーブルの選択	32
オンボードLANデバイスの無効化	255
Windows Media リモコン	311
トラックボール	311
プレゼンテーションマウス	312
防水ケース	317
防水Bluetoothスピーカー／ヘッドフォン	318
ノートPC／タブレットPCにおける有線LANの活用	253
NASのファイルロスを軽減させるための管理	292
Windows 10 Mobileで物理キーボード／マウスを利用する	301
Continuum／Miracastによる大画面操作（Windows 10 Mobile）	302
著作権保護を意に介さずデジタル放送を視聴する	309
デジタルメディアコントローラー／デジタルメディアレンダラー	312
その他ネットワークデバイスのIPアドレス固定化	238
NASによる共有フォルダー管理	287
NASの設定コンソールへのアクセス	287
NASのネットワーク設定と活用	289
ネットワークカメラの設定コンソールへのアクセス	293
ネットワークカメラのIPアドレス固定化とポート番号設定	294
ネットワークカメラへのアクセス／遠隔接続	295
無線LANルーターのUSBデバイスサポート	68
上位無線LAN規格を旧型ノートPCで活用する	90
デスクトップPCで無線LAN接続を確保する	92
ハイパワーアンテナ搭載無線LANルーターの導入	110
無停電電源装置（UPS）の選択	134
サーバー／ホストPCにおけるネットワークアダプター選択	252
無線LANルーター／NASを利用したプリンター共有	285
ネットワークカメラの活用と設定	293
USBカメラをネットワークカメラとして運用する	296
LANケーブル抜け防止	257
LANポート不正利用防止	257
LANカシメ工具	258
LANケーブル中継アダプター	258
盗難防止ケーブル	260

■ 安定運用とパフォーマンス

項目名	参照ページ
無線LAN通信パフォーマンスとセキュリティ	63
デチューンによる電波干渉の回避	119
「システム領域」と「データ領域」の独立	131

項目名	参照ページ
ビジネス環境に求められるファイルサーバー	127
安定性を追求したストレージ構成	130
「複数」の無線LAN親機を設置する環境での最適化	118
新しい無線LANルーターの機能とパフォーマンスを最大限活かす	62
チャンネル変更による電波干渉の回避	118
余計な機能を導入しない／停止する管理を行う	128
ストライプボリュームの作成	340
記憶域によるストレージ容量の仮想化	342
ネットワークデバイスのIPアドレスを固定化する意味	232
Windowsファイルサーバーに求められるPCスペック	124
無停電電源装置（UPS）の選択	134
BitLockerによるデータドライブ暗号化	347
Webブラウザー偽装／プロキシサーバー利用	358
アプリやOSの検証環境の構築	359
データファイルはファイルサーバーで集中管理する	126
「サーバー専用PC」としての運用と役割	127
Windows OSをサーバー／ホスト運用するために	135
ルーター設定をファイルに保存する	94
ネットワークの物理配線	27
有線LAN接続によるパフォーマンス確保	32
ミラーボリュームの作成	339
ミラーボリュームの解除	342
無線LANルーターのアクセスポイント化	112

■ トラブル予防&トラブルシューティング

項目名	参照ページ
Windows Update管理の考え方	245
更新プログラムの適用方法を変更する	248
無線LANルーターを独立環境で設定する	71
無線LANアクセスポイントの開放は必要最小限に	79
ルーター設定ファイルの復元手順に着目する	95
「パスワードが必須」のWindows OSのネットワーク機能	159
共有フォルダーの設定概念を変えたMicrosoftアカウント	159
ネットワークデバイスのIPアドレスを固定化する意味	232
余計な機能を導入しない／停止する管理を行う	128
安定性を追求したストレージ構成	130
Windowsファイアウォールによる警告の対処	241
NASのファイルロスを軽減させるための管理	292
ロックしたアプリを強制終了する	355
アプリやOSの検証環境の構築	359
一部メーカー／中古PCのクリーンインストール	361
MACアドレスフィルタリングの管理	83
DHCPサーバー機能によるIPアドレス割り当てが枯渇する場合の対処	100
二重ルーター問題の解決と無線LANルーターの導入	109
アクセスアドレスの恒久化	233

項目名	参照ページ
ネットワーク＋リザーバーPCによる作業継続	364
「システム領域」と「データ領域」の独立	131
設定コンソールにおけるコピー＆ペーストによる設定適用の注意点	70
MACアドレスフィルタリング有効化後の注意点	83
ファームウェアアップデートによる不具合	96
自動的に変更されるネットワークプロファイルに注意	149
デュアルLAN接続環境でのネットワークプロファイル	153
「ユーザー名」に２バイト文字を利用しない	162
「ユーザー名」の変更禁止	163
将来的なネットワーク環境の変化に注意する	235
新しいNASは様子を見てからファイル管理を開始する	288
同一ローカルエリアネットワーク接続と遠隔接続	330
「ハブ」を導入しない場合の問題点	29
ルーターのハードウェアリセット方法の確認	71
セキュリティで惑わされないための鉄則	213
Windows 10の「アップグレード」を延期する	247
無線LAN通信パフォーマンスとセキュリティ	63
マルチSSIDによるネットワーク分離	77
MACアドレスフィルタリングによるアクセス制限	79
ルーターの設定コンソールのログオンパスワード変更	97
Windows OSをサーバー／ホスト運用するために	135
クライアントのセキュアな管理	211
必要最小限のアプリ導入＆サポート終了アプリの禁止	212
Windowsファイアウォールの役割	240
Windows Update管理の考え方	245
一部メーカー／中古PCのクリーンインストール	361
UACの設定	49
アカウントの種類に「標準ユーザー」を割り当てる	212
アンチウィルスソフトの導入	213
Windows OS標準のマルウェア対策「Windows Defender」	214
クラシックログオンによるセキュアなサインイン	220
ロック画面からのクラシックログオン	221
Windowsファイアウォールによる警告の対処	241
更新プログラムの適用方法を変更する	248
BitLockerによるデータドライブ暗号化	347
データファイルの個人情報の削除	357
余計なものを開かない／実行しない／許可しない	211
デスクトップのロック／自動ロック	216
更新プログラムを手動で適用する	251
LANケーブル抜け防止	257
LANポート不正利用防止	257
盗難防止ケーブル	260

■ Windows 10の操作＆設定

項目名	参照ページ
Windows 10のWi-Fi接続設定	85

項目名	参照ページ
ステルス機能が有効なアクセスポイントに接続する	89
Wi-Fi接続における従量制課金接続の設定	90
ファイルの拡張子を表示する設定	44
ショートカットアイコンの作成方法	52
自動的に実行されるスリープの停止	139
ストレージ省電力機能の停止	142
PC本体の電源ボタンを押したときの動作指定	143
デスクトップ上での電源操作を禁止する	144
PCのプロセッサスケジュールをサーバー/ホスト向けにする	146
ネットワークプロファイルの詳細設定	153
ローカルアカウントを作成する	164
アカウントの種類を変更する	165
連続的にローカルアカウントを作成する	172
デスクトップアイコンの配置	188
バッチファイルの作成	206
サインイン時にバッチファイルを自動起動する	210
デスクトップロック実行アイコンの作成	217
非自動スリープ環境における自動ロック	218
PC（Windows OS）のIPアドレス固定化設定	235
任意のポート番号の受信許可を行う	244
「アップグレード」を延期する	247
更新プログラムの適用方法を変更する	248
ネットワークアダプターの無効化	254
ホストにUSB接続したプリンターの共有を有効にする	282
リモートデスクトップホスト機能の有効化	322
ダイナミックディスクの適用	338
空パスワードのアカウントのアクセスを許可する	350
特定ユーザーアカウントのサインインを自動化する	351
サインインできないユーザーアカウントにする	352
クラウド経由でドライブを共有する（ホスト）	353
ネットワークを応用したバックアップ管理	362
共有フォルダーへのアクセス（クライアント）	190
共有フォルダーへアクセスするための設定	192
共有フォルダーの解除	195
ホストで共有設定にしたUSB接続プリンターを利用する	283
動画ファイル再生／DTCP-IP対応再生環境の構築	309
PCクライアントからのリモートデスクトップ接続	323
「Chromeリモートデスクトップ」へのアクセス（PCクライアント）	332
上位エディションのみ適用できる設定	129
ネットワーク情報を確認する	224
ネットワークアダプターによるネットワーク情報の確認	226
コマンドによるネットワーク情報の確認	228
通信が許可されているアプリや機能を確認する	241
Windows 10のシステム確認	34
システムの詳細を確認する	37

項目名	参照ページ
Windows 10のエディション別機能差	38
「ショートカット起動」の記述と活用	51
リモートデスクトップホストの対応エディション	321
共有フォルダーへの素早いアクセス	196
「NET USE」コマンドによるドライブ割り当て	205
コマンド結果をテキストファイルにする「リダイレクト」	220
設定コンソールへのアクセス	40
コマンドの実行	45
レジストリ／グループポリシーによるカスタマイズ	47
UACの設定	49
コマンドによる電源操作	146
エクスプローラーの起動とPC表示	186
クイックアクセスの活用（共有フォルダーへのアクセス）	197
3OS共通の「メモ帳」起動方法	209
更新プログラムを手動で適用する	251
データファイルの個人情報の削除	357

■ Windows 8.1の操作＆設定

項目名	参照ページ
Windows 8.1のWi-Fi接続設定	86
ステルス機能が有効なアクセスポイントに接続する	89
Wi-Fi接続における従量制課金接続の設定	92
ファイルの拡張子を表示する設定	44
ショートカットアイコンの作成方法	52
自動的に実行されるスリープの停止	140
ストレージ省電力機能の停止	142
PC本体の電源ボタンを押したときの動作指定	143
デスクトップ上での電源操作を禁止する	144
PCのプロセッサスケジュールをサーバー／ホスト向けにする	146
ネットワークプロファイルの詳細設定	153
ローカルアカウントを作成する	166
アカウントの種類を変更する	168
連続的にローカルアカウントを作成する	172
デスクトップアイコンの配置	189
バッチファイルの作成	206
サインイン時にバッチファイルを自動起動する	210
デスクトップロック実行アイコンの作成	217
非自動スリープ環境における自動ロック	218
PC（Windows OS）のIPアドレス固定化設定	235
任意のポート番号の受信許可を行う	244
更新プログラムの適用方法を変更する	249
ネットワークアダプターの無効化	254
ホストにUSB接続したプリンターの共有を有効にする	282
リモートデスクトップホスト機能の有効化	322
ダイナミックディスクの適用	338

項目名	参照ページ
空パスワードのアカウントのアクセスを許可する	350
特定ユーザーアカウントのサインインを自動化する	351
サインインできないユーザーアカウントにする	352
ネットワークを応用したバックアップ管理	362
共有フォルダーへのアクセス（クライアント）	190
共有フォルダーへアクセスするための設定	192
共有フォルダーの解除	195
ホストで共有設定にしたUSB接続プリンターを利用する	283
動画ファイル再生／DTCP-IP対応再生環境の構築	309
PCクライアントからのリモートデスクトップ接続	323
「Chromeリモートデスクトップ」へのアクセス（PCクライアント）	332
上位エディションのみ適用できる設定	129
ネットワーク情報を確認する	224
ネットワークアダプターによるネットワーク情報の確認	226
コマンドによるネットワーク情報の確認	228
通信が許可されているアプリや機能を確認する	241
Windows 8.1のシステム確認	35
システムの詳細を確認する	37
Windows 8.1のエディション別機能差	39
「ショートカット起動」の記述と活用	51
リモートデスクトップホストの対応エディション	321
共有フォルダーへの素早いアクセス	196
「NET USE」コマンドによるドライブ割り当て	205
コマンド結果をテキストファイルにする「リダイレクト」	220
設定コンソールへのアクセス	40
コマンドの実行	45
レジストリ／グループポリシーによるカスタマイズ	47
UACの設定	49
コマンドによる電源操作	146
エクスプローラーの起動とPC表示	186
お気に入りの活用（共有フォルダーへのアクセス）	198
3OS共通の「メモ帳」起動方法	209
更新プログラムを手動で適用する	251
データファイルの個人情報の削除	357

■ Windows 7の操作＆設定

項目名	参照ページ
Windows 7のWi-Fi接続設定	88
ステルス機能が有効なアクセスポイントに接続する	89
ファイルの拡張子を表示する設定	44
ショートカットアイコンの作成方法	52
自動的に実行されるスリープの停止	141
ストレージ省電力機能の停止	142
PC本体の電源ボタンを押したときの動作指定	143
デスクトップ上での電源操作を禁止する	144

項目名	参照ページ
PCのプロセッサスケジュールをサーバー／ホスト向けにする	146
ネットワークプロファイルの詳細設定	153
ユーザーアカウントを作成する	169
ユーザーパスワードを作成する	171
連続的にローカルアカウントを作成する	172
デスクトップアイコンの配置	190
バッチファイルの作成	206
サインイン時にバッチファイルを自動起動する	210
デスクトップロック実行アイコンの作成	217
非自動スリープ環境における自動ロック	218
PC（Windows OS）のIPアドレス固定化設定	235
任意のポート番号の受信許可を行う	244
更新プログラムの適用方法を変更する	250
ネットワークアダプターの無効化	254
ホストにUSB接続したプリンターの共有を有効にする	282
リモートデスクトップホスト機能の有効化	322
ダイナミックディスクの適用	338
空パスワードのアカウントのアクセスを許可する	350
特定ユーザーアカウントのサインインを自動化する	351
サインインできないユーザーアカウントにする	352
ネットワークを応用したバックアップ管理	362
共有フォルダーへのアクセス（クライアント）	190
共有フォルダーへアクセスするための設定	192
共有フォルダーの解除	195
ホストで共有設定にしたUSB接続プリンターを利用する	283
動画ファイル再生／DTCP-IP対応再生環境の構築	309
PCクライアントからのリモートデスクトップ接続	323
「Chromeリモートデスクトップ」へのアクセス（PCクライアント）	332
上位エディションのみ適用できる設定	129
ネットワーク情報を確認する	224
ネットワークアダプターによるネットワーク情報の確認	226
コマンドによるネットワーク情報の確認	228
通信が許可されているアプリや機能を確認する	241
Windows 7のシステム確認	36
システムの詳細を確認する	37
Windows 7のエディション別機能差	40
「ショートカット起動」の記述と活用	51
リモートデスクトップホストの対応エディション	321
共有フォルダーへの素早いアクセス	196
「NET USE」コマンドによるドライブ割り当て	205
コマンド結果をテキストファイルにする「リダイレクト」	220
設定コンソールへのアクセス	40
コマンドの実行	45
レジストリ／グループポリシーによるカスタマイズ	47
UACの設定	49

項目名	参照ページ
コマンドによる電源操作	146
エクスプローラーの起動とPC表示	187
お気に入りの活用（共有フォルダーへのアクセス）	198
3OS共通の「メモ帳」起動方法	209
更新プログラムを手動で適用する	251
データファイルの個人情報の削除	357

■ Windows ネットワークの基礎＆構造

項目名	参照ページ
動的IPアドレスを解決するダイナミックDNS	105
ネットワークデバイスに割り当てられるIPアドレス	27
ルーターの「DHCPサーバー」機能	59
ルーターのIPアドレス／デフォルトゲートウェイアドレスの変更	98
DHCPサーバー機能による割り当ては「動的（浮動）」	232
MACアドレスの概要	26
MACアドレスフィルタリング有効化後の注意点	83
ルーターの存在によるセキュリティ効果	104
Windowsファイアウォールの役割	240
Windows Update管理の考え方	245
グローバルIPアドレスの概要	24
ネットワークの基礎「アドレス」を理解する	24
プライベートIPアドレスの概要	25
メディアを共有するためのサーバーとDTCP-IP	308
「IPアドレス固定化設定」を行うための管理	234
ローカルエリアネットワークとワイドエリアネットワーク	26
ルーターの「NAT」機能	58

■ ネットワーク／PC情報の確認

項目名	参照ページ
割り当てられている「グローバルIPアドレス」を確認する	108
ネットワークプロファイルを確認する	148
ネットワーク情報を確認する	224
ネットワークアダプターによるネットワーク情報の確認	226
コマンドによるネットワーク情報の確認	228
通信が許可されているアプリや機能を確認する	241
iOS端末でのネットワーク情報の確認	270
Android端末でのネットワーク情報の確認	271
Windows 10 Mobile端末でのネットワーク情報の確認	304
OSタイトル／エディション／システムを確認する	33
Windows 10／8.1／7のエディションの違い	37
ファイルサーバーに求められるWindows OSとエディション	129
Windows 10のシステム確認	34
Windows 8.1のシステム確認	35
Windows 7のシステム確認	36

項目名	参照ページ
システムの詳細を確認する	37
コンピューター名（PC名）の確認と設定	136
ユーザーアカウントを一覧で確認する	173
共有フォルダーを一覧で確認する	182
ネットワーク情報をテキスト化する	226
「ネットワークツール」による一括情報確認	230
スマートフォン用のネットワークツールによる情報確認	231

■ サーバー／ホストの構築＆管理

項目名	参照ページ
Windowsファイルサーバーのメリット	122
Windowsファイルサーバーに求められるPCスペック	124
ビジネス環境に求められるファイルサーバー	127
Windows OSをサーバー／ホスト運用するために	135
「共有フォルダー」の管理	156
アクセスを許可して制限する共有管理	156
ユーザー名とパスワードを管理する「ユーザーアカウント」	157
共有フォルダーにおけるアクセスレベルの設定	157
アクセス許可できるユーザーの条件	158
最も重要な「ユーザーアカウント管理」	158
「GoodReader」をホストとしたファイル共有（iOS端末）	274
「Android端末」をホストとしたファイル共有	276
NASによる共有管理	285
メディアを共有するためのサーバーとDTCP-IP	308
クラウド経由でドライブを共有する（ホスト）	353
PCリモコンアプリ「Chromeリモートデスクトップ」	320
Windows OS標準機能「リモートデスクトップ」	320
「Chromeリモートデスクトップ」のセットアップ	321
リモートデスクトップホストの対応エディション	321
リモートデスクトップホスト機能の有効化	322
リモートデスクトップ接続（クライアント）	326
リモート接続の有効化（ホスト）	332
ホストPCにおける「WOL」の有効化	335
余計な機能を導入しない／停止する管理を行う	128
コンピューター名（PC名）の確認と設定	136
自動的に実行されるスリープの停止	139
ストレージ省電力機能の停止	142
PCのプロセッサスケジュールをサーバー／ホスト向けにする	146
ネットワークプロファイルを選択する	150
共有フォルダーの設定	176
共有フォルダーの存在を秘匿する	178
非自動スリープ環境における自動ロック	218
クラシックログオンによるセキュアなサインイン	220
ロック画面からのクラシックログオン	221
安定性を追求したストレージ構成	130

項目名	参照ページ
「システム領域」と「データ領域」の独立	131
ファイルサーバーに求められるWindows OSとエディション	129
デスクトップのロック／自動ロック	216
ダイナミックDNSの理論とルーターによるDDNS設定	105
Windows 10でローカルアカウントを作成する	164
Windows 8.1でローカルアカウントを作成する	166
Windows 7でユーザーアカウントを作成する	169
データファイルはファイルサーバーで集中管理する	126
「サーバー専用PC」としての運用と役割	127
ダイナミックDNS機能サポートと料金体系	67
ネットワークプロファイルを確認する	148
ユーザーアカウントを一覧で確認する	173
共有フォルダー設定前の確認	176
共有フォルダーを一覧で確認する	182
共有フォルダーのアクセス状況の確認	215
ルーターによる固定IPアドレス割り当て設定	101
ポートマッピング設定	102
ネットワークデバイスのIPアドレスを固定化する意味	232
ネットワークデバイスに割り当てたIPアドレスの管理	234
PC（Windows OS）のIPアドレス固定化設定	235
その他ネットワークデバイスのIPアドレス固定化	238
任意のポート番号の受信許可を行う	244
iOS端末でのIPアドレス固定化	272
Android端末でのIPアドレス固定化	273
NASのIPアドレス固定化	289
ネットワークカメラのIPアドレス固定化とポート番号設定	294
リモートデスクトップホストのポート番号変更	324
遠隔接続環境の構築（リモートデスクトップの遠隔接続）	327
PCをホストとしたUSBプリンターの共有	282
ホストにUSB接続したプリンターの共有を有効にする	282
ホストで共有設定にしたUSB接続プリンターを利用する	283
USBカメラをネットワークカメラとして運用する	296
停電復旧時のPC電源動作の指定	356

■ アカウントとアクセス管理

項目名	参照ページ
アクセスを許可して制限する共有管理	156
ユーザー名とパスワードを管理する「ユーザーアカウント」	157
最も重要な「ユーザーアカウント管理」	158
「パスワードが必須」のWindows OSのネットワーク機能	159
「アカウントの種類」を知る	163
共有フォルダー設定前の確認	176
「Everyone」は「すべてのユーザー」ではない	177
ユーザーアカウントを一覧で確認する	173
共有フォルダーのアクセス状況の確認	215

項目名	参照ページ
Windows 10でローカルアカウントを作成する	164
Windows 8.1でローカルアカウントを作成する	166
Windows 7でユーザーアカウントを作成する	169
連続的にローカルアカウントを作成する	172
共有フォルダーの設定	176
Windows 10でアカウントの種類を変更する	165
Windows 8.1でアカウントの種類を変更する	168
Windows 7でユーザーパスワードを作成する	171
「ユーザー名」に2バイト文字を利用しない	162
「ユーザー名」の変更禁止	163
サインインできないユーザーアカウントにする	352
アクセス許可できるユーザーの条件	158
「資格情報」による自動認証環境	199
「資格情報マネージャー」による資格情報の確認	200
「資格情報マネージャー」による資格情報の編集	201

■ その他のおすすめテクニック

項目名	参照ページ
「ショートカット起動」の記述と活用	51
無線LANルーターを独立環境で設定する	71
きれいなネットワーク物理配線	30
バッチファイルによるネットワークアクセス	204
PCクライアントからのリモート電源コントロール	336
サポートに役立つ3OSマルチブート環境	361
ネットワークを応用したバックアップ管理	362
ネットワーク+リザーバーPCによる作業継続	364
各種入力にWindows OSの付箋を活用する	73
余ったシステム専用ストレージの活用	133
OneDrive経由でホストPCへアクセスする	354
既存の無線LANルーターのアクセスポイント化	112
エクスプローラーの「ネットワーク」から共有フォルダーにアクセスする	191
OTG USBメモリによるファイルの受け渡し	279
安定性を追求したストレージ構成	130
「システム領域」と「データ領域」の独立	131
余ったシステム専用ストレージの活用	133
ストレージの用意とRAID	286
ダイナミックディスクの特徴と適用	337
ダイナミックディスクの適用	338
ミラーボリュームの作成	339
ストライプボリュームの作成	340
ミラーボリュームの解除	342
記憶域によるストレージ容量の仮想化	342
BitLockerによるデータドライブ暗号化	347

contents

はじめに ... 3
目的別リファレンス ... 4

第1部　Windowsネットワーク構築 編

Chapter 1　究める！ネットワークの基礎とインフラ構築

1-1 ネットワークの基礎知識　24
- ネットワークの基礎「アドレス」を理解する ... 24
- ネットワークの物理配線 ... 27
- きれいなネットワーク物理配線 ... 30

1-2 Windows OSの環境の確認と基本設定　33
- OSタイトル／エディション／システムを確認する ... 33
- Windows 10／8.1／7のエディションの違い ... 37
- 設定コンソールへのアクセス ... 40
- ファイルの拡張子を表示する設定 ... 44
- コマンドの実行 ... 45
- レジストリ／グループポリシーによるカスタマイズ ... 47
- UACの設定 ... 49

1-3 本書の記述とネットワーク用語の定義　51
- 本書における「3OS対応記述」と「3OS共通操作」 ... 51
- 本書記述におけるネットワーク環境と用語 ... 54
- 本書を読み進めるうえでの全般的な注意点 ... 55

Chapter 2　究める！ルーター＆無線LANの最適化

2-1 無線LANルーターの役割と機能　58
- ルーターの役割「NAT」「DHCP」を知る ... 58
- 無線LAN接続の通信規格を知る ... 60
- 新しい無線LANルーターの導入事例 ... 61
- 無線LAN通信パフォーマンスとセキュリティ ... 63
- 無線LANルーターの付加機能の確認 ... 65

2-2 ルーターと無線LANアクセスポイントの設定　69
- ルーター設定コンソールの「用語違い」に注意する ... 69
- ルーターのハードウェアリセット方法の確認 ... 70
- 無線LANルーターを独立環境で設定する ... 71
- ルーター設定コンソールへのログオン ... 71
- 無線LAN親機でのアクセスポイント設定 ... 73

| 2-3 | 無線LANアクセスポイントのセキュリティ設定 | 77 |

マルチSSIDによるネットワーク分離 ... 77
MACアドレスフィルタリングによるアクセス制限 ... 79
SSIDステルス機能によるSSIDブロードキャストの停止 ... 84

| 2-4 | PCでのWi-Fi接続設定 | 85 |

PCでのWi-Fi接続手順 ... 85
Wi-Fi接続における従量制課金接続の設定 ... 90
デスクトップPCで無線LAN接続を確保する ... 92

| 2-5 | ルーター設定によるネットワーク管理 | 94 |

ルーター設定をファイルに保存する ... 94
ルーターのファームウェアアップデート ... 95
設定コンソールのログオンパスワードの変更 ... 97
ルーターのIPアドレス／デフォルトゲートウェイアドレスの変更 ... 98
DHCPサーバー機能による自動割り当て数／自動割り当て範囲の変更 ... 99
ルーターによる固定IPアドレス割り当て設定 ... 101
ポートマッピング設定 ... 102
ダイナミックDNSの理論とルーターによるDDNS設定 ... 105

| 2-6 | 二重ルーターの解決と無線LANのアクセスポイント化 | 109 |

二重ルーター問題の解決と無線LANルーターの導入 ... 109
無線LANルーターのアクセスポイント化 ... 112
AP化した無線LANルーターの設定コンソール ... 115
AP化した無線LANルーターに固定IPアドレスを割り当てる ... 116
「複数」の無線LAN親機を設置する環境での最適化 ... 118

Chapter 3 究める！Windows OSによるファイルサーバー

| 3-1 | Windowsファイルサーバーの基本と必要ハードウェア | 122 |

Windowsファイルサーバーのメリット ... 122
Windowsファイルサーバーに求められるPCスペック ... 124
ビジネス環境に求められるファイルサーバー ... 126
ファイルサーバーに求められるWindows OSとエディション ... 129
安定性を追求したストレージ構成 ... 130
無停電電源装置（UPS）の選択 ... 134

| 3-2 | サーバー／ホスト運用に求められる事前設定 | 135 |

Windows OSをサーバー／ホスト運用するために ... 135
コンピューター名（PC名）の確認と設定 ... 136
自動的に実行されるスリープの停止 ... 139
ストレージ省電力機能の停止 ... 142
PC本体の電源ボタンを押したときの動作指定 ... 143
デスクトップ上での電源操作を禁止する ... 144

プロセッサスケジュールをサーバー／ホスト向けにする ... 146

3-3 ネットワーク共有を実現する「ネットワークプロファイル」 ... 148
ネットワークプロファイルの確認 ... 148
ネットワークプロファイルの選択 ... 150
ネットワークプロファイルの詳細設定 ... 153

Chapter 4 究める！共有フォルダーとアカウント設定

4-1 Windows OSにおけるファイル共有機能 ... 156
「共有フォルダー」の管理 ... 156
最も重要な「ユーザーアカウント管理」 ... 158
共有フォルダー／ユーザーアカウントの管理 ... 160

4-2 アクセス許可するためのアカウント作成 ... 162
本節でユーザーアカウントを作成する意味 ... 162
Windows 10でローカルアカウントを作成する ... 164
Windows 10でアカウントの種類を変更する ... 165
Windows 8.1でローカルアカウントを作成する ... 166
Windows 8.1でアカウントの種類を変更する ... 168
Windows 7でユーザーアカウントを作成する ... 169
Windows 7でユーザーパスワードを作成する ... 171
連続的にローカルアカウントを作成する ... 172
ユーザーアカウントを一覧で確認する ... 173

4-3 共有フォルダー設定 ... 176
共有フォルダー設定前の確認 ... 176
共有フォルダーの設定① 共有名の設定 ... 176
共有フォルダーの設定② 「Everyone」のアクセス許可削除 ... 178
共有フォルダーの設定③ アクセス許可するアカウントの指定 ... 179
共有フォルダーの設定④ アクセスレベルの設定 ... 180
共有フォルダーを一覧で確認する ... 182

Chapter 5 究める！ファイルサーバーへのアクセスとセキュリティ

5-1 共有フォルダーへのアクセス ... 186
エクスプローラーの起動とPC表示 ... 186
デスクトップアイコンの配置 ... 188
共有フォルダーへのアクセス（クライアント） ... 190
共有フォルダーへのアクセス① 初期アプローチ ... 192
共有フォルダーへのアクセス② ドライブとフォルダーの指定 ... 193
共有フォルダーへのアクセス③ 資格情報の入力 ... 194

共有フォルダーへのアクセス④ 共有の確立 194
共有フォルダーの解除 195
共有フォルダーへの素早いアクセス 196

5-2 資格情報マネージャーによるパスワード管理　199
「資格情報」による自動認証環境 199
「資格情報マネージャー」による資格情報の確認 200
「資格情報マネージャー」による資格情報の編集 201

5-3 コマンドによる共有フォルダーへのドライブ割り当て　204
バッチファイルによるネットワークアクセス 204
「NET USE」コマンドによるドライブ割り当て 205
バッチファイルの作成 206
サインイン時にバッチファイルを自動起動する 210

5-4 ネットワークをセキュアに保つための管理　211
クライアントのセキュアな管理 211
アンチウィルスソフトの導入 213
共有フォルダーのアクセス状況の確認 215
デスクトップのロック／自動ロック 216
非自動スリープ環境における自動ロック 218
クラシックログオンによるセキュアなサインイン 220
ロック画面からのクラシックログオン 221

Chapter 6 究める！ネットワークの情報確認と応用設定

6-1 ネットワーク情報確認／一括確認　224
ネットワーク情報を確認する 224
ネットワークアダプターによるネットワーク情報の確認 226
コマンドによるネットワーク情報の確認 228
「ネットワークツール」による一括情報確認 230

6-2 ネットワークデバイスのIPアドレス固定化と管理　232
ネットワークデバイスのIPアドレスを固定化する意味 232
「IPアドレス固定化設定」を行うための管理 234
PC（Windows OS）のIPアドレス固定化設定 235

6-3 ファイアウォールによるアプリの通信許可　240
Windowsファイアウォールの役割 240
Windowsファイアウォールによる警告の対処 241
通信が許可されているアプリや機能を確認する 241
任意のポート番号の受信許可を行う 244

6-4 Windows Updateによる更新の管理　245
Windows Update管理の考え方 245

Windows 10の「アップグレード」を延期する ... 247
更新プログラムの適用方法を変更する ... 248
更新プログラムを手動で適用する ... 251

6-5 ネットワーク管理と活用のためのハードウェア ... 252

サーバー／ホストPCにおけるネットワークアダプター選択 ... 252
ノートPC／タブレットPCにおける有線LANの活用 ... 253
ネットワークアダプターの無効化 ... 254
オンボードLANデバイスの無効化 ... 255
有線LANポートのハードウェアセキュリティ ... 256
特殊環境で役立つネットワーク関連機器 ... 258

第2部 Windowsネットワークの活用 編

Chapter 7 究める！ネットワークデバイスの活用

7-1 スマートフォン／タブレットとの連携 ... 262

PCのホスト機能にアクセスするための条件 ... 262
iOS端末からPC共有フォルダーへのアクセス ... 262
AndroidからPC共有フォルダーへのアクセス ... 267
iOS端末でのネットワーク情報の確認 ... 270
Android端末でのネットワーク情報の確認 ... 271
iOS端末でのIPアドレス固定化 ... 272
Android端末でのIPアドレス固定化 ... 273
「GoodReader」をホストとしたファイル共有 ... 274
「Android端末」をホストとしたファイル共有 ... 276
iOS／Android端末でPCをリモートコントロールする ... 279
iOS／Android端末でリモート電源コントロールを行う ... 281

7-2 ネットワークデバイスの活用 ... 282

PCをホストとしたUSBプリンターの共有 ... 282
NASによる共有管理 ... 285
無線LANルーターのUSBポートで実現するNAS ... 288
NASのネットワーク設定と活用 ... 289
ネットワークカメラの活用と設定 ... 293
USBカメラをネットワークカメラとして運用する ... 296

7-3 Windows 10 Mobileの活用 ... 298

Windows 10 Mobileの仕様と魅力 ... 298
Windows 10 Mobileで物理キーボード／マウスを利用する ... 301
Continuum／Miracastによる大画面操作 ... 302
Windows 10 Mobile端末でのネットワーク情報確認 ... 304
Windows 10 Mobile端末でのリモートデスクトップ接続 ... 304

Windows 10 Mobile端末でのリモート電源コントロール ... 306

7-4 メディア共有とDTCP-IPによるデジタル放送の視聴 ... 308
メディアを共有するためのサーバーとDTCP-IP ... 308
動画ファイル再生／DTCP-IP対応再生環境の構築 ... 309
PCをマルチメディアプレーヤーにした際のリモコン操作 ... 311
iOS端末で動画ファイル再生環境を構築する ... 314
Android端末で動画ファイル再生環境を構築する ... 315
防水アイテムの活用 ... 317

Chapter 8 究める！ネットワークを応用したPCテクニック

8-1 PCリモートコントロール＆PCリモート電源 ... 320
PCをリモートコントロールする各手段 ... 320
リモートデスクトップホストの設定 ... 321
PCクライアントからのリモートデスクトップ接続 ... 323
リモートデスクトップホストのポート番号変更 ... 324
遠隔接続環境の構築（リモートデスクトップの遠隔接続） ... 327
「Chromeリモートデスクトップ」の活用 ... 331
ホストPCにおける「WOL」の有効化 ... 335

8-2 ストレージ管理と応用 ... 337
ダイナミックディスクの特徴と適用 ... 337
ダイナミックディスクによるミラー／ストライプボリューム ... 339
記憶域によるストレージ容量の仮想化 ... 342
BitLockerによるデータドライブ暗号化 ... 347

8-3 Windows OS「TPO」テクニック ... 350
空パスワードのアカウントのアクセスを許可する ... 350
特定ユーザーアカウントのサインインを自動化する ... 351
サインインできないユーザーアカウントにする ... 352
PCのドライブをクラウド経由で共有する ... 353
ロックしたアプリを強制終了する ... 355
停電復旧時のPC電源動作の指定 ... 356
データファイルの個人情報の削除 ... 357
Webブラウザー偽装／プロキシサーバー利用 ... 358
アプリやOSの検証環境の構築 ... 359
ネットワークを応用したバックアップ管理 ... 362

ショートカットキー一覧 ... 365
INDEX ... 369

第1部
Windows ネットワーク構築 編

Chapter 1

究める！
ネットワークの基礎と
インフラ構築

- 1-1 ネットワークの基礎知識 ……………………… ➡P.24
- 1-2 Windows OS の環境の確認と基本設定 ……… ➡P.33
- 1-3 本書の記述とネットワーク用語の定義 ………… ➡P.51

1-1 ネットワークの基礎知識

ネットワークの基礎「アドレス」を理解する

　ネットワークの基礎としてワイドエリアネットワークに割り当てられる「グローバルIPアドレス」と、ローカルエリアネットワークに割り当てられる「プライベートIPアドレス」を理解すれば、ネットワークを理論的かつ構造的にとらえることができる。

　まず「IPアドレス」とはネットワークデバイス（PC／スマートフォン／タブレット等）に割り当てられる「住所」であり、ネットワークデバイス間ではIPアドレスを住所として指定して通信を行う。

　IPアドレスは、4つの数字をピリオドで区切った「xxx.xxx.xxx.xxx」という形で示され、「xxx」には0～255（16進数でFF）までの数値を割り当てることができるので、「0.0.0.0」→「255.255.255.255」の約43億通りのパターンが存在する。なお、住所であるがゆえにネットワーク内に同じIPアドレスが存在することは許されず、各ネットワークデバイスに必ず一意（ユニーク）の値が割り当てられる。

● IPアドレスはネットワークの「住所」

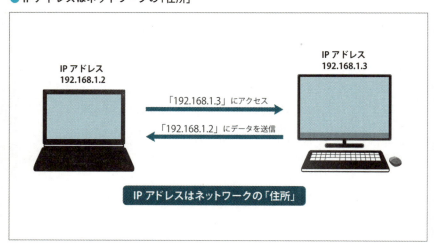

□ グローバルIPアドレス

　IPアドレスには「グローバルIPアドレス」と「プライベートIPアドレス」があり、インターネット（ワイドエリアネットワーク）で利用されるIPアドレスが「グロー

バルIPアドレス」だ。

例えばWebサイトを閲覧する際にURL（http://～）を指定するが、このURLもDNSサーバーを介してグローバルIPアドレスに置き換えられて通信を行っている。またリクエストに対するサーバーからの情報送信も、自身のインターネット回線に割り当てられたグローバルIPアドレスに対して行われているのだ。

なお、一般的な回線契約では動的なIPアドレスが割り当てられるため、自身のインターネット回線のグローバルIPアドレスは周期的に変化する仕様である（インターネットサービスプロバイダーの選択や回線契約にもよる）。

▢ プライベートIPアドレス

ローカルエリアネットワークで利用されるIPアドレスが「プライベートIPアドレス」であり、わかりやすく言ってしまえばルーター配下の各ネットワークデバイスに割り当てられるIPアドレスだ。

「プライベートIPアドレス」は利用できるアドレスの範囲が決まっており、ゆえに同じIPアドレスであっても、グローバルIPアドレスとバッティングすることはない（下記参照）。

「IPアドレスは住所である」と説明したが、プライベートIPアドレスはローカルエリアネットワーク内の各ネットワークデバイスの住所にあたり、一般的にルーターの「DHCP（Dynamic Host Configuration Protocol、➡ P.59）サーバー」機能によって、自動的に各ネットワークデバイスに一意のIPアドレスが割り当てられる。

● プライベートIPアドレスの範囲

```
10.0.0.0 ～ 10.255.255.255
172.16.0.0 ～ 172.31.255.255
192.168.0.0 ～ 192.168.255.255
```

● DHCPによるプライベートIPアドレス割り当てのイメージ

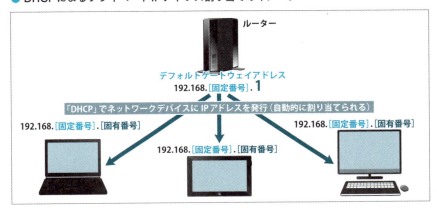

ローカルエリアネットワークとワイドエリアネットワーク

　限定された領域内で展開されるネットワークが「ローカルエリアネットワーク（LAN：Local Area Network）」であり、いわゆる目の前にあるネットワークのことである。

　また、広域で展開されるネットワークが「ワイドエリアネットワーク（WAN：Wide Area Network）」であり、インターネットと同義と考えてよい。

　ちなみにプライベートIPアドレスとグローバルIPアドレス間では直接通信を行うことができないが、これをネットワークアドレス変換を行うことで通信を可能とする技術がルーターの「NAT（Network Address Translation）」機能である（➡P.58）。

● ローカルエリアネットワークとワイドエリアネットワーク

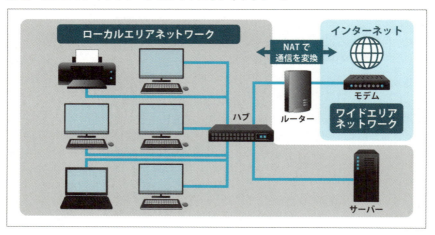

MACアドレス

　ネットワークデバイスには、ネットワークアダプター（有線LANポートや無線LAN子機）ごとに一意のアドレスが割り当てられており、それが「MAC（Media Access Control）アドレス」である（なおMACアドレスは仕様上は「一意」なのだが、MACアドレスを任意に書き換えられるネットワークデバイスも存在するため、事実上はその限りではない）。

　MACアドレスは「XX-XX-XX-XX-XX-XX」という形で示され、「XX」は範囲として00〜FF（16進数）の値である。

　インターネットサービスプロバイダーにおける各回線へのグローバルIPアドレスの発行、ローカルエリアネットワークにおけるプライベートIPアドレスの発行はこの「MACアドレス」を指標に行われる。

　MACアドレスは一意であるがゆえに、無線LAN通信における登録ネットワークデバイス以外の遮断（MACアドレスフィルタリング、➡P.79）や、グローバルIP

アドレスに着信した特定ポートの通信をどのネットワークデバイスに送信するか（ポートマッピング、➡P.102）等の指定に用いられる。

> **Column**
>
> **ネットワークデバイスに割り当てられるIPアドレス**
>
> 　各ネットワークデバイスに割り当てられるIPアドレスは、ルーターの「DHCP（Dynamic Host Configuration Protocol、➡P.59）」によって発行される。
> 　ちなみに、ネットワークデバイスに割り当てるIPアドレスの範囲はルーター上で定められており（➡P.25）、プライベートIPアドレスの枯渇を防ぐために動的に割り当てられる。
> 　このルーターのDHCPサーバー機能については2章で解説するが、ここで知っておくべきはローカルエリアネットワークにおいて「IPアドレスはルーターによって発行される」「ネットワークデバイスに割り当てられるIPアドレスは動的である（現在割り当てられているIPアドレスは恒久的ではない）」という事実である。

ネットワークの物理配線

　ネットワークの物理配線（有線LAN接続における各機器の配線）はもちろん環境任意なのだが、考え方としては「ルーター」を中心として「ハブ」から各ネットワークデバイスを接続するとわかりやすい（ちなみに本書読者の場合、「ルーター＝無線LANルーター」と考えてしまってよい。無線LAN接続やルーターの詳細設定、難解な二重ルーターの解決等は2章で解説する）。
　ネットワークの基本構図としては、まず「モデム（インターネット回線）」→「ルーター」と接続する。

◻ 「ハブ」を利用した柔軟性のあるネットワーク

　「ルーター（無線LANルーター）」背面のLANポートにネットワークデバイスを直接接続してしまってもよいのだが、LANポート数（無線LANルーターのLANポート数は大概4ポート）やネットワーク配線における柔軟性を考えると、無線LANルーター背面のLANポートには「ハブ」を接続し、「ハブ」の配下にネットワークデバイスを接続するとよい。
　この配線方法であれば接続数を増やせるほか、無線LANルーターから離れた場所での有線LAN接続ネットワークデバイス（デスクトップPC／ネットワークプリンター／ネットワークカメラ／DLNA機器等々）でも柔軟に配線できるという特徴がある。

● ルーターとPCを直接つないだ場合のLANケーブルの引き回し

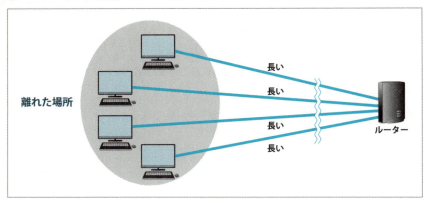

● 「ハブ」を利用した接続台数増&スマートな配線

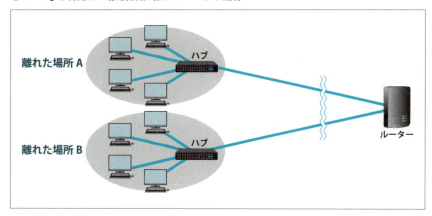

🔲 ハブの商品選択

　現在販売されているハブは「スイッチング」「オートネゴシエーション」「全二重(フルデュプレックス、Full-Duplex)」「AUTO-MDIX」等の各機能を満たしているため、「1000Base-T」に対応したものを選択すればほぼ問題はない。

　ちなみにハブのLANポート数においては、のちに接続台数が増えることを想定して必要数よりLANポートが多いモデルをチョイスする。これはネットワーク活用の幅を広げると、必然的に有線LAN接続ネットワークデバイスが増えていくからである。

　また、ハブの実運用を踏まえてこだわりたいのがファンと電源である。24時間365日付けっぱなしで運用するハブの場合、ファン内蔵型であるとほこりが溜まりやすく、異音発生の原因になるため、「ファンレス」を選択したい。そして配線を考えると「電源アダプター内蔵」であるに越したことはなく、電源コードが切れに

くいほか、電源タップ周りの接続がすっきりするというメリットがある。
　ちなみに、もしスペック不明の古いハブが現存する場合には、無理に活用しようとはせずに「破棄」することを強く勧める。これは「ダムハブ」であった場合、ネットワークトラフィックを増大させるからである。

エレコム製1000Base-T対応16ポートスイッチングハブ「EHB-UG2A16-S」。無線LANルーター等は規格が更新されるため必要に応じて買い替える場面があるが、「ハブ」はよほどのことがない限り置き換えることはないので長く利用することを想定した、しっかりとしたモデルをチョイスしたい。

> **Column**
>
> ### 「ハブ」を導入しない場合の問題点
>
> 　本書は、「ハブ」の導入を強く推奨する。本書記述のネットワークテクニックにおいては、ルーター設定反映のためにルーターの再起動が必要になる場面が多いのだが、再起動時には無線LANルーター背面のLANポートも一時的に停止してしまい、通信不能になるためだ（メーカー／モデルによる）。
>
> 　また、将来的なインターネット回線契約／無線LANルーターの変更を行うことを考えても、「ハブ」でネットワークデバイスを接続しておけば、ルーターを外しても同一ハブ配下のネットワーク通信は滞りなく行える点も見逃せない。
>
> ● ルーターにPCを直接つないだ場合のデメリット
>
>
>
> ● ルーターの置き換え＆トラブル時でも作業続行できる「ハブ」の存在
>
>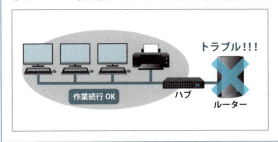

きれいなネットワーク物理配線

ネットワークの物理配線の基本（前項）を理解したうえで、さらに物理的配線を工夫することにより、比較的きれいなネットワーク配線（LANケーブルの引き回し）を実現できる。

■ ハブの物理的配置

ビジネス環境等で複数のPCが比較的固まった場所に存在する場合には、可能な限り各PCに近い位置にハブを配置する。ターゲットを絞り込んだネットワークデバイスの中心にハブを配置することにより、結果的にLANケーブルの全長を短くできる。

また、ほとんどのハブは金属壁への取り付けやネジによる非金属壁面への設置が可能であるため、この特性を活かして（例えば金属製の机の裏面等に）ハブを配置することで床面でのLANケーブルの引き回しを最小限にできる。

● ハブの配置

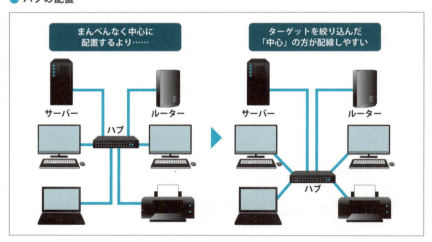

● 机の背面にハブを配置した例

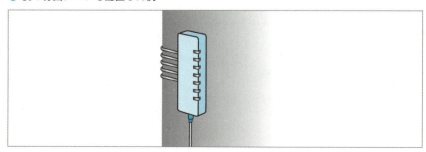

🟦 部屋をまたいだ有線LANケーブル配線

　部屋をまたいだネットワーク環境の実現には「無線LAN接続」や「イーサネットコンバーター」を利用する方法もあるが、通信の安定性を考えても可能な限り「有線LAN接続」で確立すべきだ。

　部屋をまたいだ有線LANケーブルの配線方法には、床に配線カバー(モール)を這わせる、天井にLANケーブルを這わせる(カーテンレールにひっかける)等の方法があるが、可能であれば既存の部屋間の配線内(電話のモジュラージャック／TVアンテナコネクタ配線)に混ぜて配線すると理想であり、業者に依頼すると実現できる可能性がある。

　また、少々強引だが、エアコンの配管を利用するというテクニックもある。エアコンのドレンホースを通す穴にLANケーブルも通してしまい、家の外を経由して隣の部屋／階上の部屋にLANケーブルを這わせるというものだ。

● TVアンテナケーブルの配線ラインに入れたLANケーブル

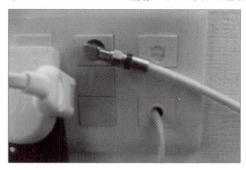

工事業者に依頼して屋内配線をしてもらう。筆者はバルクのLANケーブルを用意したうえで工事業者にお願いして、リビングルームと作業部屋間をつなぐ屋内配線を実現した(LANケーブル配線してもらったのち、RJ45コネクタは自分でカシメた)。

● エアコンの配管(ドレンホース)内にケーブルを配線

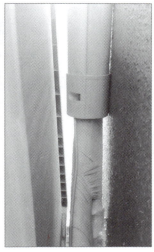

筆者が最近引っ越したマンションは残念ながらインターネットマンションであり、あらかじめLANコネクタが配備されているものの通信速度が遅く、共用回線ゆえにグローバルIPアドレスを確保できない。よって、自身で回線契約したうえで屋内エアコンの配管(ドレンホース)内にLANケーブルを通して別部屋間との有線LAN接続を実現した。

Column

有線LAN接続によるパフォーマンス確保

　無線LAN通信環境の最適化については2章で解説しているが、仮に複数の無線LAN親機を設置して無線LAN通信の接続性を高めたいという環境であっても、有線LAN接続は非常に有効だ。これは下図を比較してもらえれば一目瞭然だが、無線LAN接続環境における「電波干渉回避」「通信安定性確保」「パフォーマンス確保」のすべてにおいてプラスになるのが「有線LAN接続」だからだ。

● 無線LAN親機をワイヤレス接続

● 無線LAN親機を有線LAN接続

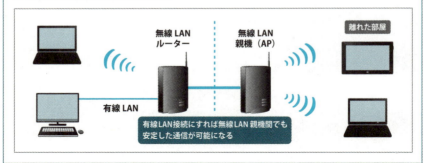

Column

LANケーブルの選択

　LANケーブルの規格としてはカテゴリ5／5e／6／7等があるが、後々問題にならないようにするためにも1000Base-Tに対応したカテゴリ5e以上のLANケーブルをすべての配線で利用するようにしたい。
　最終的な取捨選択は任意だが、カテゴリ5以下のLANケーブルは「破棄」することを推奨する。100Base-TX対応機器には利用できるものの、場面場面でいちいち確認して接続するというのは困難であり、逆にすべてカテゴリ5e以上の規格にしておけば将来的にも間違いのない配線＆パフォーマンス確保ができるからだ。

1-2 Windows OSの環境の確認と基本設定

OSタイトル／エディション／システムを確認する

　本書は各ネットワークテクニックの記述として「Windows 10」「Windows 8.1」と「Windows 7」に完全対応するが、現在操作しているPCにおけるWindows OSの「タイトル」「エディション」「システム（スペック）」等を確認したい場合には、3OS共通操作としてコントロールパネル（アイコン表示、➡P.44）から「システム」を選択すればよい。

● OSタイトル／エディションの確認

　「システム（コントロールパネル）」は3OS共通操作として、ショートカットキー ⊞ ＋ Pause キーでも素早く起動できる。「Windowsのエディション（Windows Edition）」欄でWindows OSのタイトル（10／8.1／7）とエディションを確認できる。なお、Windows 10／8.1／7の違いと各エディションの機能については ➡P.37 だ。

■ Windows 10のシステム確認

コントロールパネル（アイコン表示）の「システム」で確認できるほか、「設定」から「システム」→「バージョン情報」と選択することでも確認できる。なお、Windows 10はアップデートだけではなく「アップグレード（機能や操作の追加変更）」も行われるため、「バージョン（Windows 10のバージョン）」にも着目だ。

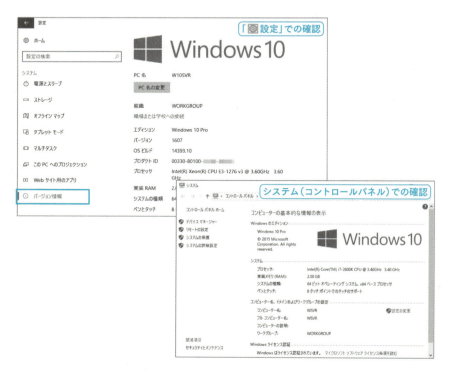

● Windows 10のシステム情報確認

エディション	Windows 10のエディションを確認できる。
バージョン	Windows 10のバージョンを確認できる。なお、Windows 10のバージョンは「年月」で表記される。
OSビルド	OSのビルド番号を確認できる。
プロダクトID	Windows 10のプロダクトIDを確認できる。
シリアル番号	PCのシリアル番号を確認できる（一部のPCのみ）。
プロセッサ	CPUの型番と動作クロック数を確認できる。
実装RAM	PCに物理的に搭載している物理メモリ容量を確認できる。なお、搭載物理メモリとWindows 10が利用できるメモリ容量が異なる場合にはカッコ書きで「〜使用可能」と表記される。
システムの種類	オペレーティングシステムのシステムビット数が「64ビット(x64)」か「32ビット(x86)」かを確認できる。
ペンとタッチ	ペン入力やマルチタッチへのサポートを確認できる。

■ Windows 8.1 のシステム確認

コントロールパネル（アイコン表示）から「システム」で確認できるほか、「PC設定」から「PCとデバイス」→「PC情報」と選択することでも確認できる。

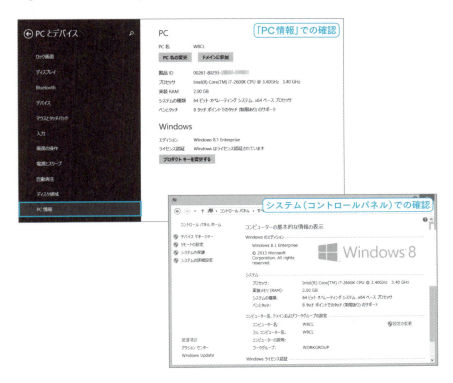

● Windows 8.1 のシステム情報確認

製品ID	Windows 8.1 のプロダクトIDを確認できる。
プロセッサ	CPUの型番と動作クロック数を確認できる。
実装RAM	PCに物理的に搭載している物理メモリ容量を確認できる。なお、搭載物理メモリとWindows 8.1が利用できるメモリ容量が異なる場合にはカッコ書きで「～使用可能」と表記される。
システムの種類	オペレーティングシステムのシステムビット数が「64ビット(x64)」か「32ビット(x86)」かを確認できる。
ペンとタッチ	ペン入力やマルチタッチへのサポートを確認できる。
エディション	Windows 8.1 のエディションを確認できる。
ライセンス認証	ライセンス認証の状態を確認できる。

Windows 7 のシステム確認

コントロールパネル（アイコン表示）から「システム」を選択することで確認できる。

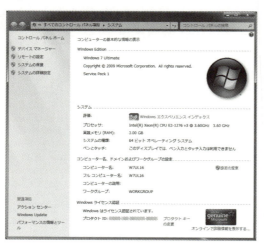

● Windows 7 のシステム情報確認

Windows Edition	Windows 7 のエディションを確認できる。
評価：（エクスペリエンスインデックス）	Windows 7 の動作にあたってのシステムの総合評価を確認／計測できる。（Windows 10 でエクスペリエンスインデックスを計測したい場合には「Windows 10 上級リファレンス」を参照だ）。
プロセッサ	CPU の型番と動作クロック数を確認できる。
実装メモリ（RAM）	PC に物理的に搭載している物理メモリ容量を確認できる。なお、搭載物理メモリと Windows 7 が利用できるメモリ容量が異なる場合にはカッコ書きで「～使用可能」と表記される。
システムの種類	オペレーティングシステムのシステムビット数が「64 ビット (x64)」か「32 ビット (x86)」かを確認できる。
ペンとタッチ	ペン入力やマルチタッチへのサポートを確認できる。
Windows ライセンス認証	ライセンス認証の状態を確認できる。

● ショートカットキー

- 「システム（コントロールパネル）」
  ⊞ + Pause キー
- 「システム（コントロールパネル）」（Windows 10 ／ Windows 8.1 のみ）
  ⊞ + X → Y キー

● ショートカット起動

- 「システム（コントロールパネル）」
  CONTROL.EXE /NAME MICROSOFT.SYSTEM

Column
システムの詳細を確認する

　Windows 10／8.1／7でシステムの詳細を確認したい場合には、「ファイル名を指定して実行（ ➡P.45 ）」から「MSINFO32」と入力実行して「システム情報」を起動するとよい（3OS共通）。
　Windows OSのタイトルやエディションのほかWindows OSによって確認できる項目は異なるが、ビルド番号／各種ハードウェア情報／BIOSモード等を確認できる。

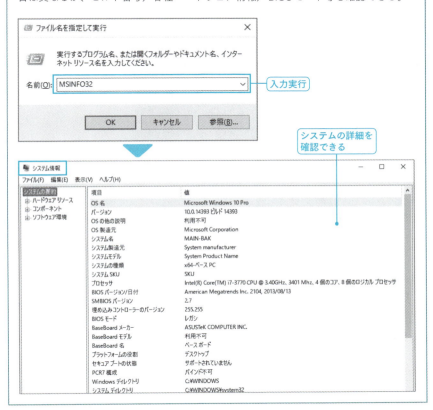

Windows 10／8.1／7のエディションの違い

　Windows OSのエディションは複雑かつタイトルごとに構成が異なるため、ここでまとめておこう。なお、本書記述はWindows 10／8.1／7の全エディションを満たすが、こだわったネットワーク／セキュリティ／システム管理を行いたい場合には上位エディションの選択を迫られる場面もある。

Windows 10

Windows 10のエディション構成はコンシューマー向けに「Pro」「Home」が存在する。従来のWindows OSと比べるとエディション間の機能差は少なく、一部のネットワーク管理機能とセキュリティのみが差別化されている。

Windows 10のデスクトップ

● Windows 10のエディション

	Windows 10 Home	Windows 10 Pro	Windows 10 Enterprise/Education
同時に共有できるユーザー数	20	20	20
ドメイン参加	×	○	○
リモートデスクトップホスト	×	○	○
リモートデスクトップ接続	○	○	○
グループポリシー	×	○	○
ローカルセキュリティポリシー	×	○	○
ローカルユーザーとグループ	×	○	○
他言語切り替え	○	○	○
マルウェア対策	○	○	○
BitLocker	×	○	○
記憶域	○	○	○
ファイル履歴	○	○	○
Microsoftアカウントによるサインイン	○	○	○

Windows 8.1

Windows 8.1のエディション構成はコンシューマー向けに「Windows 8.1 Pro」「Windows 8.1」が存在する。ちなみにWindows 8シリーズの下位エディションは「Windows 8.1」であり「Home」という表記を外す大失態を犯しているため、Windows OS全体を通してみるとWindows 8シリーズのエディションは非常にわかりにくい。

なお、本書における「Home系エディション」という表記は、「Windows 8.1（無印）」を含むものとする。

● Windows 8.1のエディション

	Windows 8.1 （無印）	Windows 8.1 Pro	Windows 8.1 Enterprise
同時に共有できるユーザー数	20	20	20
ドメイン参加	×	○	○
リモートデスクトップホスト	×	○	○
リモートデスクトップ接続	○	○	○
グループポリシー	×	○	○
ローカルセキュリティポリシー	×	○	○
ローカルユーザーとグループ	×	○	○
他言語切り替え	○	○	○
マルウェア対策	○	○	○
BitLocker	×	○	○
記憶域	○	○	○
ファイル履歴	○	○	○
Microsoftアカウントによるサインイン	○	○	○

Windows 7

　Windows 7のエディション構成はコンシューマー向けに「Ultimate」「Professional」「Home Premium」の3エディションが存在する。ちなみにWindows 7の最上位エディションは「Ultimate」であり「Enterprise」をも凌駕する機能を持つ。

　なお、次表以外にも「Home Basic」「Starter」というエディションが存在するものの新興国向けであり、日本国内では販売されていない（「Home Basic」「Starter」はアプリ起動やネットワーク機能が制限されており、本書記述のネットワークテクニックを適用できない）。

Windows 7のデスクトップ

● Windows 7のエディション

	Windows 7 Home Premium	Windows 7 Professional	Windows 7 Ultimate	Windows 7 Enterprise
同時に共有できるユーザー数	20	20	20	20
ドメイン参加	×	○	○	○
リモートデスクトップホスト	×	○	○	○
リモートデスクトップ接続	○	○	○	○
グループポリシー	×	○	○	○
ローカルセキュリティポリシー	×	○	○	○
ローカルユーザーとグループ	×	○	○	○
他言語切り替え	×	×	○	○
マルウェア対策	×	×	×	×
BitLocker	×	×	○	○
記憶域	×	×	×	×
ファイル履歴	×	×	×	×
Microsoftアカウントによるサインイン	×	×	×	×

●「Windows 7」のエディションの考え方

「Ultimate」＝ Windows 7のすべての機能
「Professional」＝ Ultimate －（応用セキュリティ機能＋他言語ユーザーインターフェース）
「Home Premium」＝ Professional －各種ホスト機能＆応用ネットワーク機能

設定コンソールへのアクセス

　Windows OSにおける一般的なカスタマイズは「コントロールパネル」から行うのが常だったが、Windows 10／Windows 8.1ではモダンUIスタイルの設定コンソールも追加されており（Windows 10は「■設定」／Windows 8.1は「PC設定」）、またどちらかと言えば新しいUI側の設定コンソールに重きが置かれている。

しかしながら「コントロールパネルでしか設定できない」という事柄も多いため、結局Windows 10／Windows 8.1においては双方の設定コンソールを活用する必要がある。

◻ Windows 10

Windows 10ではメイン設定コンソールとして「⚙設定」が存在し、［スタート］メニューからアクセスできるほか、ショートカットキー ⊞ ＋ Ⅰ キーで素早く表示できる。

また「コントロールパネル」は［スタート］メニュー内からのほか、ショートカットキー ⊞ ＋ Ⅹ → Ｐ キーで素早く表示できる。

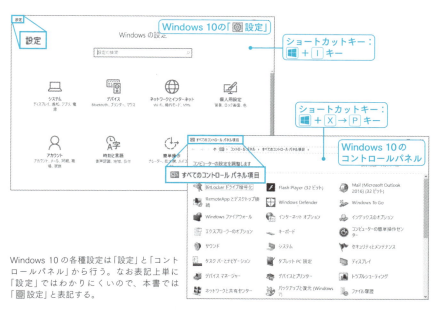

Windows 10 の各種設定は「設定」と「コントロールパネル」から行う。なお表記上単に「設定」ではわかりにくいので、本書では「⚙設定」と表記する。

Windows 10 のいくつかの設定は「コントロールパネル」で行う必要があるが、コントロールパネルやコントロールパネルの主要項目へのアクセスは「クイックアクセスメニュー」を活用するとよい。「クイックアクセスメニュー」は［スタート］ボタンの右クリック／長押しタップ、あるいはショートカットキー ⊞ ＋ Ⅹ キーで表示できる。

41

◻ Windows 8.1

　Windows 8.1ではメイン設定コンソールとして「PC設定」が存在し、スタート画面からのほか「設定チャーム」（ショートカットキー ⊞ ＋ I キーで表示可能）から「PC設定の変更」をクリック／タップすることでアクセスすることができる。

　また、コントロールパネルは「設定チャーム」から「コントロールパネル」をクリック／タップして表示できるほか、ショートカットキー ⊞ ＋ X → P キーでアクセスできる。

Windows 8.1では全般的な操作設定においてチャームを起点とするというクソ仕様だ。チャーム操作を嫌うのであれば、「PC設定」「コントロールパネル」共々タスクバーにピン留めしてしまうとよい。

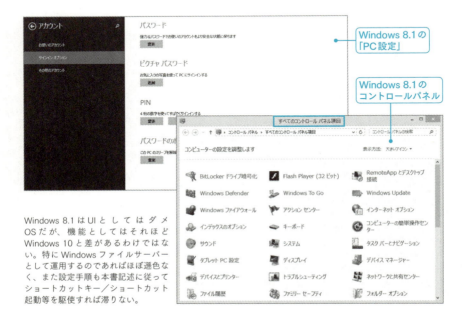

Windows 8.1はUIとしてはダメOSだが、機能としてはそれほどWindows 10と差があるわけではない。特にWindowsファイルサーバーとして運用するのであればほぼ遜色なく、また設定手順も本書記述に従ってショートカットキー／ショートカット起動等を駆使すれば滞りない。

◻ Windows 7

　Windows 7のメイン設定コンソールは「コントロールパネル」が担い、[スタート]メニューから「コントロールパネル」を選択することでアクセスできる。

Windows 7の
コントロールパネル

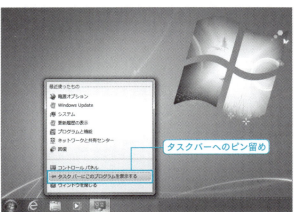

タスクバーへのピン留め

Windows 7の「コントロールパネル」。なお、Windows 7にはコントロールパネルを素早く表示するためのショートカットキーが存在しない。本書ではコントロールパネルをよく利用するのでタスクバーにピン留め（Windows 7では「タスクバーにこのプログラムを表示する」という表記になる）しておくとよい。ピン留めしておけば、ショートカットキー ⊞ + [数字]キーで素早くアクセスできる（画面の場合にはショートカットキー ⊞ + 4 キーで起動できる）。

● ショートカットキー

- 「コントロールパネル」（Windows 10／Windows 8.1のみ）
  ⊞ + X → P キー
- 「⚙設定」（Windows 10のみ）
  ⊞ + I キー

● ショートカット起動

- 「コントロールパネル」
  CONTROL.EXE

> ### Column
>
> ### 本書記述のコントロールパネルは「アイコン表示」
>
> コントロールパネルのデフォルト表示は「カテゴリ表示」だが、このカテゴリ表示は目的の設定項目に至るまでのステップが多く、また設定項目そのものも見つけづらい。よって、本書記述のコントロールパネル表記は「アイコン表示」であることを前提とする。コントロールパネルの「アイコン表示」は、「表示方法」のドロップダウンから「大きいアイコン」または「小さいアイコン」を選択すればよい。
>
>
>
> コントロールパネルの「アイコン」表示は、コントロールパネル右上にある「表示方法」のドロップダウンから「大きいアイコン」または「小さいアイコン」を選択すればよい。本書の Windows 10／8.1／7 のコントロールパネル設定は「アイコン表示」であることが前提だ。

ファイルの拡張子を表示する設定

　Windows 10／8.1／7のデフォルトでは、登録されているファイルの拡張子は表示しないことになっているがこれは間違いだ。Windows OSの特徴でありメリットの1つが「ファイルの種類を拡張子の文字列で認識できる」ことであり、特にインターネットやネットワークの活用においては、拡張子の文字列に着目して操作を進めないとマルウェア感染等のリスクがつきまとう。

ファイルの拡張子を表示するには、コントロールパネル（アイコン表示）から「エクスプローラーのオプション（Windows 8.1／7では「フォルダーオプション」）」を選択。「エクスプローラーのオプション（フォルダーオプション）」の「表示」タブ内、「登録されている拡張子は表示しない」のチェックを外せばよい（3OS共通）。

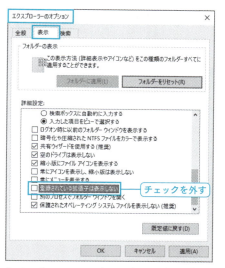

「エクスプローラーのオプション（フォルダーオプション）」の「表示」タブ内、「登録されている拡張子は表示しない」のチェックを外せばファイルの拡張子を表示できる。なお、Windows 10／Windows 8.1 であればエクスプローラーから「表示」タブの「表示／非表示」内、「ファイル名拡張子」をチェックしてもよい。

● ショートカット起動

- 「エクスプローラーのオプション」／「フォルダーオプション」
  CONTROL FOLDERS
- 「エクスプローラーのオプション（表示）」／「フォルダーオプション（表示）」
  RUNDLL32.EXE SHELL32.DLL,Options_RunDLL 7

コマンドの実行

　Windows OSにおいて素早くコマンドを実行したい場合には、「ファイル名を指定して実行」を活用するとよい。「ファイル名を指定して実行」は［スタート］メニューからのほか、ショートカットキー ⊞ ＋ R キーで素早くアクセスできる（3OS共通）。

　また、コマンド実行後に結果を確認したい場合には「コマンドプロンプト」がよく、［スタート］メニューからのほか、Windows 10／8.1であればショートカットキー ⊞ ＋ X → C キーで「コマンドプロンプト」、ショートカットキー ⊞ ＋ X → A キーで「管理者コマンドプロンプト」を起動できる。

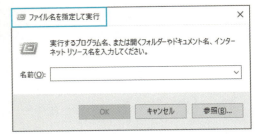

ショートカットキー ⊞ + R キーで「ファイル名を指定して実行」を表示することができる。コマンドを手早く実行するのに向いており、クライアントから素早くサーバー／ホストの共有フォルダーにアクセスしたい場合にも役立つ（ ➡ P.196 ）。

コマンドプロンプトの起動は［スタート］メニュー／スタート画面のすべてのアプリ／すべてのプログラムから「コマンドプロンプト」を選択する（Windows 10／8.1 は「Windowsシステムツール」内、Windows 7 は「アクセサリ」内）。なお、「管理者コマンドプロンプト」をここから起動したい場合には、「コマンドプロンプト」を右クリック／長押しタップして、ショートカットメニューから「管理者として実行」を選択すればよい（メニュー階層は3OSで異なる）。

●ショートカットキー

- 「コマンドプロンプト」（Windows 10／Windows 8.1のみ）
  ⊞ + X → C キー
- 「管理者コマンドプロンプト」（Windows 10／Windows 8.1のみ）
  ⊞ + X → A キー

●ショートカット起動

- 「コマンドプロンプト」
  CMD.EXE

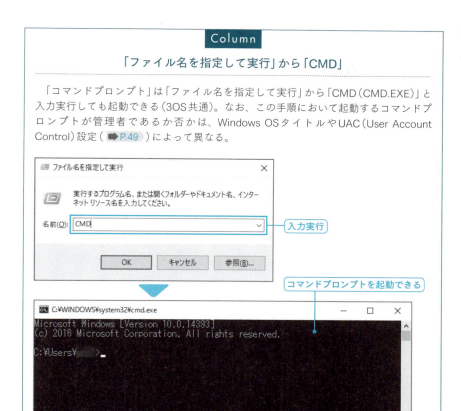

Column
「ファイル名を指定して実行」から「CMD」

「コマンドプロンプト」は「ファイル名を指定して実行」から「CMD（CMD.EXE）」と入力実行しても起動できる（3OS共通）。なお、この手順において起動するコマンドプロンプトが管理者であるか否かは、Windows OSタイトルやUAC（User Account Control）設定（ ➡ P.49 ）によって異なる。

レジストリ／グループポリシーによるカスタマイズ

　Windows OSにおいて比較的ディープな設定適用はレジストリ／グループポリシーによるカスタマイズが必要だ。ちなみに双方ともにコントロールパネル項目としては用意されておらず、レジストリ設定を行うための「レジストリエディター」は「ファイル名を指定して実行」から「REGEDIT」と入力実行することで起動できる。またグループポリシー設定を行うための「ローカルグループポリシーエディター」は、「ファイル名を指定して実行」から「GPEDIT.MSC」と入力実行することで起動できる（上位エディションのみ）。
　双方とも設定内容次第ではWindows OSの動作に重大な影響を及ぼすため、各カスタマイズを適用する場合には慎重かつ目的を持って行うようにする。

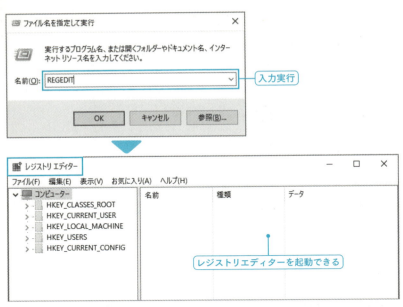

「ファイル名を指定して実行」から「REGEDIT」で「レジストリエディター」を起動できる。なお、レジストリ内の「値」における「値のデータ」は、該当項目に対して「1」で有効／「0」で無効になることを知っておくとカスタマイズがわかりやすくなる。

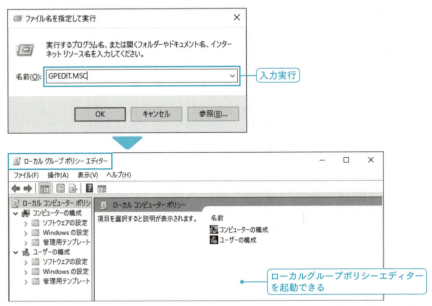

「ファイル名を指定して実行」から「GPEDIT.MSC」で「ローカルグループポリシーエディター（グループポリシー）」を起動できる。なお、グループポリシーをサポートするのはWindows 10 Pro/Enterprise/Education、Windows 8.1 Pro/Enterprise、Windows 7 Professional/Ultimate/Enterpriseのみで Home系エディションはサポートしない（➡P.38）。

● ショートカット起動

- 「レジストリエディター」
  REGEDIT.EXE
- 「ローカルグループポリシーエディター」
  GPEDIT.MSC

UACの設定

　UACと「User Account Control」のことで、日本語では「ユーザーアカウント制御」と表記される。このUAC機能はいわゆる警告機能であり、システムに影響する設定/操作を行う際に警告ダイアログを表示する。UACは一般的なオペレーティングを行う際にはセキュリティの1つとして有効なのだが、システム管理を行うものにとってはいちいち警告ダイアログで許可しなければ先に進めないという煩わしさがある。

　Windows OSの環境構築においてUACによる警告ダイアログは不要だという場合には、コントロールパネル（アイコン表示）から「ユーザーアカウント」を選択して、「ユーザーアカウント制御設定の変更」をクリック/タップ。「ユーザーアカウント制御の設定」で通知レベルのスライダーを一番下に設定すればよい（3OS共通）。

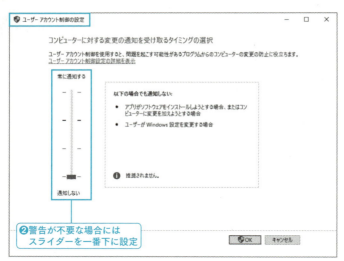

❷警告が不要な場合には
スライダーを一番下に設定

	暗転	ユーザー操作による システム変更	アプリによるシステム変更
常に通知する	通知時画面暗転	通知する	通知する
既定	通知時画面暗転	通知しない	通知する
アプリのみ	暗転しない	通知しない	通知する
通知しない	暗転しない	通知しない	通知しない

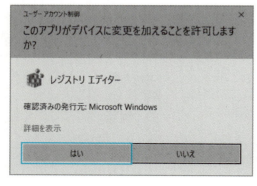

ユーザーアカウント制御（UAC）による警告。システムを理解したうえで各種設定を行う際に煩わしいという場合には、「通知しない」にする。なお、システムに影響する操作や設定を理解できないものにとってはセキュリティ的に最後の砦になるので通知設定をしておくべきだという意見もあるが、そもそもそのようなものにはアカウントの種類として「管理者」を割り当てずに「標準ユーザー」を割り当てるべきである（➡P.163）。

● ショートカット起動

■ 「ユーザーアカウント制御の設定」
USERACCOUNTCONTROLSETTINGS.EXE

1-3 本書の記述とネットワーク用語の定義

本書における「3OS対応記述」と「3OS共通操作」

本書はWindows OSにおいて「Windows 10」「Windows 8.1」「Windows 7」に完全対応した操作設定の記述を行うが、解説においてはわかりやすく簡潔にまとめたうえで内容を充実させるべく、以下のような本書独自表現を行っている。

■「Windows OS」「3OS共通」という表記

特記がない限り、「Windows OS」とは「Windows 10」「Windows 8.1」「Windows 7」のすべてを示す。また、設定や管理の場面でWindows 10／8.1／7ともに同じ（共通概念／共通操作）場合には「3OS共通」という表記をしている。

なお、本書記述は64ビット版Windows（x64）と32ビット版Windows（x86）の双方完全対応であり、ネットワークテクニックを活用するうえで特にシステムビット数の違いが問題になる場面はない。

■「上位エディション」という表記

Windows OSは新しいWindows OSタイトルをリリースするごとに「エディション」の名称を改変しており非常にわかりづらいのだが（→P.37）、本書は簡潔な記述を心がけるため一部のネットワーク管理者向け機能を有するWindows OSのエディションのことを「上位エディション」という表現で解説している。

なお、本書における「上位エディション」とは下表のエディションを示す（Windows OSタイトルごとのエディションの詳細については →P.33 ）。

● 「上位エディション」という表記に含まれるWindows OSのエディション

Windows 10	Pro／Enterprise／Education
Windows 8.1	Pro／Enterprise
Windows 7	Ultimate／Professional／Enterprise

■「ショートカットキー」欄の記述

本書において「ショートカットキー」欄に記述されているキーの入力手順は、次表のルールに従う。

ⓐ + ⓑ キーの表記	ⓐキーを押しながらⓑキーを押す。
ⓐ → ⓑ キーの表記	ⓐキーを押した後、ⓐキーを離してⓑキーを押す。『ⓐ+ⓑキー』とは違って、2つのキーを同時に押さないことがポイントだ。
「[文字列]」を入力実行の表記	指定の文字列を入力後に、Enter キーを押す。

「ショートカット起動」の記述と活用

本書において「ショートカット起動」欄に記述されているコマンドは、「ファイル名を指定して実行」から入力することにより、該当項目を起動することが可能だ(ちなみに「〜.EXE」の「.EXE」は省略可能)。

また該当項目における「CONTROL.EXE /NAME〜」については長文コマンドであるため「ファイル名を指定して実行」からの起動は現実的ではないが、デスクトップ等に任意の「ショートカットアイコン」を作成することにより「Windows 10／8.1／7共通の起動手順」を実現することを目的として記述している。

「ファイル名を指定して実行」で入力実行することで素早い起動を実現

● ショートカット起動

■ 「セキュリティが強化されたWindowsファイアウォール」
WF.MSC

ショートカットアイコンを作成することで3OS共通起動手順を実現

● ショートカット起動

■ 「Windows Update」
CONTROL.EXE /NAME MICROSOFT.WINDOWSUPDATE

Column

ショートカットアイコンの作成方法

ショートカットアイコンを作成したい場合には、デスクトップを右クリック／長押しタップしてショートカットメニューから「新規作成」→「ショートカット」と選択。「項目の場所を入力してください」欄に任意のコマンドを入力したのち、ウィザードに従って任意のアイコン名称を命名すればよい。

Windows 10／8.1／7において同じ設定項目であるにも関わらず、該当設定項目に至るまでの手順が異なるものもあるが、ショートカットアイコンを作成してしまえば該当アイコンのダブルクリック／ダブルタップという同じ手順で同じ機能にアクセスできる。

1-3 本書の記述とネットワーク用語の定義

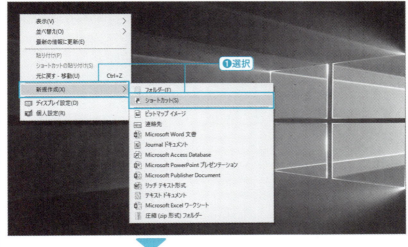

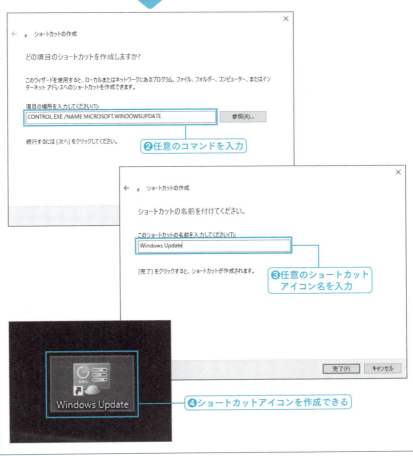

本書記述におけるネットワーク環境と用語

　ネットワーク関連用語におけるゆれはひどい。これは同一Windows OS内／3OS間でも存在するのだが、各ネットワークデバイスにおける設定コンソール内の用語定義もメーカー／モデルによって異なる状態だ（特にルーターの設定コンソールはメーカー間でバラバラだ）。
　本書はなるべくわかりやすくかつ簡潔に解説を進める関係上、一部のネットワーク用語においては以下のように定義付けたうえで解説を行う。

◻ Windows OSの表記ゆれ

　Windows 10／8.1／7の表記において、同じ部位や意味をあるにもかかわらず「コンピューター／PC」あるいは「サインイン／ログオン（サインアウト／ログオフ）」等の表記ゆれが起こっている。本書は基本的にWindows 10に準拠した設定表記を採用して解説を進めている。

◻ サーバー／ホスト

　ネットワークにおいてアクセスを受ける側を「サーバー（ホスト）」、サーバーにアクセスする側を「クライアント」と言う。なお、本書では複数のクライアントから集中的にアクセスを受けるデバイスを「サーバー」、クライアントと対になる形でアクセスを受ける機能を「ホスト」という単語を用いて解説を行っている（サーバー的役割とホスト的役割の双方が想定できる場合には「サーバー／ホスト」としている）。

◻ PC

　「PC」の本来の意味としては「パソコン（Personal Computer）」であり、iPadやAndroidタブレット等も場面によっては「PC」に含まれることもあるが、本書はiOS端末／Android端末についても別途解説を行う関係上「PC＝Windows OS搭載パソコン」として解説を進める。

◻ ネットワークデバイス

　PC(Windows OS)のほか、iOS／Android／Windows 10 Mobileを搭載したスマートフォン／タブレット、NAS（Network Attached Storage）、BD/DVD/HDDレコーダー／ゲーム機等のDLNA機器、ネットワークカメラ、ネットワークプリンター等々、ネットワーク機能を有する機器のことを「ネットワークデバイス」と総称する。

◻ スマートフォン／タブレット

本書では「PC」と差別化するために、「スマートフォン／タブレット」と表現しているが、スマートフォン／タブレットは本書においては「iOS（iPhone／iPad）端末」「Android端末」を示すものとする（Windows 10 Mobileについては別途 ➡ P.298 で解説する）。

本書を読み進めるうえでの全般的な注意点

ネットワーク環境やWindows OSの状態にはバリエーションが存在するが、本書はくどい説明を避けるため、以下のような環境を前提として解説を行っている。

◻ ネットワーク環境

ネットワーク環境においては「グローバルIPアドレスが割り当てられたインターネット回線」を有することを前提として解説している。インターネットマンション（マンション備え付けの回線）や一部のインターネットサービスプロバイダー（ISP）ではグローバルIPアドレスが割り当てられない回線が存在するが、その場合には本書記述におけるいくつかのグローバルIPアドレスを利用するネットワークテクニック（ダイナミックDNSや遠隔接続等）を環境的制限ゆえに実現できない。

◻ 管理者権限による操作

本書のWindows OSにおける設定全般はデスクトップにサインインしているユーザーアカウントの「アカウントの種類」が「管理者」であることを前提としている。これはWindows OSにおいてネットワーク設定やシステム管理を行うためには、「管理者」である必要があるためだ。なお、PC導入時にシステム管理者がPCに対して操作＆設定制限をかけている場合やドメインに参加している場合、「管理者」アカウントであっても一部カスタマイズが行えないこともある。

🔲 将来的な変更

本書は各種操作やネットワークテクニックを実践するうえで活用できる「アプリ（フリーウェア／シェアウェア／iOSアプリ／Androidアプリ等々）」を紹介しているが、インターネット／ネットワークの特性上、これらのアプリにおける将来的な仕様／操作／存在について保証するものではない。

また、iOSアプリ／Androidアプリ／ユニバーサルWindowsアプリにおいては、解像度／端末サイズ／ランドスケープ（横置き）／ポートレート（縦置き）によって操作手順に違いが出るものもある（「メニューボタン」タップの有無等）。

なお、Windows 10 の「アップグレード」については ➡ P.245 でも解説しているが、Windows 10 はアップグレードにより仕様／機能／操作が変更される点に注意されたい（本書記述は2016年8月時点のWindows 10である）。

Windows 10 は「アップグレード」によって進化する。これは機能のみではなく、操作方法も変更されることを意味する（画面は Windows 10 Build 10586 と Build 14393 の［スタート］メニューの比較、レイアウトや操作が異なる）。

🔲 ネットワーク設定は全般的に自己責任

本書で述べるテクニックは「ネットワーク」を利用したものであり、クローズドな自身の環境のみで収まるものではない。特にルーター設定や遠隔接続テクニック等の一部は拡大解釈＆悪意を持って臨めばいたずらを行うことも可能だが、本書はこのような行為を推奨するものではない。

全般的にネットワークテクニックの適用そのものが自己責任であり、特にネットワークアプリの導入についてはマルウェア感染等のリスクに注意されたい（本書執筆時点で本書掲載アプリの動作に問題がないことは確認しているが、アプリは更新される／他メーカーに買収される／亜種が登場する等の関係上、安全性が未来永劫保証されるわけではない）。

第1部
Windows ネットワーク構築 編

Chapter 2

究める！ルーター＆無線LANの最適化

- 2-1 無線LANルーターの役割と機能 ……… ➡P.58
- 2-2 ルーターと無線LANアクセスポイントの設定 ……… ➡P.69
- 2-3 無線LANアクセスポイントのセキュリティ設定 ……… ➡P.77
- 2-4 PCでのWi-Fi接続設定 ……… ➡P.85
- 2-5 ルーター設定によるネットワーク管理 ……… ➡P.94
- 2-6 二重ルーターの解決と無線LANのアクセスポイント化 ……… ➡P.109

2-1 無線LANルーターの役割と機能

ルーターの役割「NAT」「DHCP」を知る

ネットワークを理解するうえでルーターの役割を把握することは重要だ。現在のルーター（コンシューマー市場においては事実上「無線LANルーター」を示す）は単に接続するだけでネットワーク接続が可能になってしまうが、ネットワーク全体のパフォーマンスや安定性、そしてセキュリティと将来性（様々なネットワークデバイスの追加／変更）等を踏まえた場合、ルーターの基本機能である「NAT（Network Address Translation）」と「DHCP（Dynamic Host Configuration Protocol）」を理解しておくことは必須だ。

■ ルーターの「NAT」機能

インターネット上（ワイドエリアネットワーク）では「グローバルIPアドレス」が通信相手を特定するためのアドレスとして利用され、またローカルエリアネットワークでは「プライベートIPアドレス」が通信相手を特定するためのアドレスとして利用される。

このグローバルIPアドレスとプライベートIPアドレスの間で直接通信をすることはできないが、ネットワークアドレス（Network Address）を変換（Translation）して相互アドレス間で通信を可能にするのが、「NAT（Network Address Translation）」機能だ。

本来1つしかないインターネット回線（接続）を複数のネットワークデバイスで活用できるのは、このNATのおかげなのだ。

● 「NAT（Network Address Translation）」の機能

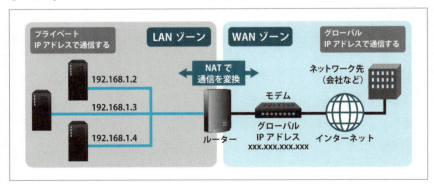

◻ ルーターの「DHCPサーバー」機能

　ローカルエリアネットワーク内のネットワークデバイスにおいて、通信は「プライベートIPアドレス」で行われる。この「プライベートIPアドレス」はネットワークデバイス自身で設定することも可能だが、ルーターが中心となって各ネットワークデバイスに対して動的にプライベートIPアドレスを割り当てる機能が「DHCP (Dynamic Host Configuration Protocol) サーバー」機能だ。

　ちなみにプライベートIPアドレスはグローバルIPアドレスと差別化するために割り当て範囲が決まっており、コンシューマー向けのルーターのほとんどは「192.168.x.x」という形でプライベートIPアドレスを割り当てる。同一セグメントでなければ通信できない条件でかつ、一意のIPアドレスでなければならないという仕様上、ネットワークデバイスに対しては以下のようなIPアドレスが割り当てられる。

［共通（固定）］．［共通（固定）］．［共通（固定）］．［固有番号］

　例えばルーターのIPアドレス（デフォルトゲートウェイアドレス）が仮に「192.168.1.1」であったとすると、ルーターのDHCPによるローカルエリアネットワーク内のネットワークデバイスには「192.168.1.[固有番号]」というプライベートIPアドレスが割り当てられる。

● 「DHCP (Dynamic Host Configuration Protocol) サーバー」機能

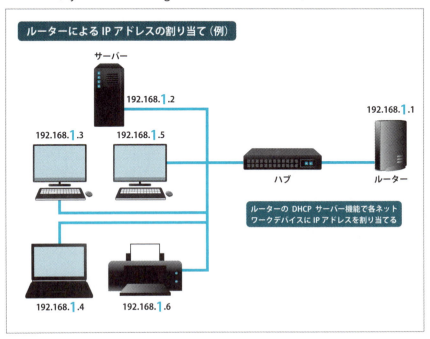

無線LAN接続の通信規格を知る

　無線LANの通信規格は「2.4GHz帯」と「5GHz帯」に分けることができ、「2.4GHz帯」はIEEE802.11b／IEEE802.11g／IEEE802.11n（2.4GHz帯11n）、「5GHz帯」にはIEEE802.11a／IEEE802.11n（5GHz帯11n）／IEEE 802.11ac等が存在する。

　「2.4GHz帯」は遮蔽物越しの通信に比較的強いという特徴があり、また無線LAN親機（無線LANルーター）＆無線LAN子機（無線LAN搭載PC／スマートフォン／タブレット）ともに2.4GHz帯はほぼ確実にサポートされているのが特徴だ。

　よって、無線LAN通信は「2.4GHz帯」を利用するのが基本なのだが、この2.4GHz帯はBluetooth／コードレス電話機／電子レンジ等と電波干渉する。また、広く普及している無線LAN通信規格であるがゆえに周辺の家屋／マンション／商店／Wi-Fiスポット等でも利用されているため、周辺事情によっては複合的な電波干渉が起こりパフォーマンスダウンが激しい。ちなみに、このような「2.4GHz帯では電波干渉によりパフォーマンスが落ちる」という場面で活きるのが「5GHz帯」であり、5GHz帯を利用することにより電波干渉を回避してパフォーマンスを得ることができる。

● **無線LANの通信規格**

通信規格	通信最大速度（理論値）
IEEE802.11b（2.4GHz帯）	11Mbps
IEEE802.11g（2.4GHz帯）	54Mbps
IEEE802.11a（5GHz帯）	54Mbps
IEEE802.11n（2.4GHz帯）	150Mbps～（ストリーム数による）
IEEE802.11n（5GHz帯）	150Mbps～（ストリーム数による）
IEEE802.11ac（5GHz帯）	433Mbps～（ストリーム数による）

Column

IEEE802.11bは利用しない

　無線LAN通信規格として、「IEEE802.11b」は利用してはいけない。これは無線LAN通信規格として速度が遅いというだけではなく、IEEE802.11bを利用するための暗号化方式である「WEP」はすでに解析されているため、不正アクセスや情報漏洩の原因になるからだ。

　ゲーム機の一部等ではこの「IEEE802.11b」しかサポートされていないというものもあるが、このようなデバイスをどうしても利用したい場合には「マルチSSID（ネットワーク分離、➡P.77）」を利用してローカルエリアネットワーク上のネットワークデバイスへのアクセスを遮断するとよい。ただし、アクセスそのものは解析可能なので、第三者に勝手インターネット回線を利用されるかもしれないというリスクが存在する点に注意だ。

● 通信の傍受による通信内容の解析

通信内容を傍受された場合、通信内容の漏洩を防ぐには「暗号化」しかない。しかし、「IEEE802.11b」の暗号化方式である「WEP」はすでに解析されているため、この規格の通信を利用した場合データの安全性は保証されない。

新しい無線LANルーターの導入事例

　ネットワークのパフォーマンスと安定性を追求するうえで、重要なファクターになるのが「無線LANルーター」の存在であり、無線LANルーターの選択と設定、そして適切な接続の追求をなくしてネットワーク環境の最適化は望めない。

　ちなみに無線LANルーターの導入において難しいのは「現在のネットワーク環境」や「求めるネットワーク環境」によって商品選択／最適な設定／接続方法が異なるという部分である。

　無線LANルーターのパフォーマンス／セキュリティ／付加機能等の各種機能については次項以降で解説するが、最適なネットワーク環境を得るためにも、「既存で無線LANルーターが存在する環境に新しい無線LANルーターを導入する事例」をあらかじめ示しておこう（具体的な導入方法や各問題の解決＆最適化については次項以降で順次解説する）。

◻ 自動設定で新しい無線LANルーターを増設する

　最もお勧めしない方法が、自動設定任せで新しい無線LANルーターをそのままローカルエリアネットワークに接続してしまうという投げやりな導入方法だ。

　新しい無線LANルーター側での接続が別セグメントになるためネットワークデバイス間の通信が滞る、パフォーマンスが最適化できない、新しい無線LANルーターの設定コンソールにアクセスできない、新しい無線LANルーターに搭載されている機能を利用できない等の様々な問題が起こりうるが、このような問題が起こるか否かは新しい無線LANルーターのメーカー／モデル次第、あるいは現在のローカルエリアネットワークとの相性次第である。

◻ 既存の無線LANルーターを置き換える

　新しい無線LANルーターを比較的簡単に導入する方法として、「既存のルーター

を置き換えて(外して)、新しい無線LANルーターを導入する」という方法がある。この方法であればルーターが一本化されるため(二重ルーターにならないため)問題が起きにくいほか、新しい無線LANルーターの各種機能を余すことなく使える。

ただし、インターネットサービスプロバイダー(ISP)への接続設定(PPPoE接続設定)やデフォルトゲートウェイアドレス等の各種環境設定をイチからやり直さなければならないほか、新しい無線LANルーター単体では間取りによっては無線LAN接続が滞る等の問題が起こりうる。

なお、インターネットサービスプロバイダー供給機器における「ISP供給モデムにルーターが内蔵されている」「ISP供給ルーターに利用中のIP電話の端子がある」等の事情が存在する場合には、そもそも既存のルーターを外すことができないためこの導入方法を採用することができない。

◻ 無線LANルーターをアクセスポイント化して増設する

既存でルーターがある環境において一番スマートなのは「新しい無線LANルーターをアクセスポイント(APモード)化して導入する」という方法だ。ローカルエリアネットワークにおいてルーターが複数存在すると通信に問題が起こりがちだが、新しい無線LANを「アクセスポイント(APモード)化」して導入すれば二重ルーター問題も起こらずに、また複数の無線LAN親機を屋内に設置して無線LAN通信の接続性を高めることができる。

ただし、新しい無線LANルーターに備えられる各種機能(ルーターモードでなければ利用できないダイナミックDNS機能等)や最新モデルならではのルーターとしてのパフォーマンスが活かせないという点は気になる。

Column

新しい無線LANルーターの機能とパフォーマンスを最大限活かす

インターネット接続さえ確保できればよいという考え方なのであれば、新しい無線LANルーターを自動設定やアクセスポイント(APモード)化(➡ P.109)したうえでローカルエリアネットワークに導入するだけでよい。

しかしながら「新しい無線LANルーターの機能とパフォーマンスを最大限活かしたい」「無線LANの接続性を高めるために複数の無線LAN親機を設置したい」というのであれば、「新しい無線LANルーターをルーターモードとしてネットワークの中心に設置」したうえで、「旧(既存)無線LANルーターをアクセスポイント(APモード)化したうえで無線LAN親機として設置」することが求められる。

一度に物事を進めようとするとかなり複雑かつ頭を使う本手順だが、ネットワーク環境の最適化を求めるのであればチャレンジすべき事柄であり、本書では「新しい無線LANルーターに置き換えたうえで、旧無線LANルーターをアクセスポイント化する」際における比較的安全な手順を ➡ P.112 で紹介している。

無線LAN通信パフォーマンスとセキュリティ

無線LANルーターには様々な機能が搭載されているが、ここではまず主機能である「無線LAN通信のパフォーマンスやセキュリティ」にかかわるキーワードを解説しよう。

なお、ネットワーク用語や機能の示し方はメーカーごとに異なる点に注意だ。

「2.4GHz帯」「5GHz帯」同時利用可能モデル

無線LAN規格には「2.4GHz帯」「5GHz帯」が存在するが、無線LANルーターを導入するのであれば、必ず「2.4GHz帯」「5GHz帯」を同時利用できるモデルをチョイスする。無線LANの通信規格については ➡ P.60 で解説しているが、無線LANルーターのモデルによっては「2.4GHz帯＆5GHz帯両対応」等と明記してあっても、同時利用はどちらかの帯域しか行えない、あるいは同時利用するとパフォーマンスが落ちるモデルも存在するので注意されたい。

● 同時利用可能モデルの活用

高速通信とストリーム数

無線LAN通信におけるパフォーマンスを求めるのであれば、より高速な通信規格に対応しているに越したことはない。ちなみに無線LANルーターの商品名の多くは「2.4GHz帯」「5GHz帯」の通信速度を合計した値を商品名の内の型番内で数値化しているが、特に注目したいのが「11ac」の通信速度であり、ストリーム数（MIMO）に従って「866bps」「1300bps」「1733Mbps」等の商品が存在する。

なお、ここで示される通信速度をフルに活かすには、無線LAN子機側（PC／スマートフォン／タブレット等）に同数以上のMIMOアンテナ数が必要になるのだが、実際の無線LAN通信の場面を考えると、親機の余した余裕は別の無線LAN子機との通信に回されるため（MU-MIMO）、やはり無線LAN親機の通信規格／ストリーム数に余裕があるに越したことはない。

● 通信規格・ストリーム数に余裕を持たせる

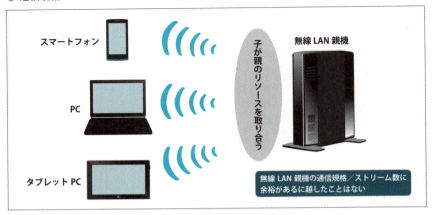

🔲 無線LAN通信の最適化機能

　メーカー／モデルによって表記や機能詳細は異なることがあるのだが、無線LAN最適化機能の1つに「無線チャンネルの自動最適化（「オートチャンネル」などとも呼ばれる）」があり、周囲で利用されている無線LANのチャンネルを検知したうえで、自動的に最適なチャンネル選択を行う（手動でチャンネルを指定することも可能、➡P.118）。また「ビームフォーミング」は、無線LAN子機の位置や距離を判別して電波を適切に届ける機能であり、無線LAN通信におけるパフォーマンスと安定性が期待できるが、基本的に無線LAN子機側の対応も必要になる。

　その他一部のメーカー／モデルでは「2.4GHz帯」「5GHz帯」を1つのSSIDにしてブロードキャストすることで、混雑していない最適な帯域に自動的に切り替える機能等を有している。

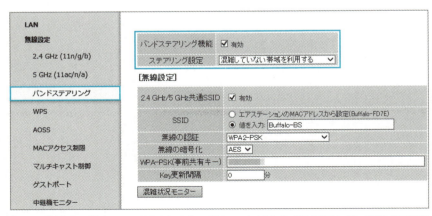

「2.4GHz帯」「5GHz帯」を1つのSSIDにしてブロードキャストする「バンドステアリング」。無線LAN最適化機能は無線LANルーターのメーカー／モデルによってかなり個性のある部分の1つだ。

■無線LANのセキュリティ機能

　無線LANのセキュリティとしてはマルチSSID／ネットワーク分離／MACアドレスフィルタリング／SSIDステルス等が存在する。各セキュリティ機能と設定については次項以降で解説を行うが（下記参照）、ビジネス環境でゲストに無線LAN接続を開放する環境であれば「マルチSSIDによるネットワーク分離機能」は必須である。

　また社内においてBYOD（Bring Your Own Device：従業員が私物端末で作業を行うこと）を活用しているのであれば、将来の離職者等を踏まえて「MACアドレスフィルタリング」でアクセス管理を行うことが望ましい。

- マルチSSID（ネットワーク分離）　➡ P.77
- MACアドレスフィルタリング（特定ネットワークデバイス以外のアクセス制限）
  ➡ P.79
- SSIDステルス（アクセスポイント名の隠蔽）　➡ P.84

無線LANルーターの付加機能の確認

　ネットワークの中心に据えるルーターの基本／付加機能をあらかじめ把握しておくことも、最適なネットワーク環境を構築するうえで重要だ。ここでは無線LANルーターの商品選択や機能管理において、特に重要なポイントをピックアップして解説しよう。

BUFFALO製無線LANルーター「WXR-1900DHP2」。下記で解説するの付加機能をすべて有するほか、無線LAN通信パフォーマンスとセキュリティに優れ、またルーターとしての各種設定においても不足がない。本機は数多く無線LANルーターをテストした筆者が最終的にチョイスしたモデルでもある。

■有線LANポート規格の確認

　無線LANルーターの背面には有線LANポートが備えられるが、この有線LANポートの規格はすべてが1000Base-T対応であることが望ましい。これはネットワークデバイス活用を多岐にわたって実践する場合、結果的に有線LAN接続のパフォーマンスが鍵になるからだ。

● ルーターの背面LANポート

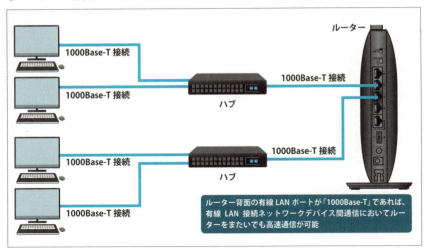

ルーターモード／アクセスポイントモードの指定方法

　物理スイッチで「ルーターモード／アクセスポイントモード」を切り替えられる無線LANルーターが望ましい。物理スイッチを搭載しているモデルであればルーターモード／アクセスポイントモードを設定しやすいというほか、無線LANルーター本体を見るだけでどちらのモードになっているか把握できるというメリットがある。

　なお、メーカー／モデルによっては、無線LANルーターにおける子機モードやイーサネットコンバーターモードも該当スイッチで切り替えられるものもある（無線LANルーターのアクセスポイント（APモード）化設定については ➡ P.109 ）。

● ルーターモード／アクセスポイントモードの指定

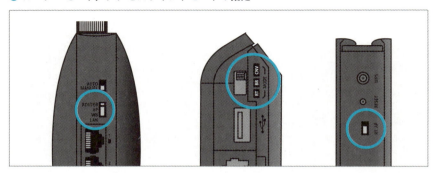

物理スイッチによるルーターモード／アクセスポイントモードの切り替え。メーカー／モデルによってモード名称はかなり異なる点に注意が必要だ。なお、無線LANルーターのアクセスポイント（APモード）化は意外と癖のある機能であり、ネットワーク環境を追求するうえではさらに設定コンソール上での作業を強いられる場合もある。

■ダイナミックDNS機能サポートと料金体系

　遠隔接続(外出先から自身の回線にあるホスト機能に接続)を実現する1つの手段が「ダイナミックDNS機能」だ。最近の無線LANルーターやNAS(Network Attached Storage)の中にはスマートフォン／タブレット等から簡単に遠隔接続できることを謳ったモデルもあるが、多くは専用アプリを用いてあらかじめ独自に用意されている機能にのみ接続するものである。任意のサービス／プログラムをホスト運用したうえで任意の遠隔接続を実現したい場合には、自身のインターネット回線に任意のホスト名を割り当てて運用できる「ダイナミックDNS」が必要になるのだ。

　ダイナミックDNSは無線LANルーターのメーカー／モデルによって、サポートするダイナミックDNSサービス(ホスト名を提供するサービス)が異なり、結果的に無線LANルーターのメーカー／モデルの選択がダイナミックDNS運用において有料になるか無料になるかという差にもなる。

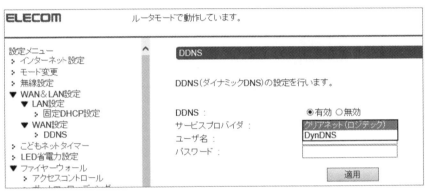

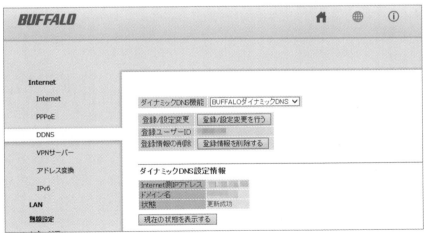

ルーター設定コンソール上での「ダイナミックDNS」設定。サポートされるダイナミックDNSサービスはメーカー／モデルによって異なる。なお、ダイナミックDNSはPC上でDDNSソフトを常駐させて実現する方法もあるのだが、現実的な運用を踏まえるとルーターで制御できることが求められる。

☐ USBデバイスサポート

　一部の無線LANルーターはUSBポートを備え、このUSBポートに任意のUSBデバイスを接続することでNAS／ネットワークプリンター／ネットワークカメラを実現できるモデルがある。各種単体商品の方が機能や管理が優れるため重要視すべき機能ではないが、PCや単体商品で機能性やセキュリティを追求する一方、無線LANルーターのUSB機能で割り切った使い方をするという活用もある。

● ルーター背面のUSBポート

2-2 ルーターと無線LANアクセスポイントの設定

ルーター設定コンソールの「用語違い」に注意する

　ルーターはメーカー／モデルごとに「設定画面」「設定できる内容」が異なり、さらに設定をする際の指標となる「設定項目名（機能名）」もバラバラというのが現状だ。

　例えば「ポートマッピング」設定を行いたいという場合、メーカー／モデルによって「ポートマッピング設定」「ポート変換」「仮想サーバー設定」「NATテーブル編集」「静的IPマスカレード設定」等の表記であり、またポートマッピングにおける対象ネットワークデバイスの指定方法も「IPアドレス」指定であったり、「MACアドレス」指定であったりする。

　本書はどのメーカー／モデルであってもわかりやすく設定できるように設定項目名と設定方法のバリエーションを交えて解説するが、根本的には「設定項目名」ではなく「設定内容」で把握するようにするとルーター設定コンソールの攻略が見えてくる。

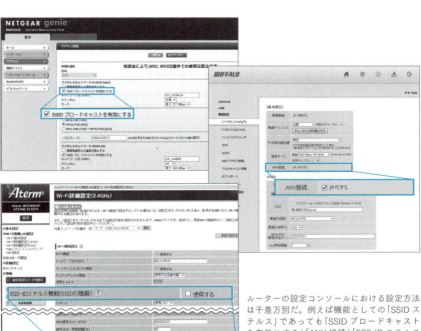

ルーターの設定コンソールにおける設定方法は千差万別だ。例えば機能としての「SSIDステルス」であっても「SSIDブロードキャストを有効にする」「ANY接続」「ESS-IDステルス機能」と、メーカー／モデルでバラバラの用語定義なのである。

69

> Column
>
> ### コピー&ペーストによる設定適用の注意点
>
> PPPoE接続の設定において接続先ユーザー名の指定は比較的複雑なので、あらかじめ接続先設定をテキストファイルで用意したうえで、コピー&ペーストで設定入力を行うと効率的でかつ確実でよい。ただし注意したいのは、テキスト保存形式やテキストエディターのコピー方法によっては入力フォーム上で余計なスペースが行末に挿入されてしまう事象だ。
>
> 各種設定において、行末にスペースが挿入されてしまうと結果目的の設定を満たせなくなるため、設定コンソール上でコピー&ペーストを行うのであればこの点に注意して設定されたい。

ルーターのハードウェアリセット方法の確認

ルーターの設定コンソールは設定を間違えると、時にルーターの設定コンソールにさえアクセスできなくなるというシビアな特性を持つ。完全にルーターの設定コンソールにアクセスできなくなった際の対処としては「ハードウェアリセット」しかなく、つまりはあらかじめ無線LANルーターの設定初期化方法を確認しておく必要がある。

ちなみにルーターのリセットボタンは誤操作を避けるためわかりにくい位置に配置されており、大概のモデルはイジェクトピン等で長押しすることではじめてリセットを実現できる。

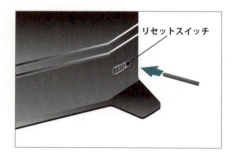

> Column
>
> ### 正常な接続設定のファイル保存
>
> 現状無線LANルーターが正常に動作している状況であれば、設定コンソールで各種カスタマイズを行う前に現在のルーター設定をファイルに保存しておくとよい。ルーター設定をファイルに保存する方法は ➡P.94 で解説している。

無線LANルーターを独立環境で設定する

　これから新しい無線LANルーターを既存のルーターと置き換えて導入するという場合に注意しなければならないのは、「PPPoE接続設定」「デフォルトゲートウェイアドレス」「無線LANアクセスポイント」等の設定が完了しないと各種ネットワークデバイスの運用が成り立たず、また設定中にはインターネットにアクセスできないという環境的制限が発生することだ。

　このような面倒くさい事態を回避するテクニックが「あらかじめ新しい無線LANルーターの基本設定を終えてからローカルエリアネットワークに導入する」という手順である。

　具体的には「新しい無線LANルーターと有線LANポートを搭載するPC（有線LAN搭載ノートPCがよい）を対に有線LANケーブルで接続」したうえで、基本設定をすべて済ませてからローカルエリアネットワークに導入するという手順だ。この方法であれば環境構築中もWebで情報を検索＆確認することや、Web上にあるルーターのマニュアルをダウンロードする等も可能である。また、新しいルーターを導入ののちにネットワークがうまく動作しなかった場合でも、旧無線LANルーターに戻して運用するという安全性さえ確保できるのだ。

● 新しい無線LANルーターはローカルエリアネットワーク導入前に基本設定

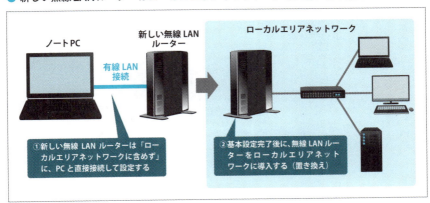

ルーター設定コンソールへのログオン

　ルーターの設定は、Webブラウザーから「ルーターの設定コンソール」にログオンして行う。ルーターの設定コンソールにログオンするためのURLアドレスはモデルによって異なるため、マニュアル等で確認するとよい。ほとんどのルーターは「ルーターのIPアドレス＝デフォルトゲートウェイアドレス＝ログオンアドレス」なので、デフォルトゲートウェイアドレスを指定してもログオン可能だ（デフォル

トゲートウェイアドレスの確認方法は ➡ P.226)。後は設定コンソールへのアクセスが許可されたユーザー名とパスワードを入力することで、ルーターの各種設定を実行できる。

Web ブラウザーでマニュアル記述に指定された URL アドレスを入力。なお、ほとんどのルーターは「デフォルトゲートウェイアドレス（確認方法は ➡ P.226 ）」の指定でもルーターの設定コンソールにアクセスできる。なお、メーカー／モデルによっては CD-ROM 等でセットアップツール等が付属するが、このようなツールをインストールする必然性はない。

ユーザー名とパスワードを入力すれば、ルーターの設定コンソールにアクセスできる。なお、ルーターの設定コンソールはメーカー／モデルによって操作／設定／用語が異なるため、今までと異なるメーカー／モデルをチョイスした場合には以前の設定概念や慣例にとらわれない方がよい。

> **Column**
>
> ### Windows OSの付箋を活用する
>
> 　無線LANルーターの設定コンソールにアクセスするには、Webブラウザー上でのログオンアドレス／ユーザー名／パスワード等の入力が必要であるが、初期設定段階では「仮アドレス」「仮パスワード」の入力を強いられることもある。
> 　これらの仮情報をいちいち入力／管理するのは面倒くさいものだが、このような場合にPCからのアクセスであれば「付箋」を利用するとよい。ちなみに付箋に張り付けたURLアドレスは Ctrl ＋クリック／ Ctrl ＋タップでWebブラウザーで開くことができ、またユーザー名／パスワードはコピー＆ペーストで入力できる。

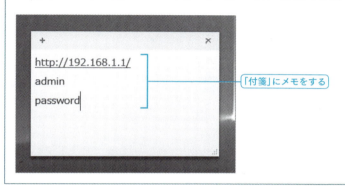

「付箋」にメモをする

無線LAN親機でのアクセスポイント設定

　最近の無線LAN親機における設定コンソール上のアクセスポイント設定は、様々な拡張機能をサポートしているがゆえにかなり設定項目が多く見えるが、基本的な無線LANアクセスポイント設定は「無線LAN帯域の選択」「SSIDの設定」「暗号化方式の設定」「暗号化キーの設定」だけに着目すればよい。
　なお、「チャンネル」「マルチSSID（ネットワーク分離）」「MACアドレスフィルタリング」等々の応用設定については次項以降で解説する。

◻ 無線LAN帯域の選択

　「2.4GHz帯」と「5GHz帯」の双方に対応する無線LAN親機である場合には、どちらの帯域でアクセスポイント設定を行うのかを選択する。「2.4GHz帯」「5GHz帯」の同時通信に対応しているモデルであれば、基本的に双方で別個のSSID／暗号化方式／暗号化キーを設定できる。

第1部 Chapter 2 究める！ルーター＆無線LANの最適化

◻ SSIDの設定

SSID (Service Set Identifier) とは、無線LANにおける「アクセスポイント名」であり、アクセスポイント名は任意に設定することができる。

ほとんどの無線LAN親機は「2.4GHz帯」「5GHz帯」の双方で複数のSSIDを設定できるが（マルチSSID）、まずは「2.4GHz帯」「5GHz帯」のそれぞれで1つのSSIDを有効にしてアクセスポイント名の設定をすればよい。

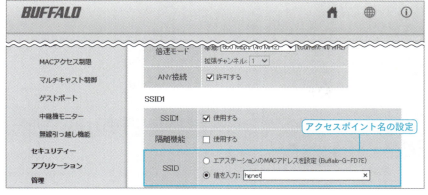

アクセスポイント名の設定。モデルによって設定方法が若干異なるが、いずれも任意に名称を設定できる。

🔲 暗号化方式の設定

　暗号化方式は「WPA-PSK」か「WPA2-PSK」、あるいは双方に対応する「WPA/WPA2-PSK（WPA/WPA2-mixed）」を無線LAN子機の仕様にあわせて選択する。また「AES」「TKIP」の選択肢がある場合には、環境的制限がない限りセキュリティに優れる「AES」を選択するとよい。なお、「WEP」や「暗号化なし」は主アクセスポイント（プライマリSSID）のセキュリティとして選択してはならない。

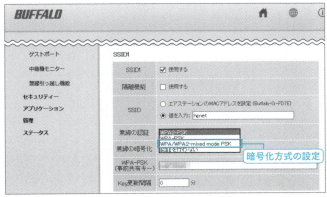

暗号化方式の設定。こちらもモデルによって設定方法が若干異なるが、無線LAN子機の仕様に合わせて任意の方式を選択する。

◘ 暗号化キーの設定

　暗号化キーとは、要は無線LAN子機が親機にアクセスする際に要求されるセキュリティキーのことだ。暗号化キーは8〜64文字の半角英数字で指定する。なお、単純な数字のみの羅列は破られる可能性があるので英数字を混ぜ、かつ9文字以上にすることを推奨する。

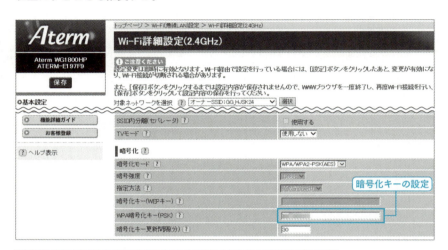

暗号化キーの設定。モデルによって項目名は異なるが、いずれも暗号化キーは8〜64文字の半角英数字で指定する。

2-3 無線LANアクセスポイントのセキュリティ設定

マルチSSIDによるネットワーク分離

　「マルチSSID」とは、本来各無線LAN帯域に1つだけあれば十分なはずのSSID（アクセスポイント名）を複数化できる機能だ。メーカー／モデルによって用語統一はとれていないのだが、ここでは通常利用するメインとなるSSIDを「プライマリSSID（設定コンソール上では「SSID 1」とも表記される）」、サブになるSSIDを「セカンダリSSID（設定コンソール上では「SSID 2」とも表記される）」という名称を用いて解説を行う。

　さて、なぜ同一無線LAN帯域への接続をわざわざ「プライマリSSID」と「セカンダリSSID」とに分けるのかと言えば、プライマリSSIDは「ローカルエリアネットワーク上のネットワークデバイスと共有可能」、セカンダリSSIDは「ローカルエリアネットワーク上のネットワークデバイスと共有不可（ネットワーク分離、インターネット接続のみ可能）」とすることでセキュリティを高めたいというのが主な目的になる。

　ビジネス環境であれば「ゲストにインターネット接続を開放したい（ただしローカルエリア上のネットワークデバイスにアクセス禁止）」、家庭環境であれば「セキュリティの低いゲーム機でインターネット接続を実現したい」等の場面に活用できる。

● マルチSSIDによるネットワーク分離

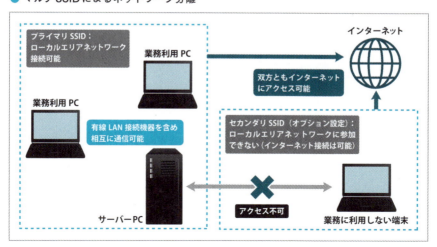

マルチSSIDの設定はルーターのモデルによって大きく異なるが、設定手順としてはセカンダリSSIDを有効化ののち、セカンダリSSIDの「SSID(アクセスポイント名)」「暗号化方式」「暗号化キー」を指定。そのうえでローカルエリアネットワーク上のネットワークデバイスとの共有を許可しない「ネットワーク分離」「隔離機能」等の設定を有効にすればよい。

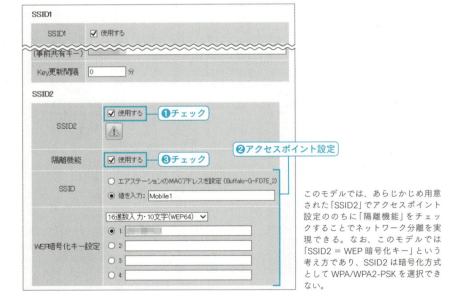

セカンダリSSIDを有効化したうえで「ネットワーク分離機能」にチェック。この設定により、ローカルエリアネットワーク上の他のネットワークデバイスに接続できないが、インターネット接続可能なアクセスポイントを設定できる。

このモデルでは、あらかじめ用意された「SSID2」でアクセスポイント設定ののちに「隔離機能」をチェックすることでネットワーク分離を実現できる。なお、このモデルでは「SSID2＝WEP暗号化キー」という考え方であり、SSID2は暗号化方式としてWPA/WPA2-PSKを選択できない。

> **Column**
>
> ### 無線LANアクセスポイントの開放は必要最小限に
>
> ゲストにもインターネット接続を楽しんでほしい等の配慮で、個人事業主やサービス業において暗号化キーを授けず（あるいは安易な暗号化キーで）に無線LANアクセスポイントを開放している環境を見受けることがあるが、正直非常に危険な状態だ。
>
> 先に説明した「セカンダリSSID」でネットワーク分離設定を行えば、確かにローカルエリア上のネットワークデバイスにアクセスできないため自身で管理するサーバー／ホスト等は守れるが、インターネット接続を未知の人に開放している状態では、例えば掲示板に誹謗中傷や爆破予告が書き込まれた場合、結果的に関係者を含め不特定多数の人を疑わなければならない羽目になる。
>
> このような事情を踏まえてもセカンダリSSIDであっても安易に第三者に開放せず、また仮に開放する場合でも信頼できる人のみにしたうえで、さらに定期的にSSID／暗号化キーを変更する等の配慮を行いたい。

MACアドレスフィルタリングによるアクセス制限

「MACアドレスフィルタリング」とはネットワークデバイス（PC／スマートフォン／タブレット等）の「MACアドレス」をルーターの設定コンソール上に登録することにより、登録ネットワークデバイス以外のアクセスを許可しないというセキュリティ機能だ。

これは無線LANアクセスポイントの暗号化キーが破られる／漏洩した場合でも、許可していないネットワークデバイスは接続できないという意味でセキュアなほか、ビジネス環境においてBYOD（Bring Your Own Device：従業員が私物端末で作業を行うこと）を活用している環境においては、特定デバイスのアクセス許可、また離職者が出た場合にはアクセス停止等の管理を行うことができる。

● MACアドレスフィルタリングによるアクセス管理

■ MACアドレスフィルタリングの準備

ネットワークデバイスの無線LAN子機（ネットワークアダプター）には世界にたった1つしかない固有番号である「MACアドレス」が登録されており、MACアドレスは「XX-XX-XX-XX-XX-XX」という形で示される（➡P.26）。

MACアドレスフィルタリングを実現するには、この「ネットワークアダプターのMACアドレス」を設定コンソール上で登録する必要があるので、まずは接続許可するネットワークデバイスのMACアドレスを調べておく必要がある。ネットワークデバイスによってMACアドレスの確認方法は異なるが、詳しくは下記のページを参照だ。

● MACアドレスの確認方法
- ネットワークツールによるネットワーク情報の一括確認　➡P.230
- Windows 10／8.1／7　➡P.224
- iPhone／iPad　➡P.270
- Android　➡P.271
- Windows 10 Mobile　➡P.304

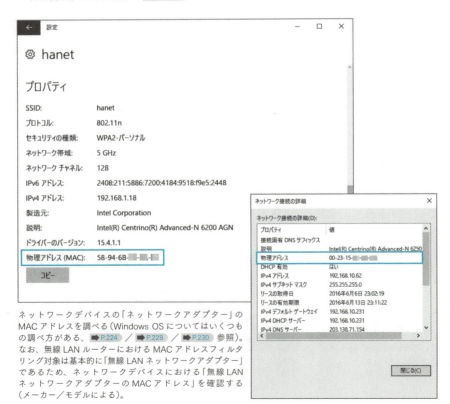

ネットワークデバイスの「ネットワークアダプター」のMACアドレスを調べる（Windows OSについてはいくつもの調べ方がある。➡P.224／➡P.228／➡P.230 参照）。なお、無線LANルーターにおけるMACアドレスフィルタリング対象は基本的に「無線LANネットワークアダプター」であるため、ネットワークデバイスにおける「無線LANネットワークアダプターのMACアドレス」を確認する（メーカー／モデルによる）。

現在ローカルエリアネットワークに接続している MAC アドレスを一覧表示できるツールもある。管理するネットワークデバイスが多い場合には、このようなネットワークツールの利用が便利だ（➡ P.230）。

◻ 接続許可する MAC アドレスの登録

　無線 LAN ルーターの設定コンソールで無線 LAN 接続を許可する MAC アドレスを登録する。接続許可する MAC アドレスの登録は「MAC アドレスエントリ」「MAC アドレスフィルタリングテーブル」「MAC アクセス制限」「アクセスコントロール」等のメニューで行える（設定方法や設定項目名はメーカー／モデルによって異なる）。

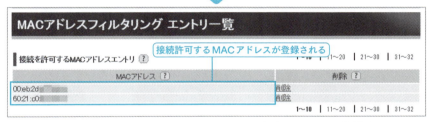

　MAC アドレスをルーターの設定コンソールで登録する。一般的な設定コンソールでは「接続許可するネットワークデバイス（ネットワークアダプター）の MAC アドレス」を登録する。

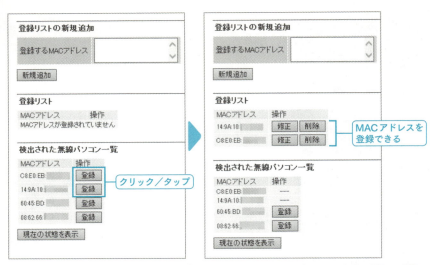

現在無線 LAN 接続しているネットワークアダプターの MAC アドレスが一覧表示され、任意に選択して登録できる便利なモデルもある。

■ MACアドレスフィルタリングの有効化

接続許可するMACアドレスの登録を終えたら、MACアドレスフィルタリングの有効化を行う。設定適用範囲はメーカー/モデルよって異なり、有効化設定ですべての無線LAN帯域/SSIDのMACアドレスフィルタリングを有効にするものもあれば、無線LAN帯域ごとやSSIDごとにMACアドレスフィルタリングを有効化できるものもある。

MAC アドレスフィルタリングの有効化。このモデルでは「帯域」ごとに MAC アドレスフィルタリングの有効/無効を設定できる。

MACアドレスフィルタリングの有効化。このモデルでは「SSID」ごとにMACアドレスフィルタリングの有効／無効を設定できる。

> Column
>
> ### MACアドレスフィルタリング有効化後の注意点
>
> 　「MACアドレスフィルタリング」は登録したMACアドレス（無線LANネットワークアダプター）のみ接続許可する機能だ。逆に言うと「ネットワークデバイスのMACアドレスを登録しない限り無線LANを接続できない」という代物である。
> 　この事実はMACアドレスフィルタリング設定をした時点では把握しているのだが、将来の新しいネットワークデバイスを導入した際には意外と忘れがちな機能特性である。そのため、ビジネス環境でネットワーク管理者が複数存在する／将来立場が入れ替わる等の場合には「MACアドレスフィルタリング：有効」のように付箋に記述して、無線LANルーター本体に張り付けておくとよいだろう。

> Column
>
> ### MACアドレスフィルタリングの管理
>
> 　MACアドレスフィルタリングにおけるアクセス許可するネットワークデバイスの管理は甘くない。新しいネットワークデバイスを購入したときに登録すればよいなどという場当たり的な対処を行うと、結局「許可しているMACアドレスがどのネットワークデバイスであるか」がわからなくなり根本的に管理が破綻してしまう。
> 　個人であればある程度適当な管理でもよいのだが、ビジネス環境等でセキュリティとしてきちんと接続ネットワークデバイスの管理を行いたい場合には、「デバイス名（ハードウェアの型番）」「コンピューター名」「デバイスの所有者」「MACアドレス」「接続の可否」「接続許可日」「接続解除日」等をExcel等で一覧化しておくとよいだろう。

SSIDステルス機能によるSSIDブロードキャストの停止

　無線LANアクセスポイントは「アクセスポイント名（SSID）」をブロードキャストしている。つまり第三者のネットワークデバイスであったとしても、近くにさえいれば「アクセスポイント名」は知られてしまうことになるのだが、このアクセスポイント名を隠蔽する機能が「SSIDステルス機能」だ。

　このSSIDステルス機能はセキュリティ的にあまり効果がないとされるが（アクセスポイント名を覆い隠しているだけなので、特定のネットワーク検索ツール等を利用すれば検出可能）、それでも表面上アクセスポイントの存在を隠したいという場合にはSSIDステルス機能を活用すればよい。

　SSIDステルス機能によるアクセスポイント名の隠蔽は、設定コンソールで任意のSSIDを選択したのち「SSID／ESS-IDステルス機能」「ANY接続」等のメニューから実行できる（メーカー／モデルによる）。

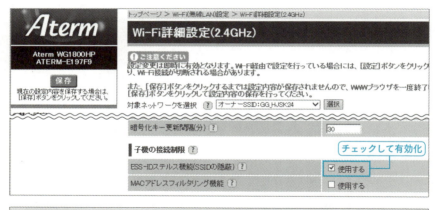

SSIDステルス機能の有効化。画面上のモデルでは「SSID／ESS-IDステルス機能」をチェックすることがSIDステルス機能の有効化だが、画面下のモデルは「ANY接続」のチェックを外すことでSSIDステルス機能の有効化になる。

2-4 PCでのWi-Fi接続設定

PCでのWi-Fi接続手順

　Windows 10／8.1／7でWi-Fi接続を行いたい場合には、Windows OSごとに以下の設定手順に従うとよい。
　なお、Windows 7においては時代的に「メーカー製の独自無線LANアクセスツール」等が添付されていることもあったため、下記のWindows OS標準手順と異なる場合がある。

■ Windows 10でのWi-Fi接続設定

　Windows 10でWi-Fi接続設定を行いたい場合には、通知領域の「ネットワーク」アイコンをクリック／タップ。
　一覧から接続したいアクセスポイント名（SSID）をクリック／タップして、「自動的に接続」をチェックしたのちに「接続」ボタンをクリック／タップ。後はウィザードに従いセキュリティキー（暗号化キー）を入力すればよい。
　なお、「このネットワーク上の他のPCやデバイスが、このPCを検出できるようにしますか？」の問いはネットワークプロファイルの選択であり、「プライベートネットワーク」にしたい場合には「はい」ボタン、「パブリックネットワーク」にしたい場合には「いいえ」ボタンをクリック／タップする（この表記はWindows 10／8.1／7で表記ゆれしているため非常にわかりにくい、ネットワークプロファイルについては ➡P.148 ）。

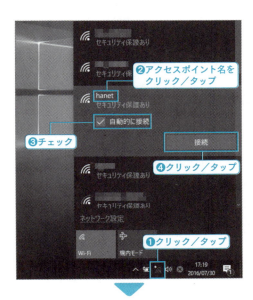

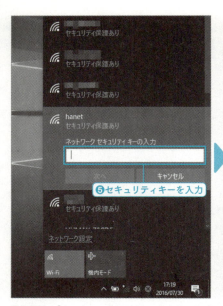 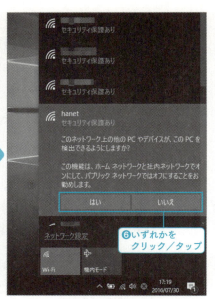

通知領域の「ネットワーク」アイコンをクリック／タップ。アクセスポイントの一覧が表示されるので、任意のアクセスポイント名をクリック／タップして、ウィザードに従いセキュリティキー（暗号化キー）を入力する。

「このネットワーク上の他のPCやデバイスが〜」は「ネットワークプロファイル」の選択を意味する。共有許可するのであれば「はい」ボタン、許可しないのであれば「いいえ」ボタンをクリック／タップする。該当アクセスポイントに対するネットワークプロファイルはのちに変更することも可能だ（➡ P.150）。

◻ Windows 8.1でのWi-Fi接続設定

Windows 8.1でWi-Fi接続設定を行いたい場合には、設定チャームから「ネットワーク（無線LAN）」アイコンをクリック／タップ（通知領域の「ネットワーク」アイコンをクリック／タップしてもよい）。

一覧から接続したいアクセスポイント名（SSID）をクリック／タップして、「自動的に接続する」をチェックしたのちに「接続」ボタンをクリック／タップ。後はウィザードに従いセキュリティキー（暗号化キー）を入力すればよい。

なお、「このネットワーク上のPC、デバイス〜自動的に接続しますか？」の問いはネットワークプロファイルの選択であり、「プライベートネットワーク」にしたい場合には「はい」ボタン、「パブリックネットワーク」にしたい場合には「いいえ」ボタンをクリック／タップする（この表記はWindows 10／8.1／7で表記ゆれしているため非常にわかりにくい、ネットワークプロファイルについては ➡ P.148）。

2-4 PCでのWi-Fi接続設定

チャームから「設定」を選択して「設定チャーム」を表示。ショートカットキー ■ + I キーで一発表示することも可能だ。「ネットワーク（無線LAN）」アイコンをクリック／タップする。

一覧から接続したいアクセスポイント名（SSID）をクリック／タップしたのち「接続」ボタンをクリック／タップ。

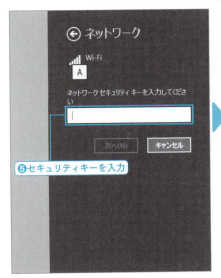

後はウィザードに従いセキュリティキー（暗号化キー）を入力する。

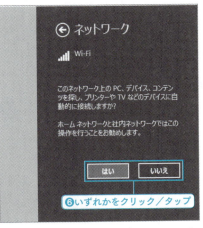

「このネットワーク上のPC～」は「ネットワークプロファイル」の選択を意味する。共有許可するのであれば「はい」ボタン、許可しないのであれば「いいえ」ボタンをクリック／タップする。該当アクセスポイントに対するネットワークプロファイルはのちに変更することも可能だ（➡ P.150）。

■ Windows 7でのWi-Fi接続設定

　Windows 7でWi-Fi接続設定を行いたい場合には、通知領域の「ネットワーク」アイコンをクリック／タップ。一覧から接続したいアクセスポイント名（SSID）をクリック／タップして、「自動的に接続する」をチェックしたのちに「接続」ボタンをクリック／タップ。後はウィザードに従いセキュリティキー（暗号化キー）を入力すればよい。

　なお、「ネットワークの場所の設定」の問いはネットワークプロファイルの選択であり、「プライベートネットワーク」にしたい場合には「社内ネットワーク」か「ホームネットワーク」、「パブリックネットワーク」にしたい場合には表記通り「パブリックネットワーク」をクリック／タップする（Windows 7のネットワークプロファイルについては ➡P.151 ）。

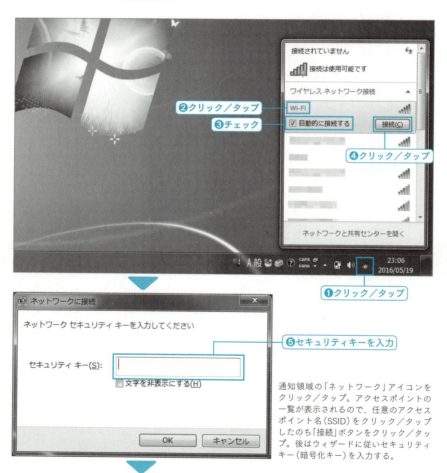

通知領域の「ネットワーク」アイコンをクリック／タップ。アクセスポイントの一覧が表示されるので、任意のアクセスポイント名（SSID）をクリック／タップしたのち「接続」ボタンをクリック／タップ。後はウィザードに従いセキュリティキー（暗号化キー）を入力する。

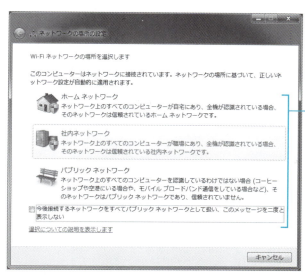

❻いずれかを選択

Windows 7における「ネットワークの場所の設定」は「ネットワークプロファイル」の選択を意味する。共有許可するのであれば「社内ネットワーク」（「ホームネットワーク」でもよい）」、許可しないのであれば「パブリックネットワーク」をクリック／タップする。該当アクセスポイントに対するネットワークプロファイルはのちに変更することも可能だ（➡ P.150）。

Column

ステルス機能が有効なアクセスポイントに接続する

無線LANアクセスポイントにおいて「SSIDステルス機能（➡ P.84）」が有効になっている場合、接続設定の一覧にアクセスポイント名（SSID）が表示されない。このようなアクセスポイントに接続したい場合には一覧から「非公開のネットワーク（他のネットワーク）」をクリック／タップしたのちに「接続」ボタンをクリック／タップ。「ネットワーク名（SSID）の入力」になるので、ステルス設定したSSIDを入力して、以後ウィザードに従えばよい。

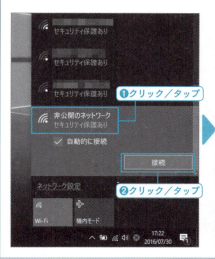

❶クリック／タップ
❷クリック／タップ

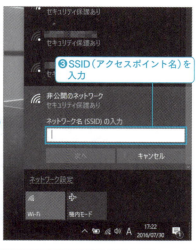

❸SSID（アクセスポイント名）を入力

> Column
>
> ## 上位無線LAN規格を旧型ノートPCで活用する
>
> ノートPC等であらかじめサポートされている以上の無線LAN規格を利用したい場合（例えばノートPC本体はIEEE802.11nしかサポートしていないがIEEE802.11acを利用したい場合）には、USB接続タイプの無線LAN子機を活用してもよいが、スマートに活用したければノートPCをバラして「内蔵無線LANカード」を交換してしまうのも手だ。
>
>
>
> ノートPCを分解して内蔵無線LANカードを交換。難易度は筐体にもよるがノートPCをバラして組み立てることができるスキル、あるいは最終的に壊してしまっても笑っていられる度量があればできない作業ではない。

Wi-Fi接続における従量制課金接続の設定

「従量制課金接続」とは対義語から考えるとわかりやすく、対義語は「定額制課金接続」になる。

「定額制課金接続」とは通信量が増えても課金や制限がない接続であり、光回線やADSL回線等を示す。一方「従量制課金接続」とは通信量が増えると課金が発生する接続であり、日本国内の通信事情に当てはめると一定量を超えると接続速度が制限されるモバイル回線（4G LTE等）等がこれにあたる。

Windows OSにおける設定上の「従量制課金接続」とは、この通信量が増えてしまうと制限がかかることを考慮して、Windows OSにおける必要最低限の通信のみを行う設定だ（裏タスクで勝手にWindows Updateにおける更新プログラムのダウンロード等を行わなくなる）。

要はPCでスマートフォンのテザリングを活用してインターネットにアクセスしている場面等において、なるべく通信量を押さえたい場合に適用すべきが「従量制課金接続」なのである。

なお、従量制課金接続の適用はWindows 10／Windows 8.1のみ可能だ。

◻ Windows 10

「⚙設定」から「ネットワークとインターネット」→「Wi-Fi」を選択して、「Wi-Fi」欄内にある［現在接続中のアクセスポイント名］をクリック／タップする。

「従量制課金接続」欄にある「従量制課金接続として設定する」をオンにすれば、「従量制課金接続」に設定できる。

通信料を抑えたいアクセスポイントに対して「従量制課金接続」を設定する。なお、この設定はアクセスポイントごとに設定することが可能だ。

◻ Windows 8.1

「PC設定」から「ネットワーク」→「接続」と選択して、接続済みのアクセスポイントをクリック／タップ。「データ使用量」欄、「従量制課金接続として設定する」をオンにすれば、「従量制課金接続」に設定できる。

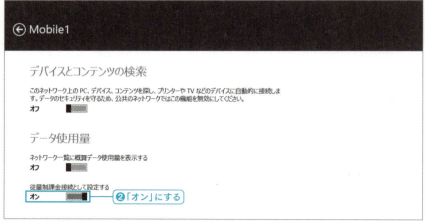

通信料を抑えたいアクセスポイントに対して「従量制課金接続」を設定する。なお、この設定はアクセスポイントごとに設定することが可能だ。

デスクトップPCで無線LAN接続を確保する

デスクトップPCは基本的に有線LAN接続でネットワーク環境を確保すべきだが、置き場所等の関係でどうしても有線LANケーブルを引き回せないという場合には、手段の1つとしてUSB接続タイプの無線LAN子機を活用する方法もある。

この方法を用いる場合、デスクトップPCであればアンテナの大きさは問わない

はずなので「ハイパワーアンテナタイプの無線LAN子機」をチョイスするとよい。

また、ネットワークパフォーマンスを優先したい、あるいは該当する場所で複数の有線LAN接続ネットワークデバイス（デスクトップPC／ネットワークプリンター／ネットワークカメラ／DLNA機器等）を無線LAN接続で確保したいという場合には「イーサネットコンバーター」をチョイスすればよく、イーサネットコンバーター背面の有線LANポートに各ネットワークデバイスを接続すればよい（メーカー／モデルによる）。

デスクトップPCに無線LAN子機を増設するのであればノートPC用の小さいやつではなく、通信の安定性が高い「ハイパワーアンテナモデル」を選択する。ちなみに一般的なアンテナの指向性は水平方向であることを考慮して最適な配置にするとよい。写真はエレコム製ワイヤレスアダプター「WDC-433DU2H」。

イーサネットコンバーターを活用するのであれば、無線LAN親機とも簡単に接続できる「イーサネットコンバーターセット」がよい。なお、単体無線LANルーターでも設定を施すことでイーサネットコンバーターとしての運用できるメーカー／モデルも多い。写真はNEC製「Aterm WG2600HP イーサネットコンバータセット」。

● イーサネットコンバーターの活用

2-5 ルーター設定によるネットワーク管理

ルーター設定をファイルに保存する

「現在のルーターの設定状態（以後「ルーター設定」）」をファイルに保存しておきたい場合には、設定コンソールから「設定管理」「設定値の保存」「ファイルへの保存」等のメニューから実行できる（メーカー／モデルによる）。

なお、ほとんどのメーカー／モデルはルーター設定をダウンロードフォルダーに「固定ファイル名」で保存するため、ファイル名だけではメーカー／モデルの判別が不能であることも多いが、ルーター設定ファイルにおいて「どのルーター（型番）」「いつ時点」「どんな設定」かを管理したい場合には任意にフォルダーを作成したうえで情報を付加する形がよい。

例えば「［ルーター型番］」→「設定保存日」というフォルダーを作成したうえで、ルーター設定ファイルをこの中で管理するとわかりやすい（さらに別途テキストファイルを用意して設定内容を記述しておけば間違いがなくなる）。

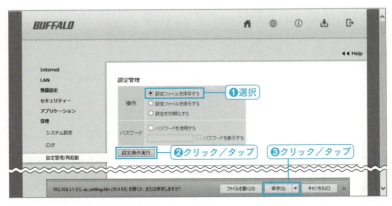

ルーター設定をファイルに保存。メーカー／モデルによってはファイル名にルーターの型番さえ付加しない。同一メーカーの無線LANルーターを複数所持する場合は要注意だ。

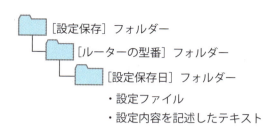

ルーター設定ファイルの管理。ファイル名に必要情報を付加するという方法があるが、2バイト文字列のファイル名は未知のトラブルを誘発するため「フォルダー名」で型番／日付／状態を管理するとよい。

Column

ルーター設定ファイルの復元手順に着目する

　ルーターの設定をあらかじめ保存しておいた「ルーター設定ファイル」から復元する際、ほとんどのルーターは設定コンソール上からの操作になる。これが何を意味するのかと言えば、ルーター設定を間違えて設定コンソールにアクセスできなくなってしまうと、そもそもルーター設定ファイルの復元さえままならないということだ。

　このような事態に備えるためにもあらかじめ「ルーターのハードウェアリセット方法の確認（➡P.70）」を行っておくことは重要であり、また設定リセットの関係で一時的にデフォルトゲートウェイアドレスが変更される等の環境変化によりローカルエリアネットワークの管理が破綻しないためにも、「無線LANルーターを独立環境で設定する（➡P.71）」ための準備をしておくことも重要だ。

ルーターのファームウェアアップデート

　OSやアプリがアップデートにより機能進化やセキュリティアップデートを行うように、インターネットの出入り口となり、またローカルエリアネットワークの中心となるルーターの「ファームウェアアップデート」がセキュリティ的に重要であることは言うまでもない。

　ルーターのファームウェアアップデートは、設定コンソールから「ファームウェアアップデート」「ファームウェアの更新」等のメニューから実行できる。

　なお、詳細な手順はメーカー／モデルによって異なり、最新ファームウェアを自動取得するものもあれば、Webサイトからファームウェアファイルを任意にダウンロードしたうえでルーターの設定コンソール上でファイル指定しなければならないものもある（また面倒くさいことに無線LANルーターをアクセスポイント（APモード）化した場合にはファームウェアアップデートを行えない、あるいは特殊な手順が必要になるものもある）。

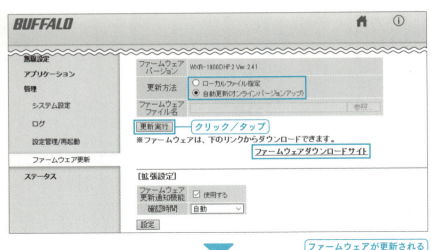

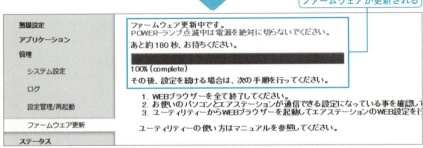

ルーターのファームウェアアップデートは設定コンソールから行える。なお、ファームウェアアップデートを行うと機能や操作の一部が追加／変更されることもあるので、該当ルーターの最新版マニュアルもあわせてダウンロードするとよい。

Column

ファームウェアアップデートによる不具合

　Windows OSにおける「Windows Update」やスマートフォン／タブレットのファームウェアアップデート等もそうなのだが、ファームウェアアップデートがすべてプラスの方向への改善になるとは限らない。

　セキュリティを踏まえると、なるべく早く適用すべきがルーターの最新ファームウェアなのだが、ネットワークの場合相互のネットワークデバイスが複合的に絡む関係上、ファームウェアの更新は時に不具合が発生することもある。

　筆者の場合、ある無線LANルーターをファームウェアアップデートしたのちに不要なパケットが飛ぶようになり、WOL(Wake On LAN)設定のPCが勝手に起動してしまうという問題に悩まされたことがある。

設定コンソールのログオンパスワードの変更

　ルーターの設定コンソールへログオンする際の「パスワード（ログオンパスワード）」を変更したい場合には、設定コンソールから「システム設定」「管理者パスワードの変更」等のメニューから実行できる（メーカー／モデルによる）。

　このログオンパスワードの変更は、ビジネス環境においては最重要設定の1つと言ってよい。なぜならルーターの設定コンソールにログオンするためのデフォルトパスワードは、ある程度決まった文字列であることをいくつかのメーカー／モデルのルーターに触れた者であれば知っているためだ（大概は「admin」「root」「password」「access」のどれか、あるいはルーター本体に記述されている）。

　なお、ログオンパスワードの変更においてはもちろん複雑な文字列を推奨するが、導入初期のセットアップ等において長いパスワードを入力するのは面倒くさいという場合には初期は簡単な文字列に設定したうえで、本格運用時に複雑な文字列に変更するとよいだろう。

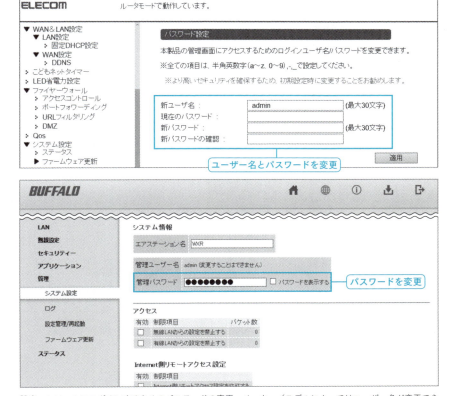

設定コンソールにログオンするためのパスワードの変更。メーカー／モデルによってはユーザー名が変更できないため、ログオンパスワードはなるべく複雑な文字列であることが推奨される。

ルーターのIPアドレス/デフォルトゲートウェイアドレスの変更

　通常のルーターは「ルーターのIPアドレス＝デフォルトゲートウェイアドレス」であり（この限りではないルーターも存在する）、ルーターのIPアドレスが「192.168.1.1」であった場合には、ローカルエリアネットワーク内の各ネットワークデバイスにはDHCPサーバー機能により「192.168.1.x」が割り当てられる。

　つまり、ルーターのIPアドレスを変更するということはDHCPサーバー機能によってIPアドレスを割り当てられるローカルエリアネットワーク内のネットワークデバイスに影響を及ぼすことになり、**またセグメントを変更した場合には（あるいは不意に変更されてしまった場合には）固定IPアドレスを割り当てたネットワークデバイスはアクセスできないことになる。**

　この点に注意したうえでルーターのIPアドレスを変更したい場合には、設定コンソールから「IPアドレス設定（ルーター本体）」「LAN側IPアドレス」等のメニューから実行できる（メーカー/モデルによる）。

　ちなみにこの設定は、現在すでに稼働しているローカルエリアネットワーク環境における無線LANルーターの置き換えにおいては、あらかじめ「無線LANルーターを独立環境で設定する（➡P.71）」を参考に基本設定を済ませてから導入するとスムーズでよい。

● IPアドレスの発行（デフォルトゲートウェイアドレスの重要性）

● ルーターのIPアドレス（デフォルトゲートウェイアドレス）の変更

ルーターのIPアドレスを変更する。なお、ルーターのIPアドレス＝デフォルトゲートウェイアドレスである場合、「DHCPサーバー機能による自動割り当て数／自動割り当て範囲（➡ P.59）」も矛盾がないように同一セグメントにして設定変更を行う必要がある。

DHCPサーバー機能による自動割り当て数／自動割り当て範囲の変更

　ルーターの特徴の1つがDHCPサーバー機能により、ローカルエリアネットワーク上のネットワークデバイスに自動的にIPアドレス（プライベートIPアドレス）を割り当てることだが、このDHCPサーバー機能による「自動割り当て数」「自動割り当て範囲」を変更したい場合には、設定コンソールから「割り当てIPアドレス」「DHCP範囲」「割り当て台数」等のメニューから実行できる（メーカー／モデルによる）。

　なお、このDHCPサーバー機能による「自動割り当て数」「自動割り当て範囲」の変更は「デフォルトゲートウェイアドレス」と同一セグメントにしなければならない点と、指定方法はメーカー／モデルによって任意IPアドレスの範囲指定であったり、先頭IPアドレスを指定したうえでの台数指定であったりする点に注意する。

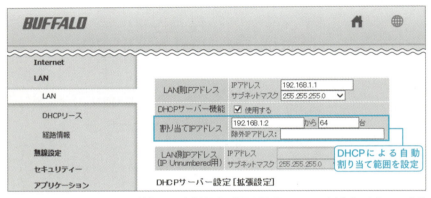

このルーターでは DHCP サーバー機能による自動割り当て範囲を先頭＆終了 IP アドレスで指定する。なお、自動割り当て範囲はもちろん、ルーターの IP アドレス（＝デフォルトゲートウェイアドレス）と同一セグメントでなければならない。

このルーターでは DHCP サーバー機能による自動割り当て範囲を「先頭 IP アドレス」を指定したうえで、台数指定を行うことで実現できる。

Column

DHCP サーバー機能による IP アドレス割り当てが枯渇する

筆者が以前所有していた無線 LAN ルーターは、DHCP サーバー機能による自動割り当て数が「32台」までのものだった。ネットワークデバイスを40台以上自己所有してかつ書籍執筆時には20台以上借りることも珍しくない筆者の場合、当然ながらDHCP サーバー機能任せの管理を行うと IP アドレスが枯渇してしまい、一部のネットワークデバイスで通信不能という事態に陥ることがあった。

本書を読み進めて各種ネットワークデバイスを活用した場合、筆者のような問題に遭遇することも珍しくなくなるのだが、この「DHCP サーバー機能による自動割り当て数が足りなくなる」事態に対処するには、主に以下のような方法がある。

リース時間(リース期間)の変更

　DHCPサーバー機能のリース時間(リース期間)を短めの時間に設定する。これにより現在利用していないネットワークデバイスのIPアドレスが解放されるため、IPアドレスの枯渇を軽減できる。ビジネス環境等で人の出入りが多いという場合には有効だが、筆者のように根本的にDHCPサーバー機能による自動割り当て数を超えたネットワークデバイスを同時利用している環境では解決にならない。

ルーターを置き換える

　DHCPサーバー機能による自動割り当て数に余裕のあるルーターを導入すれば、IPアドレスが枯渇するという問題を回避できる。しかしながら、DHCPサーバー機能による自動割り当て最大数を明示している無線LANルーターはあまりないため、実際に自身の環境を満たす無線LANルーターを見つけるのは苦労する。

二重ルーターにする

　本書ではネットワークデバイスを余すことなく活用するためにも二重ルーターにすることは推奨しない。が、ネットワークの理論を理解したうえであえて二重ルーターにすることで回避する方法もある。具体的には、ローカルエリアネットワーク上で共有を実現したいネットワークデバイスは「メインの無線LANルーターに接続」するようにして、共有の必要がないネットワークデバイスは「セグメントが異なる無線LANルーター」に接続するという管理だ。

ネットワークデバイスのIPアドレス固定化を行う

　ローカルエリアネットワーク上のネットワークデバイスの中でも動的IPアドレスである必要がないもの、具体的には「デスクトップPC」「NAS(Network Attached Storage)」「ネットワークプリンター」「BD/DVD/HDDレコーダー」等々はDHCPサーバー機能による自動割り当て範囲外の固定IPアドレス(ただし同一セグメント)にしてしまうとよい。

　これによりDHCPサーバー機能により自動割り当てを行わなければならないネットワークデバイスが減るため、結果的にIPアドレスが枯渇するという問題を回避できる。

ルーターによる固定IPアドレス割り当て設定

　ネットワークデバイスに割り当てるIPアドレスをルーターの設定コンソールから任意指定したい場合には、「DHCP固定割り当て設定」「固定IPアドレスを有効にする」等のメニューから実行できる。

　なお、この「ルーターの設定コンソールによるIPアドレス割り当て設定」の多くは、**DHCPサーバー機能による自動割り当て範囲内でしか設定できない点に注意する必要があり**、特定のネットワークデバイスに任意のIPアドレスを割り当てたいという場合には「ネットワークデバイス側でのIPアドレス固定化設定(➡P.232)」の方が優れる点に留意したうえで設定適用方法を選択するとよい(➡P.234)。

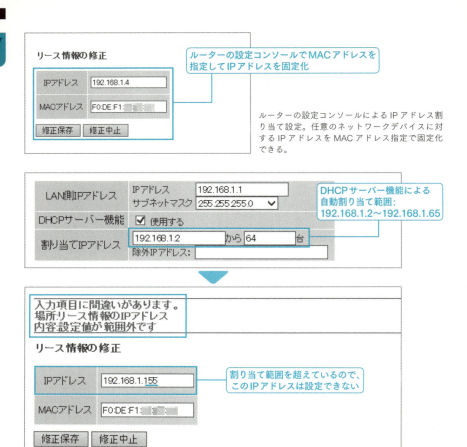

ルーターの多くは任意のネットワークデバイスに対するIPアドレス指定において、「DHCPサーバー機能による自動割り当て範囲内」でしか設定できない（画面の設定では自動割り当て範囲が「192.168.1.2～192.168.1.65」であるため、画面のように「192.168.1.155」には設定できない）。この点を踏まえると「ネットワークデバイス側でのIPアドレス固定化設定（➡P.232）」の方が優れる。

ポートマッピング設定

　ポートマッピングとは、インターネット経由で外部から任意のポート番号に着信した信号をローカルエリアネットワーク上の任意のネットワークデバイスに送信する機能であり、任意のホストプログラムを運用している状態において遠隔接続したい場合等に必要な設定だ。

　ポートマッピング設定は、設定コンソールから「ポートマッピング設定」「静的IPマスカレード設定」「仮想サーバー設定」「NATテーブル編集」「ポート変換」等のメニューから実行できる（メーカー／モデルによる）。ちなみにポート番号とネットワークデバイスの紐付け方は設定コンソールによって異なり、「MACアドレス」指

定のものもあれば「IPアドレス」指定のものがあるほか、送信ポートと受信ポートを別指定できるものもある。

　なお、ポートマッピングが「IPアドレス指定」である場合、対象ネットワークデバイスが動的IPアドレスでは将来的に問題が発生するので、結果的に対象ネットワークデバイスのIPアドレス固定化が必要になる。

● ポートマッピングの設定

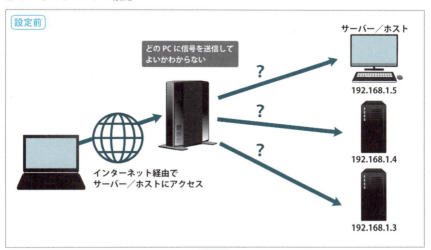

「インターネットからこのポート番号に着信した信号は、このネットワークデバイスに送信しろ」というのがポートマッピング設定だ。任意のホストプログラムに遠隔接続したいという場合には必須の設定になる。

● ポートマッピングの設定方法

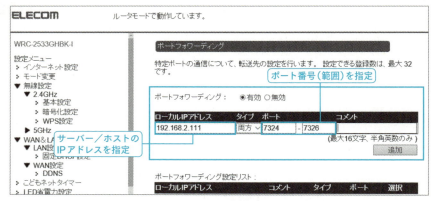

ポートマッピングの設定。このルーターではIPアドレス指定でかつ、ポート番号の範囲指定を行うことができる。コメントも書き込めるため「何のためのポートマッピング設定か」が管理しやすい。

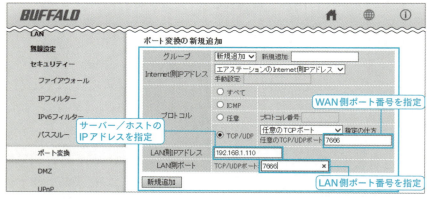

ポートマッピングの設定。このルーターではIPアドレス指定で任意のポート番号に着信した信号を任意のネットワークデバイスのポート番号に送信できる。

Column

ルーターの存在によるセキュリティ効能

現在はPC環境においてはルーターの存在が当たり前になってしまったためあまり語られないが、以前はPCとインターネット回線を直接接続して利用するのが主流だった時代もあり、この環境では外部からのアクセスをPCが直接受けるため(グローバルIPアドレスがPCに割り当てられている状態)、PCのセキュリティがしっかりしていないと一発で乗っ取られるなり覗き見られるなりの危険な状態だった。

しかし、現在はルーターの存在によって外部からのアクセスは直接PCにたどり着かないため、PCとインターネット回線を直接接続している状態と比べるとかなりセキュアな状態にある。逆に言えば、遠隔接続を行いたい場合には該当PCに直接接続できないゆえに、「ダイナミックDNS」や「ポートマッピング」等の設定が必要になるのだ。

● ルーターによるセキュリティ

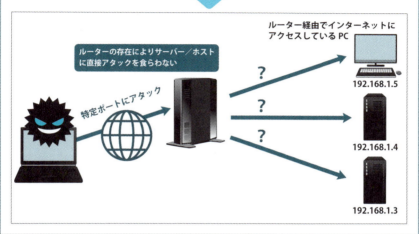

ダイナミックDNSの理論とルーターによるDDNS設定

　インターネットの世界でアクセス先の指定となるのは「グローバルIPアドレス」である。ちなみに自身でインターネット回線を契約している場合(インターネットマンション等のマンション共有回線は除く)、自身のインターネット回線にグローバルIPアドレスが割り当てられているため、要は外出先(非ローカルエリアネットワーク)からこのグローバルIPアドレスを指定すれば遠隔接続が実現できることになるのだが、環境によっては「ダイナミックDNS」を運用する必然性に迫られる。

🗀 動的IPアドレスを解決するダイナミックDNS
　自身の回線に割り当てられるグローバルIPアドレスは、一部のインターネットサービスプロバイダー／固定IPアドレス契約を除いて「動的IPアドレス(浮動IPアドレス)」であり、つまりは自身の回線に割り当てられるグローバルIPアドレスは周期的に変化する。

この特性により外出先から自身の回線にアクセスする際、あらかじめ確認しておいた自身のグローバルIPアドレスを指定しても「現在の自身の回線に割り当てられているグローバルIPアドレス」とは限らないためアクセスが確実ではないのだが、そんな問題を解決するのが「ダイナミックDNS(DDNS)」である。

ダイナミックDNSではホスト名を取得したうえで、周期的に変化する回線に割り当てられたグローバルIPアドレスの変化を検知、グローバルIPアドレスの変化を検知した場合にはダイナミックDNSサービスのサーバーに通知することで「同じアクセスアドレス(ホスト名)で動的IPアドレスである自身の回線へのアクセスを可能にする」技術だ。

なお、以前はダイナミックDNSを運用するうえでPC上で任意のダイナミックDNSソフト(「DiCE」等)を利用する手法がとられていたが、PCを起動し続けなければならない等の制限もあり、現在はルーターのダイナミックDNS機能で管理するのが一般的である。

● 動的IPアドレスを解決する「ダイナミックDNS」

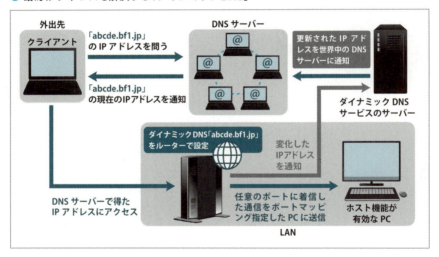

ルーターによるダイナミックDNSの設定

ルーターのダイナミックDNS管理(グローバルIPアドレスの変化の通知)は、設定コンソールから「ダイナミックDNS機能」「DDNS」等のメニューから実行できる。

なお、ダイナミックDNSの設定にはまずダイナミックDNSサービスにおけるホスト名取得が必要であり、その取得したホスト名をルーターの設定コンソール上で登録する形で行う。ちなみにルーターの設定コンソールではすべてのダイナミックDNSサービスをサポートしているわけではなく、メーカー／モデルによって利用できるダイナミックDNSサービスに制限がある。

2-5 ルーター設定によるネットワーク管理

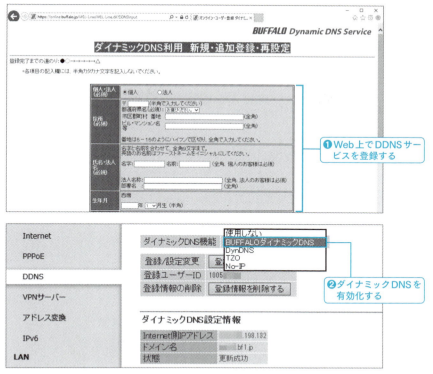

BUFFALO製ルーターにおけるダイナミックDNS設定。自社サービスである「BUFFALOダイナミックDNS」を登録したのちに、設定コンソールで有効化する。なお、自社サービスのほか、「DynDNS」「TZO」「No-IP」等をサポートしている（モデルによって異なる）。

エレコム製ルーター（「WRC-2533GHBK-I」等）ではダイナミックDNSサービスである「Clear-net（SkyLink DDN）」を無料で恒久的に利用することができる。

Column

割り当てられている「グローバルIPアドレス」を確認する

現在自身の回線に割り当てられている「グローバルIPアドレス」を確認したい場合には、ルーターの設定コンソールの「ステータス」等のメニューから確認することができる(メーカー/モデルによる)。また、Webブラウザーにおいて検索サイトから「確認君」と指定することで、自身の回線情報を確認することも可能だ。

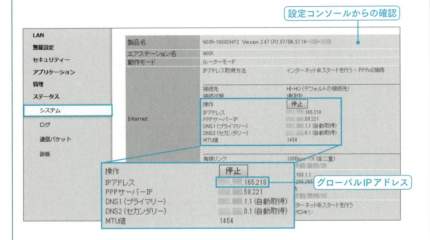

設定コンソールからの確認

グローバルIPアドレス

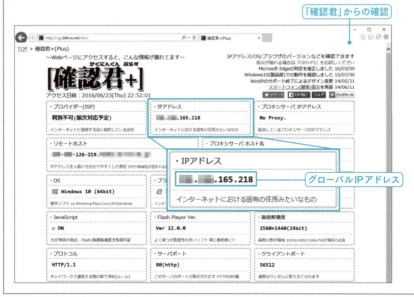

「確認君」からの確認

グローバルIPアドレス

2-6 二重ルーターの解決と無線LANのアクセスポイント化

二重ルーター問題の解決と無線LANルーターの導入

　ローカルエリアネットワーク上で複数のルーターが存在する環境(以後「二重ルーター」と呼称)では、様々な不具合が起こりうる。表面化する問題は二重ルーターの接続状態や各ルーターの設定によっても異なるのだが、起こりがちなのが「ネットワークデバイス間で通信できない」という問題であり、これは各ルーターがDHCPサーバー機能でIPアドレスを発行しているがゆえである。

　ちなみにこのような二重ルーター状態は、物理的にあるいは設定として「ローカルエリアネットワーク上のルーターを一本化」することで回避できる。

　以下では、「ルーターを一本化」するためのいくつかの手段を紹介しよう。

● 複数のルーターをネットワーク環境に含めると……

アクセスポイント化による一本化

　特定の無線LANルーターのみを「ルーターモード」として稼働させたうえで、他の無線LANルーターをアクセスポイント(APモード)化すれば結果的にルーターを一本化できる(無線LANルーターのアクセスポイント(APモード)化設定については ➡ P.112)。

　この手段にはいくつかのバリエーションがあり、最も簡単なのは導入手順として

は新しいルーターをアクセスポイント（APモード）化して接続することだが、新しい無線LANルーターの各種機能やハードウェアパフォーマンスを活かしたい場合には「新しい無線LANルーターをルーターモードで稼働させ、既存の無線LANルーターをアクセスポイントモードで利用する」というなかなか難しく手間のかかる選択に迫られる（手順のヒントは ➡ P.112 ）。

　ちなみに物理的接続として「ルーター（ルーターモードを採用した無線LANルーター）」は、必ずネットワークの中心に据えたうえで、「ハブ」や「AP化した無線LANルーター」をぶら下げる形にするのが基本だ。

● アクセスポイント化による一本化

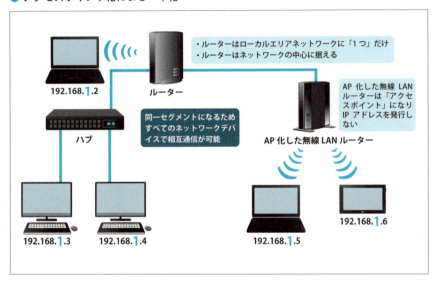

ハイパワーアンテナ搭載無線LANルーターの導入

　ローカルエリアネットワーク内での無線LANルーターの共存や、複数の無線LAN親機を設置してのパフォーマンス確保等々をいろいろ考えていじるより、「ハイパワーアンテナ搭載無線LANルーター」をどんと一台設置してこれですべてを済ましてしまうというのも二重ルーター解決の1つの手段だ。

　この1台のハイパワーアンテナ搭載無線LANルーターだけで無線LAN通信がすべて満たせるかは部屋の間取りや周囲の無線LAN事情にもよるのだが、1つの設定コンソールですべての管理を満たせる環境は複合的な問題やトラブルシューティングに頭を悩ませないで済むという意味では全然アリの選択である。

　ちなみにハイパワーアンテナ搭載無線LANルーターを導入ののち、やはり一部の部屋で無線LAN通信が滞るという場合には、その時点で無線LAN親機（AP化した無線LANルーター）を増設すればよい。

2-6 二重ルーターの解決と無線LANのアクセスポイント化

写真はBUFFALO製ハイパワーアンテナ搭載無線LANルーター「WXR-2533DHP2」。

● ハイパワーアンテナ搭載無線LANルーターの導入

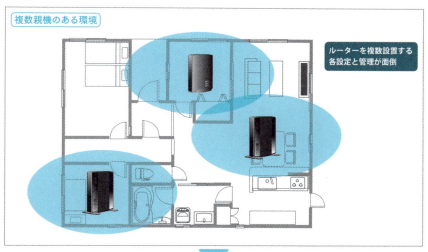

複数親機のある環境

ルーターを複数設置する各設定と管理が面倒

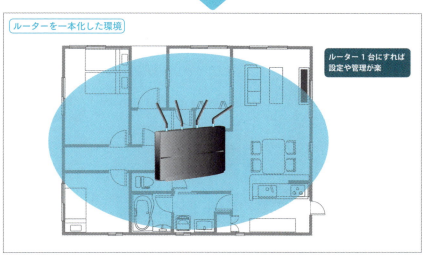

ルーターを一本化した環境

ルーター1台にすれば設定や管理が楽

111

■ イーサネットコンバーターモデルの導入

　間取りの関係で無線LAN親機を複数設置したいが、無線LANルーターのアクセスポイント（APモード）化等の難しい手順は避けたいという場合には、無線LANルーターにおける「イーサネットコンバーターモデル」を導入してしまえばよい（➡P.93）。イーサネットコンバーターモデルの詳細はメーカー／モデルによって異なるものの、基本的に「ルーターモードの無線LAN親機」と「アクセスポイントモードの無線LAN親機」が同梱されているうえに接続設定が完了している状態で出荷されているので、比較的容易に最新ルーター機能＋複数無線LAN親機環境を得ることができる。

Column

既存の無線LANルーターのアクセスポイント化

　新しい無線LANルーターの各機能をローカルエリアネットワーク内でフルに活かしたければ、新しい無線LANルーターを中心としたローカルエリアネットワークを構築したうえで（新しい無線LANルーターを「ルーターモード」で稼働させたうえで）、旧無線LANルーターをアクセスポイント（APモード）化して無線LAN親機として活用すればよい。

　一つ一つ手順を踏んで設定をすれば難しくないのだが、いっぺんにやろうとするとネットワーク環境そのものが破綻しかねないので、以下の手順を参考にして自分なりの環境構築を行うとよい。

● **新しい無線LANの置き換え手順（参考）**

①既存の無線LANルーターの設定をファイルに保存（➡P.94）
↓
②**新しい無線LANルーター**をローカルエリアネットワークに接続しないで基本設定を完了させる（➡P.71）
↓
③モデムの電源を切る（多くはACアダプターを外す）
↓
④物理的に既存の無線LANルーターを外して**新しい無線LANルーター**に置き換える
↓
⑤モデムの電源を入れて**新しい無線LANルーター**での接続確認と詰めた設定を行う（※この時点でトラブルが出たら旧無線LANルーターに戻して一度冷静になる）
↓
⑥旧無線LANルーターをアクセスポイント（APモード）化して接続する

無線LANルーターのアクセスポイント化

　無線LANルーターをアクセスポイント（APモード）化する手順はメーカー／モデルによって異なる。ここでは「無線LANルーターのアクセスポイント（APモー

ド）化設定」の代表的な手順を紹介しよう。

■ 自動停止機能によるアクセスポイント化

　無線LANルーターのメーカー／モデルによっては二重ルーターを自動的に検知して解決する機能が備えられており、ルーターが存在するローカルエリアネットワークに接続すると自動的にアクセスポイント（APモード）化するものもある。

　ただしこの自動機能における「アクセスポイント（APモード）化」の定義はメーカー／モデルで考え方が異なり、DHCPサーバー機能を停止してきちんと現在のセグメント内に入ってくれるものもあれば、単純な無線LANアクセスポイントとしてインターネット接続を実現できるのみで、ネットワークデバイス間の接続は滞るというものもある。

　この自動設定任せで自身の望むネットワーク環境が得られればよいのだが、やはり最適化という意味では「切り替えスイッチによるアクセスポイント（APモード）化」や「設定コンソールによるアクセスポイント（APモード）化」がよい。

■ 背面の切り替えスイッチによるアクセスポイント化

　無線LANルーターのメーカー／モデルによっては背面に「ルーターモード」と「アクセスポイントモード」を切り替えるボタンが用意されており、このスイッチによりアクセスポイント（APモード）化を実現できる（➡P.66）。

　ルーター背面の切り替えスイッチによる名称とモード設定はメーカー／モデルによって異なり、「RT（ルーター）／AP（アクセスポイント）」というものもあれば、「RT／BR（ブリッジ）／CNV（コンバーター）」「ROUTER／AP／WB（ワイヤレスブリッジ）」等のバリエーションがある。

■ 設定コンソールによるアクセスポイント化

　無線LANルーター背面にアクセスポイントモードに相当する切り替えスイッチがない場合には、ルーターの機能を踏まえたうえで、それに相当する機能を設定コンソール上で無効化すればよい。ルーターの主な機能は「NAT（Network Address Translation）」によるネットワークアドレス変換と、「DHCP（Dynamic Host Configuration Protocol）」による各ネットワークデバイスに対して動的にプライベートIPアドレスを割り当てる機能なので、これに相当する機能を設定コンソール上で停止する。

　なお、ルーターの設定コンソールにおける「DHCP」と「NAT」の停止設定はルーターのメーカー／モデルによって手順が異なり、単に「APモード」を有効にすればよいというわかりやすいモデルもあれば、「DHCPサーバー機能」と称して「DHCP」「NAT」の双方の機能を停止できるもの、あるいは「DHCP」「NAT」を個々に停止しなければならないモデルもあるなど千差万別だ。

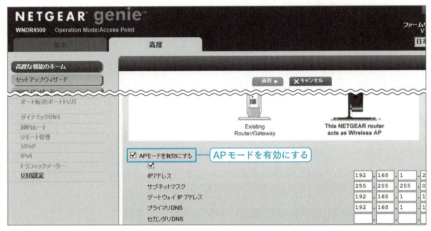

「DHCP サーバー機能」を停止することでアクセスポイントモードにするモデルもあれば、「AP モード有効化」等のわかりやすい設定でアクセスポイント（AP モード）化できるモデルもある。

Column

新しい無線 LAN ルーターに置き換えられない環境では

「インターネットサービスプロバイダー供給モデムにルーターが内蔵されている」「インターネットサービスプロバイダー供給ルーターに利用中の IP 電話の端子がある」等の理由で、新しい無線 LAN ルーターに置き換えられないという環境が存在する。

このような場合には「新しい無線 LAN ルーターをアクセスポイント（AP モード）化して増設する」のが一番正しくトラブルが少ないのだが、どうしても新しい無線 LAN ルーターをルーターモードで運用したいのであれば、変則的な方法ではあるが ISP 供給ルーターの設定コンソールで該当ルーター機能全般を無効にしたうえで、新しいルーターを直下に接続してネットワークの中心に据えるという方法がある。

ただしこの手順は基本的なローカルエリアネットワーク接続方法を逸脱しているため、実際に目的の動作を行うか否かは ISP 供給ルーター次第であり、また ISP 供給ルーター固有の機能が停止する／ファームウェアアップデートが行えない等の問題が発生することがあるので、一度インターネットサービスプロバイダーに確認してからの環境構築がよい。

AP化した無線LANルーターの設定コンソール

　AP化した無線LANルーターの設定コンソールにスムーズにアクセスできるか否かは実は無線LANルーターのメーカー／モデル次第であり、ものによっては設定コンソールにアクセスするためにかなり面倒くさい手順を強いられる。
　詳しくはマニュアルを参照すべきだが（と言っても明確に記述していないマニュアルも多いが）、ここでは代表的なAP化した無線LANルーターにおける設定コンソールへのアクセス方法を解説しよう。

■ 同一セグメントのIPアドレスが割り当てられている場合

　ルーター（現在のメインルーター）のDHCPサーバー機能による自動割り当てに従ったIPアドレスが割り当てられており、かつAP化した無線LANルーターであれば、その割り当てられたIPアドレスをWebブラウザーで指定することにより設定コンソールにアクセスできる（メーカー／モデルによる）。

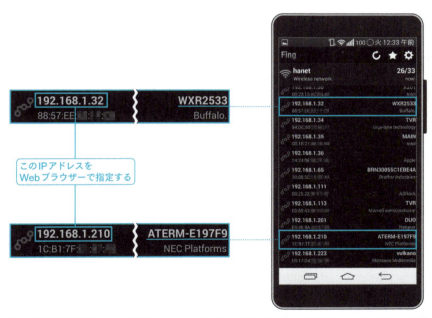

　「Fing（➡P.231）」でローカルエリアネットワーク上のネットワークデバイスを確認。該当のAP化した無線LANルーターにおいては同一セグメントのIPアドレスが割り当てられているので、単にこのIPアドレスを指定することでAP化した無線LANルーターの設定コンソールにアクセス可能だ。

■ 同一セグメントのIPアドレスが割り当てられない場合

　メーカー／モデルによってはAP化した無線LANルーターであっても、ルーターの設定コンソールへのログオンアドレスとしては出荷時のIPアドレスをそのまま

保持するものがある。このパターンに該当する無線LANルーターの場合、無線LANルーター出荷時のIPアドレスと同一セグメントになるように、PC側でIPアドレスを固定化設定したうえで設定コンソールにアクセスという、なかなか面倒くさい手順が必要になる。

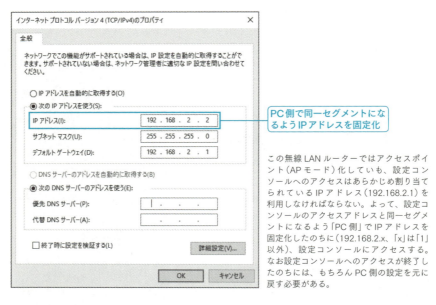

この無線LANルーターではアクセスポイント（APモード）化していても、設定コンソールへのアクセスはあらかじめ割り当てられているIPアドレス（192.168.2.1）を利用しなければならない。よって、設定コンソールのアクセスアドレスと同一セグメントになるよう「PC側」でIPアドレスを固定化したのちに（192.168.2.x、「x」は「1」以外）、設定コンソールにアクセスする。なお設定コンソールへのアクセスが終了したのちには、もちろんPC側の設定を元に戻す必要がある。

AP化した無線LANルーターに固定IPアドレスを割り当てる

「AP化した無線LANルーターに固定IPアドレスを割り当てたい」という場合の対処はメーカー／モデル次第なのだが、ローカルエリアネットワークの管理上どうしてもAP化した無線LANルーターに対して任意のIPアドレスを指定したいという場合には、以下のような方法がある。

IPアドレス固定化設定の共通事項として、必ず「一意のIPアドレス」を割り当てるようにしないとローカルエリアネットワーク全体に問題が発生する点に注意する

必要がある。

　なお、理論上正しく設定しても設定コンソールへのアクセスが安定しないモデルや、アクセスポイントモードとしての運用に問題が起こるモデルも残念ながら存在するため環境適用は自己責任だ（全般的に「ルーターのハードウェアリセット（➡ P.70 ）」を覚悟して設定を行う必要がある）。

◼ マニュアルモードで指定する

　無線LANルーターのメーカー／モデルによってはオートモードではなくマニュアルモードを適用することで、設定コンソール上で任意のIPアドレスを指定できる。

　なお、IPアドレスの自動取得を切る形になるので「他のネットワークデバイスと確実にバッティングしないIPアドレス」と「デフォルトゲートウェイアドレス」を間違いなく指定しないと、設定コンソールへのアクセスうんぬんではなくアクセスポイントモードとしても機能しなくなる点に注意だ。

● マニュアルモードでの指定

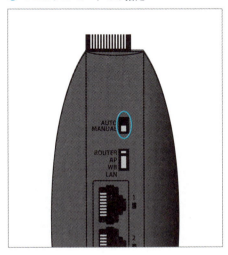

◼ アクセスポイント化する前にIPアドレスを変更しておく

　無線LANルーターのメーカー／モデルによっては無線LANルーターをアクセスポイント（APモード）化する前に「該当無線LANルーターの設定コンソール上でIPアドレスを指定しておく」ことで、アクセスポイント（APモード）化後に事前に指定したIPアドレスでアクセスできるものがある。

　なお、あらかじめ指定するIPアドレスは、以後のローカルエリアネットワーク運用においてバッティングしないIPアドレスでかつ、同一セグメントである必要がある。

◼ ルーターの設定コンソールによる固定IPアドレス割り当て

　無線LANルーターのメーカー／モデルによってはAP化した無線LANルーターの設定コンソールではなく、現在のメインルーターの設定コンソールで固定IPアドレス割り当てを行うことで、AP化した無線LANルーターに対して任意のIPアドレスを指定できる。ただしAP化した（AP化する）無線LANルーターがこれを受け入れる状態にないと、アクセスポイントモードとしても機能しなくなる点に注意だ。

「複数」の無線LAN親機を設置する環境での最適化

複数の無線LAN親機を設置している環境において無線LAN通信環境を最適化したい場合には、「物理的な無線LAN親機の配置」を調整するほか、無線LANアクセスポイントにおいて電波干渉させないために「チャンネル調整」と「デチューン」を行うことが推奨される。

◻ 物理的な無線LAN親機の配置

最適な無線LAN親機の配置は環境次第ではあるが、「よく無線LAN子機を利用する場所」を前提に「電波干渉しない場所」を意識して配置する。

なお、AP化した無線LANルーターを運用するうえで子機モード／コンバーターモードを用いるよりも（無線LANルーターとAP化した無線LANルーターを無線LAN接続するよりも）、「有線LAN接続」を行う方が通信速度も安定性も遥かに優れ、また総合的な環境において電波干渉が少なくなることも忘れてはいけない（➡ P.32）。

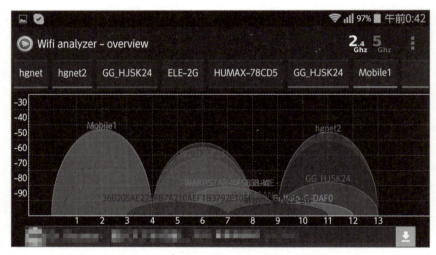

スマートフォンのWi-Fiアナライザーアプリ等を用いて、無線LAN親機の最適な位置を探ってもよい。ただし周囲（自分の管轄外）の無線LAN事情は時間経過によっても変化するため、どちらかと言うと自身が管理する無線LANアクセスポイント設定における電波干渉の回避に注力した方がよい。

◻ チャンネル変更による電波干渉の回避

無線LANアクセスポイントは特定のチャンネルを用いて通信を行っているのだが、この特定のチャンネルが近くに存在する無線LANアクセスポイント（自身で設置した他の無線LAN親機のほか、別家屋等周囲に存在する無線LAN親機）とバッティングしている場合、電波干渉が起こり通信パフォーマンスが落ちてしまう。

このようなパフォーマンスダウンを防ぎたいのであれば、「なるべく周囲の無線LANアクセスポイントが利用していないチャンネル」をチョイスするとよい。

無線LANアクセスポイントのチャンネルは、設定コンソールの各無線LAN帯域設定内にある「無線チャンネル」「使用チャンネル」「チャンネル指定」等のメニューで指定できる（メーカー／モデルによる）。

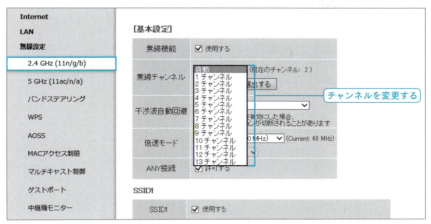

無線LANアクセスポイントのチャンネルを変更。なお、自動的に最適なチャンネルを検出する「オートチャンネル」「干渉波自動回避」等が搭載されているメーカー／モデルも多い。

■ デチューンによる電波干渉の回避

　無線LANアクセスポイントの送信出力は強ければ強いほどよい……というのは、あくまでも無線LAN親機を自身の環境において1つだけ運用している場合の考え方だ。

　自身の家屋において複数の無線LAN親機を設置している環境では、各無線LAN親機において必要以上に電波を飛ばすことは結果的に「電波干渉」につながるためパフォーマンスダウンになるのだ。

　特に「各部屋で無線LANアクセスポイントを使い分けている」等の環境では、あえて無線LANアクセスポイントの送信出力を下げるデチューンを行うことで最適化を行うことができる。

　無線LANアクセスポイントの送信出力設定は、設定コンソールの各無線LAN帯域設定内にある「送信出力」等のメニューで調整を行える。

　なお、電波環境によっては「チャンネル幅（20／40／80MHz等）」や「ビームフォーミング」等もデチューンした方が、部屋単位（エリア単位）で考えた場合に最適な通信パフォーマンス確保となる場合がある。

● デチューンして電波干渉を少なくする

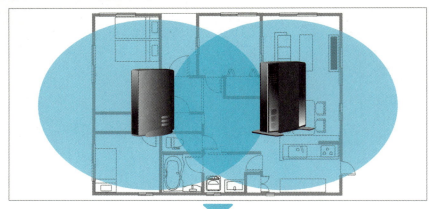

無線 LAN アクセスポイントの送信出力設定

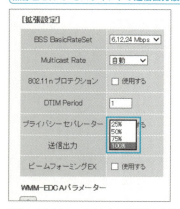
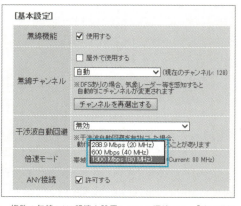

無線 LAN アクセスポイントの送信出力を下げる。複数の無線 LAN 親機を設置している環境では、「強い送信出力＝他の無線 LAN アクセスポイント通信の阻害」と考え、最適なバランスを見出すためにデチューンするのが正しくなる。

第1部
Windows ネットワーク構築 編

Chapter 3

究める！
Windows OS による
ファイルサーバー

3-1 Windowsファイルサーバーの基本と必要ハードウェア ⇒ P.122

3-2 サーバー／ホスト運用に求められる事前設定 ⇒ P.135

3-3 ネットワーク共有を実現する「ネットワークプロファイル」 ⇒ P.148

3-1 Windowsファイルサーバーの基本と必要ハードウェア

Windowsファイルサーバーのメリット

本章はWindows OSを搭載したPCをファイルサーバーにする設定や管理を解説する。ファイルサーバーにするのであれば「NAS（Network Attached Storage）」を採用するという選択肢もあるが（ ➡ P.285 ）、「Windowsファイルサーバー」はNASと比べても数多くのメリットがあるのでここでまとめておこう。

汎用的なWindows OS & 低コスト（余っているPC）で構築可能

Windows OSによるファイルサーバーと言えば「Windows Server 2016」等のサーバーOSを利用しなければいけないように思えるかもしれないが、SOHOや中小企業の事務所レベル、あるいはホームユース環境でのファイル共有を考えた場合Windows 10／8.1／7でも共有フォルダーにおいて同時に共有できるユーザー数は「20」であるため、ファイルサーバーとして運用することに全く問題はない。

余っているPCや、余したパーツを組み合わせて作成する等、コストをかけず柔軟にファイルサーバー環境を構築できるのが「Windowsファイルサーバー」なのだ。

本体故障時の対応／サルベージがしやすい

NAS（Network Attached Storage）がハードウェア的に故障した場合、NASに搭載していたストレージを別PC等に移してファイルサルベージを行うにはかなりの困難を要する（一般的な手順と知識では不可能に近い）。

一方Windowsファイルサーバーであればハードウェア的に故障があっても、別のPCにストレージを付け替えるだけでファイルサルベージを行うことができる。

またPC／NASともに代表的な故障部位の1つが「電源ユニット」だが、PCであれば故障時でもすぐに家電量販店等で入手して交換可能である点も「Windowsファイルサーバー」のメリットだ。

パフォーマンスの増強も可能

NAS（Network Attached Storage）では購入時に選択したハードウェアスペック以上の環境を求めることはできない。しかし、PCであればCPUの換装やメモリ容量の増強等も容易であり、LANアダプターの換装／増設ができる点も見逃せない。

要はファイルサーバーとしてのパフォーマンスをいくらでも追及することができるのが「Windowsファイルサーバー」なのだ。

◻ 柔軟なストレージの増設＆管理が可能

　NAS（Network Attached Storage）等ではストレージを増設するためのドライブベイ数があらかじめ決まっており、そのドライブベイ数を上限としたストレージ数しか増設できない。しかしPCであれば格安のPC（マザーボード）でも4ポート以上のSATAポートを搭載しているため、PCケースさえ許容すればSATAポート数に従ったストレージ数を増設することが可能だ。

　Windows 10／8.1／7では標準でストライピング／ミラーリング等のストレージ管理に対応するほか、Windows 10／8.1であれば「記憶域（Storage Spaces）」でシン・プロビジョニングによる容量の仮想化（最大63TB、記憶域プールを形成後に何台でもストレージを追加して1つのドライブとして運用可能）や、任意の回復性の選択により耐障害性とパフォーマンスの双方を得ることができるのも「Windowsファイルサーバー」の特徴だ。

● マザーボードのSATAポート

◻ 使い慣れたUIを利用した環境構築が可能

　NAS（Network Attached Storage）の設定コンソールはメーカー／モデルによって大きく異なり、各種設定方法はメーカー／モデルの都度覚え、また特性や癖を見極めなければならない。

　一方Windows OSであれば使い慣れたデスクトップ上の操作・設定でファイルサーバーを構築できるほか、覚えた特性やコツは未来永劫活用できるため決して無駄にはならない。単なる初期セットアップだけではなく、運用上の問題やハードウェアトラブル等にも比較的対処しやすいというアドバンテージもある。

> Column
>
> ### Windowsファイルサーバー vs NAS
>
> WindowsファイルサーバーはNAS (Network Attached Storage) と比べて、ストレージの搭載数やパフォーマンスの増強、物理的故障時の対応の幅広さ等でハードウェア面のアドバンテージがあり、またソフトウェア面では使い慣れたデスクトップで設定できることや、積み重ねた経験と知識が半永久的に活かせるというメリットがある。
>
> ちなみに、本節は「Windowsファイルサーバー」の解説であるためこのような角度で書いたが、NASの利用を否定するものではない。むしろ「24時間運用」「省電力」「コンパクトさ」等はNAS側にアドバンテージがあるため、WindowsファイルサーバーとNASを併用して活用することを強く推奨したい（NASについては ➡P.285 ）。

Windowsファイルサーバーに求められるPCスペック

Windowsファイルサーバーに求められるPCスペックは、単にファイル共有だけを実現したいというのであれば正常にさえ動作していればどのようなPCでもOKだ。

ただし、ファイルサーバーとしてセキュアかつ安全に運用したい、将来的な拡張性やトラブルにも柔軟かつ素早く対応できる環境を構築したいという場合には、以下のような条件が求められる。

◻ 安定したネットワークコントローラー（LANアダプター）

Windowsファイルサーバーとして各ネットワークデバイス（クライアントPC、環境によってはスマートフォン／タブレット／ネットワーク家電等々）から集中的にファイルアクセスを受けることを考えれば、ネットワークコントローラー（LANアダプター）の安定性が高くてパフォーマンスがよいに越したことはない。

ちなみにマザーボードにビルトインされているLANアダプターがこれら条件を満たさなくても、デスクトップPCであればPCI／PCI-E接続のLANアダプターを増設すれば安定性とパフォーマンスが確保できる点も見逃せない（ ➡P.252 ）。

◻ Celeron以上CPU／2GB以上のメモリ

Windowsファイルサーバーを単なるファイルサーバーとして運用するのであれば、PCスペックを追求する必要は全くない。

本書はファイルサーバーに用いるWindows OSとしてWindows 10／8.1／7を採用しているが、いわゆるWindows 7リリース以降（2009年）に販売された一般的なデスクトップPC（CPU：Celeron以上／メモリ：2GB以上が目安）であればファイルサーバーとして十分かつ快適な運用が可能だ。

◘ 大きめの筐体（デスクトップPC）

　Windowsファイルサーバーには「デスクトップPC」を利用する。これはハードウェアの増設やメンテナンスが柔軟に行えるという理由のほか、そもそもノートPC／タブレットPCはネットワーク経由でファイルアクセスを集中的に受けるような設計がなされていないためファイルサーバーとして運用するには安定性や放熱性に不安が残るためだ。

　また、Windowsファイルサーバーに割り当てるデスクトップPCはなるべく大きめの筐体がよく、目安としてはミドルタワー／MicroATX以上がよい。

　これは任意の数のストレージを増設できるというほか、放熱性、また電源ユニットがATX規格でかつ汎用的なサイズであるため交換も容易であるためだ。

● Windowsファイルサーバーはなるべく「大きな筐体」で運用する

将来のストレージ増設やメンテナンス性を考えて
大きな筐体（ミドルタワー／MicroATX以上）を選択する

◘ 高性能すぎない最小限のパーツ構成

　ファイルサーバーはネットワーク経由でクライアントからのアクセスを受け、ファイルの読み書きが行われるだけのPCである。この点を踏まえれば高性能ビデオカード等は不要であり、むしろ余計な機能を積んでいるとトラブルの要因を増やすことになるため、Windowsファイルサーバーに割り当てるPCは「必要最小限の構成（ケース＋電源＋マザーボード＋CPU＋メモリ＋ストレージ）」であることが理想になる。

◘ ストレージは「ハードディスク」を選択

　ストレージには「SSD（Solid State Drive）」と「ハードディスク」が存在するが、ファイルサーバーとしてデータファイルを保存する領域は基本的に「ハードディスク」を選択するようにしたい（システムストレージはSSDでもよい、また理想はシステム領域とデータ領域を物理的に分けること（➡P.131）である）。

　これはSSDの持つ特性やアドバンテージは、ファイルサーバーのデータスト

レージとしてはほぼ活かせないほか、PC側のSATAコントローラーとの相性によってはプチフリが発生するため安定性やパフォーマンスに問題が出ることがあるからだ（プチフリ対策については「Windows 10上級リファレンス」を参照のこと）。

また、SSDはハードディスクのように「徐々に不良セクターが増えていく」という特性とは異なり、コントローラー側が突然死するパターンが多い点もデータストレージとしては積極的に勧められない。価格容量比やトラブル時のファイルサルベージを考えても、総合的に「ハードディスク」の方が優れるということである。

WD製NAS用ハードディスクドライブ「WD Red」。

ビジネス環境に求められるファイルサーバー

ホームユース環境でのファイルサーバーであれば現在ファイルをため込んでいるPCをそのままファイルサーバーとして運用してもよいが、ビジネス環境に求められるWindowsファイルサーバーとしては以下の条件を定義したい。

最終的な選択はもちろん環境任意ではあるが、これらの条件を満たしておくとセキュアかつトラブルが少ない運用が可能である。

■データファイルはファイルサーバーで集中管理

Windows OSは共有フォルダー設定を行うことにより、実はどのPCでも「サーバー」になることができ、またどのPCからも「クライアント」としてサーバーにアクセスすることができる。つまりどのローカルエリアネットワーク上のすべてのPCが「サーバー」にも「クライアント」にもなれるのだが、様々なPCにデータファイルを分散させてしまうとビジネス上のファイル管理が崩壊しかねない。

よって、ビジネス環境におけるWindowsファイルサーバーは「サーバー専用PC」としたうえで、この1台のPCのみにデータファイルを集約させて管理を行うようにする。

● データファイルはサーバーで集中管理

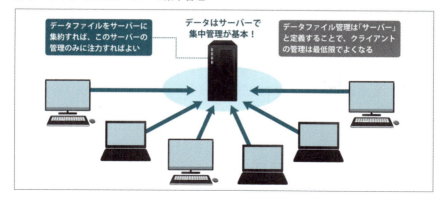

「サーバー専用PC」としての運用と役割

　Windows OSを搭載したPCをファイルサーバーとする場合、実は機能としては汎用的なWindows OSそのものであるため、「Webブラウズ」や「Microsoft Officeによるデータ編集」等々のオペレーティングをWindowsファイルサーバー上で行うことも可能である。しかし、サーバーに割り当てたPC（Windowsファイルサーバー）でオペレーティングを行うことは厳禁であり、必ず「サーバー専用PC（オペレーティングは行わないPC）」として運用を行うようにする。

　これはWebブラウズやアプリの導入を行うことは、マルウェア（悪意）に侵される可能性を増やしているほか、Windows OSのシステム動作としての安定性やパフォーマンスとしてもマイナスであるからだ。

● 「サーバー専用PC」としての運用

　マルウェア感染理由の多くはWebブラウザーで余計なページを開くから、アプリでデータファイルを開くからであり、悪意のあるマクロ／スクリプトはほぼこちらが何らかのアクションを起こした結果として実行される。つまりオペレーティングを行わなければマルウェア感染のほとんどは防げるのだ。データファイルを集中管理するファイルサーバーであれば、オペレーティングを行わないことがセキュリティにもパフォーマンスにもプラスになるのだ。

余計な機能を導入しない／停止する管理

Windows OSは、管理する物事が多ければ多いほど問題が発生する可能性が高くなる。よって、サーバー専用PCとするのであればファイルサーバーとして不必要な機能はソフトウェア的＆ハードウェア的に削除／停止してしまうとよい。

例えば、バンドルアプリが数多く導入されているメーカー製PCをサーバー専用PCに割り当てるのであれば、不要なアプリはすべてアンインストールする（可能であればWindows OSのみクリーンインストールするのが理想）。

また、極限まで突き詰めるのであれば、ファイルサーバーとして必要のないマザーボードにビルトインされているオンボードデバイス（不要なポート／ストレージ／ネットワークコントローラー等々）やWindows OSの機能（音声入出力／検索インデックス機能等々）もすべて停止してしまうとよいだろう。

● 不要なプログラムの削除

「サーバー専用PC」とするならば不要なアプリや機能は「利用しない」だけではなく、Windows OS上から完全に除去する。これにより安定した環境とパフォーマンス、また脆弱性によるセキュリティの脅威を回避できる。

● 不要なデバイスの停止

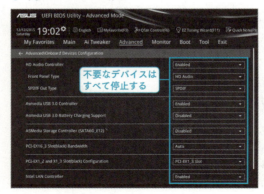

UEFI／BIOS設定によるオンボードデバイスの停止。不要なデバイスを停止すればそれだけWindows OSで管理する物事が減るため、安定したサーバー／ホスト環境を得ることができる。なお、ファイルサーバーとして不要なWindows OSの標準機能も可能な限り潰したいという場合には「Windows 10 上級リファレンス」を参照だ。

ファイルサーバーに求められるWindows OSとエディション　3-1

　Windowsファイルサーバーに適用すべきWindowsのタイトルは、「Windows 10」「Windows 8.1」「Windows 7」のどれでもOKだ。これはWindows Vista／Windows XPにおけるHome系エディションにおいては、同時に共有できるユーザー数が「5」などと貧弱すぎてファイルサーバーとしての利用に堪えないものもあったが、Windows 10／8.1／7ではHome系エディションであっても同時に共有できるユーザー数は上位エディションと変わらず「20」であるため問題にならないからだ。

　なお、ファイルサーバーとしてリモートデスクトップホスト（➡P.321）や一部管理機能を追求したいという場合には、上位エディションであることが望ましくなる。

● Windows OSのセキュリティ／ネットワーク機能

	リモートデスクトップホスト	ローカルセキュリティポリシー／グループポリシー	BitLocker	記憶域	Microsoftアカウントによるサインイン
Windows 10 Enterprise	○	○	○	○	○
Windows 10 Education	○	○	○	○	○
Windows 10 Pro	○	○	○	○	○
Windows 10 Home	×	×	×	○	○
Windows 8.1 Enterprise	○	○	○	○	○
Windows 8.1 Pro	○	○	○	○	○
Windows 8.1（無印）	×	×	×	○	○
Windows 7 Enterprise	○	○	○	×	×
Windows 7 Ultimate	○	○	○	×	×
Windows 7 Professional	○	○	○	×	×
Windows 7 Home Premium	×	×	×	×	×

● Windows OSの「上位エディション」

Windows 10 Pro/Enterprise/Education
Windows 8.1 Pro/Enterprise
Windows 7 Professional/Ultimate/Enterprise

● 上位エディションのみ適用できる設定

設定	参照ページ
レジストリ／グループポリシーによるカスタマイズ	➡P.47
デスクトップ上での電源操作を禁止する（グループポリシー設定）	➡P.144
連続的にローカルアカウントを作成する	➡P.172
「ローカルユーザーとグループ」からのユーザーアカウント確認	➡P.174

設定	参照ページ
クラシックログオンによるセキュアなサインイン	➡ P.220
ロック画面からのクラシックログオン	➡ P.221
Windows 10の「アップグレード」を延期する	➡ P.247
Windows 10の「更新プログラムの適用方法」を変更する	➡ P.248
リモートデスクトップホスト機能の有効化	➡ P.322
空パスワードのアカウントのアクセスを許可する	➡ P.350
サインインできないユーザーアカウントにする	➡ P.352

安定性を追求したストレージ構成

　Windows OSのデフォルトは、「システム（Windows OS）」と「データファイル」が同じシステムドライブ（Cドライブ）に同居している状態だが、ファイルサーバーとしての「データファイルの安全性」を踏まえた場合、この状態が好ましくない。

　なぜならシステムドライブにおいてはWindows OSのシステム動作における各種テンポラリ／更新プログラム／ログの読み書きが繰り返し行われるうえに、マルウェア感染のターゲットにもなりえるドライブだからだ。

　万が一システムクラッシュしてWindows OSが起動しなくなった場合等を踏まえると、データファイルを保存する領域は「独立領域」であることが望ましいのだ。

● 読み書きが集中する「システムドライブ」

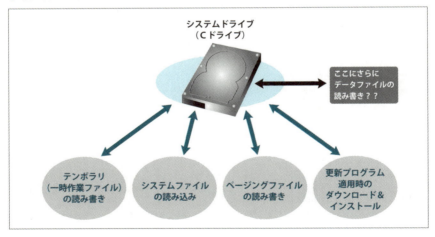

● 「システム」と「データ」が同一領域の問題

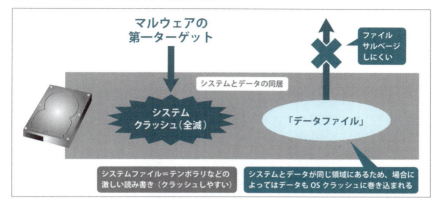

システムがふっとんだ……
このよう場面に遭遇した場合「システム」と「データ」が同じ領域（パーティション）同居していると、ファイルサルベージにもWindows OSの再インストールにも苦労することになる。

「システム領域」と「データ領域」の独立

　Windowsファイルサーバーにおけるシステム領域とデータ領域の管理において、最も理想的なのは「物理的に別々のストレージで管理する」ことだ。

　具体的には既存でシステムが存在するストレージを「システム専用ストレージ」としてしまい、新たなストレージを増設して「データ専用ストレージ」として管理すればよい。

　これにより万が一システムがクラッシュしても、物理的に独立しているデータ専用ストレージは問題に巻き込まれずに済み、またシステムリカバリやシステムの更新等においてデータファイルを消去／上書きされてしまうというリスクを大幅に軽減することができる。この管理は、別側面の効能として「システム」と「データ」の読み書きが別スピンドルになるためパフォーマンスが向上するほか、ストレージ寿命も伸ばすことができることもポイントだ。

131

● システム領域とデータ領域の「ストレージ別管理」

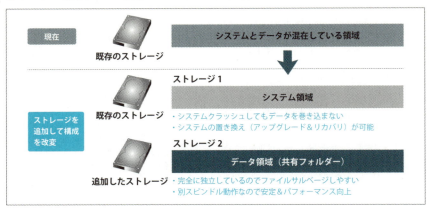

ストレージが1台の場合でも実行可能な各領域の独立

　Windowsファイルサーバーにおける理想は、先に述べた通りシステム領域とデータ領域を物理的に別々のストレージで管理することだが、仮にこのような管理を採用できない場合であっても、同一ストレージ内でパーティションを分けて「システム領域」と「データ領域」を分けるだけでもかなりの効能がある。

　システムクラッシュに巻き込まれにくいほか、システムのアップグレードが行いやすく、またデータファイルのバックアップを行いやすい。

● ストレージが1台でも可能な「システム」と「データ」ドライブの分離

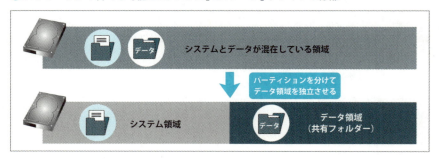

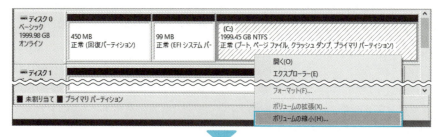

Windows 10／8.1であれば「ディスクの管理（ ➡ P.337 ）」でシステムパーティションを縮小のうえ、データパーティションを作成すればよい（詳しくは Windows 10 上級リファレンス参照）。

Column

余ったシステム専用ストレージの活用

　データ領域として新しいストレージを用意するのはよいが、既存のストレージをシステム領域のみで管理するのは余した空き領域がもったいない……という場合には、セキュアに管理できるのであれば「データファイルのバックアップ先」の1つにしてしまうとよい。
　データファイルのバックアップ先としては「物理的に別ストレージ／ネットワークデバイス（PC／NAS等）」が推奨されるのだが、予備バックアップ先としては「システムドライブの余った空き領域」も十分に活用できる。

● 余ったストレージ領域の活用

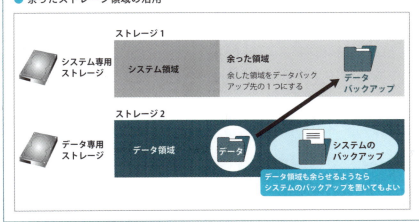

無停電電源装置(UPS)の選択

ファイルサーバーの安全性を考えた場合、不意な停電にも対策できる「無停電電源装置(UPS)」の導入が理想になる。デスクトップPCにおいて無停電電源装置(UPS)の選択は意外と難しく、以下で述べる要件を満たす必要がある。

無停電電源装置(UPS)

出力波形

無停電電源装置(UPS)におけるバックアップ運転時(いわゆる停電時の電源供給)の出力波形には「正弦波」と「矩形波」がある。

デスクトップPCの電源ユニットのほとんどは「PFC(Power Factor Correction)」と呼ばれる力率改善回路を内蔵しており、PFC電源は一般的なコンセントの出力波形である「正弦波」での入力を前提に設計されている。

つまり、無停電電源装置(UPS)をデスクトップPCでの利用を前提とした場合、バックアップ運転時の出力波形が必ず「正弦波」のものをチョイスしなければならないのだ。

ちなみに出力波形が「矩形波」の無停電電源装置(UPS)とPFC電源のデスクトップPCを組み合わせた場合、バックアップ運転時にPCの電源ユニットに多大な負荷を与えることになり、最悪物理的な破損をもたらす可能性がある点に注意だ。

出力容量

バックアップ運転時に必要な出力容量を満たさない無停電電源装置(UPS)は、肝心な停電時にデスクトップPCを駆動し続けることができない。

よって、PC本体と停電時にも駆動させなければならない周辺機器(「ディスプレイ」「ハブ」等)を含めたうえでの必要電源容量を算出したうえで(Webサイトで公開されている「自作PC用電源容量計算機」等を活用するとよい)、それを満たした無停電電源装置(UPS)をチョイスする。

> #### Column
> #### 無停電電源装置(UPS)の役割
>
> 無停電電源装置(UPS)について勘違いしてほしくないのは、一般向けの無停電電源装置(UPS)は「停電時にPCを使い続けるためのものではない」ということだ。無停電電源装置(UPS)のバックアップ時間は機器構成にもよるが、せいぜい数十分程度であるため、「停電時に正常なシャットダウンを行うための装置」という考え方が正しくなる。

3-2 サーバー／ホスト運用に求められる事前設定

Windows OSをサーバー／ホスト運用するために

コンシューマー向けのWindows OSであってもファイルサーバー運用を行ううえで機能に不足がないことはここまでに述べた通りだが、Windows 10／8.1／7は汎用的な使い方を前提として設計されているため、デフォルトではサーバー／ホスト運用に最適化されていない。

そこで本節では、Windows 10／8.1／7をサーバー／ホストとして運用するための各種設定の最適化について解説する。なお、目的とするサーバー／ホストによって求められる設定は異なるので、以下にまとめる。

● ビジネス環境のファイルサーバー

ステータス	設定	参照ページ
必須	コンピューター名の確認と設定	➡ P.136
必須	ネットワークプロファイルの設定	➡ P.148
必須	自動スリープの停止	➡ P.139
必須	ストレージ省電力機能の停止	➡ P.142
必須	クライアントのセキュアな管理	➡ P.211
必須	アンチウィルスソフトの導入	➡ P.213
必須	非自動スリープ環境における一定時間経過後の自動デスクトップロック	➡ P.216
推奨	プロセッサスケジュールの最適化	➡ P.146
任意適用	電源ボタンの最適化	➡ P.143
任意適用	電源操作の禁止	➡ P.144
任意適用	クラシックログオンによるセキュアなサインイン	➡ P.220

● ホームユース環境のホスト

ステータス	設定	参照ページ
必須	コンピューター名の確認と設定	➡ P.136
必須	ネットワークプロファイルの設定	➡ P.148
必須	アンチウィルスソフトの導入	➡ P.213
推奨	ストレージ省電力機能の停止	➡ P.142
任意適用	自動スリープの停止	➡ P.139
任意適用	電源ボタンの最適化	➡ P.143

ステータス	設定	参照ページ
任意適用	電源操作の禁止	➡ P.144
任意適用	プロセッサスケジュールの最適化	➡ P.146
任意適用	クライアントのセキュアな管理	➡ P.211
任意適用	非自動スリープ環境における一定時間経過後の自動デスクトップロック	➡ P.216
任意適用	クラシックログオンによるセキュアなサインイン	➡ P.220

コンピューター名（PC名）の確認と設定

　ローカルエリアネットワーク上で公開されるサーバー名／ホスト名が、PCにおける「コンピューター名（PC名）」であり、Windows OSの場合にはこの「コンピューター名」を指定して共有フォルダーへのアクセスを行う。

　サーバー／ホストの「コンピューター名」は、クライアントからの共有フォルダーアクセスにおいて必然的に指定する場面が多くなるため、役割をわかりやすく示した短い名称であることが理想になる。なお、Windows OSはタイトルや場面によって「コンピューター名」のことを「PC名」とも表記するが、本書では「コンピューター名」で統一して以後の解説を進める。

◘ Windows 10

　「⚙設定」から「システム」→「バージョン情報」を選択。「PC名」欄で現在の「コンピューター名（PC名）」を確認できる。また「コンピューター名」を変更したい場合には、「PC名の変更」ボタンをクリック／タップしたのち、任意のコンピューター名を入力すればよい。

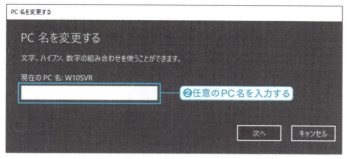

コンピューター名の確認と設定。なお、Windows 7 同様にコントロールパネル（アイコン表示）から「システム」でもコンピューター名（PC 名）を確認／設定することも可能だ。

◻ Windows 8.1

「PC設定」から「PCとデバイス」→「PC情報」を選択。「PC名」欄で現在の「コンピューター名（PC名）」を確認できる。また「コンピューター名」を変更したい場合には、「PC名の変更」ボタンをクリック／タップしたのち、任意のコンピューター名を入力すればよい。

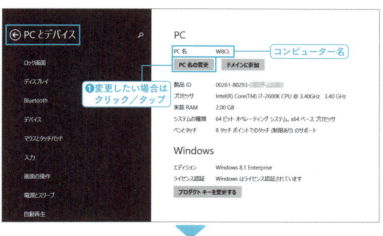

コンピューター名の確認と設定。なお、Windows 7 同様にコントロールパネル（アイコン表示）から「システム」でもコンピューター名（PC 名）を確認／設定することも可能だ。

◻ Windows 7

コントロールパネル(アイコン表示)から「システム」を選択。「コンピューター名」欄で現在の「コンピューター名」を確認できる。また「コンピューター名」を変更したい場合には、コンピューター名の横にある「設定の変更」ボタンをクリック/タップして「システムのプロパティ」を表示したのち、「変更」ボタンをクリック/タップして任意のコンピューター名を入力すればよい。

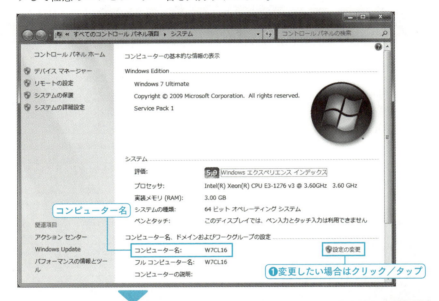

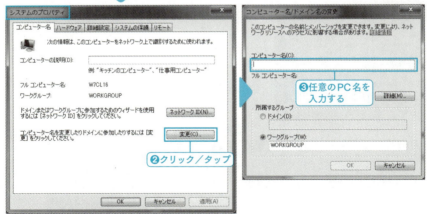

コンピューター名の確認と設定。なお、このコントロールパネルからの「コンピューター名」の確認/設定手順は Windows 10 / Windows 8.1 でも適用可能だ。

● ショートカットキー

- 「システム（コントロールパネル）」
  ⊞ + Pause キー
- 「システム（コントロールパネル）」（Windows 10 ／ Windows 8.1 のみ）
  ⊞ + X → Y キー

● ショートカット起動

- 「システム（コントロールパネル）」
  CONTROL.EXE /NAME MICROSOFT.SYSTEM

自動的に実行されるスリープの停止

　Windows OSのデフォルトでは、未操作状態が一定時間続くと自動的に「スリープ」に移行する。クライアントからのアクセスを待ち受けることがサーバー／ホストの役割であるが、PC本体が自動的にスリープに移行してしまってはファイルアクセス不能になってしまう。

　よって、ファイルサーバーとして運用しているPCにおいては「自動的に実行されるスリープ」の停止設定を適用する。

　なお、自動スリープを停止してしまうとスリープ復帰時における「デスクトップのロック」も失われてしまうことになるが、自動スリープを停止したうえでセキュリティとして一定時間経過後に「デスクトップのロック」を実現したい場合には ➡P.216 だ。

◻ **Windows 10**

　自動実行されるスリープの停止は、「⚙設定」から「システム」→「電源とスリープ」と選択して、「スリープ」のドロップダウンから「なし」を選択すればよい。

　なお、コントロールパネル（アイコン表示）から「電源オプション」を選択して、タスクペインから「コンピューターがスリープ状態になる時間を変更」をクリック／タップしたのち、「コンピューターをスリープ状態にする」のドロップダウンから「適用しない」を選択しても同様だ。

● 「⚙設定」からの設定

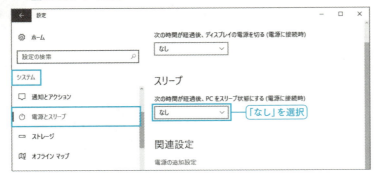

● コントロールパネルからの設定

🔲 Windows 8.1

コントロールパネル（アイコン表示）から「電源オプション」を選択して、タスクペインから「コンピューターがスリープ状態になる時間を変更」をクリック／タップ。「コンピューターをスリープ状態にする」のドロップダウンから「適用しない」を選択する。

🔲 Windows 7

コントロールパネル（アイコン表示）から「電源オプション」を選択して、タスクペインから「コンピューターがスリープ状態になる時間を変更」をクリック／タップ。「コンピューターをスリープ状態にする」のドロップダウンから「なし」を選択する。

● ショートカットキー

- 「電源オプション」（Windows 10／Windows 8.1 のみ）
  [⊞] + [X] → [O] キー

● ショートカット起動

- 「電源オプション」
  POWERCFG.CPL

Column

電源管理機能が異なるハードウェア

ここで解説した「自動実行されるスリープの停止」は、クライアントからのアクセスを待ち受けるPCであるサーバー／ホストPCには適用すべきだが、逆にノートPCやタブレットPCには適用してはならない。これはバッテリーを消費するほか、熱暴走でPCを破壊する可能性があるためだ。

なお、PCはハードウェア構成によって電源管理機能が異なり、モダンスタンバイに対応したPCであれば電源管理をより詳細に設定できるが（スリープ中でもネットワーク接続やアプリ動作を継続できる、詳しくは「Windows 10上級リファレンス」を参照）、ここでの説明はあくまでもサーバー／ホストを運用のデスクトップPCを前提とした解説である。

ストレージ省電力機能の停止

Windows OSでは一定時間以上ストレージ(SSD(Solid State Drive)／ハードディスク)にアクセスがないと、省電力機能として自動的にストレージの電源を切る仕組みになっている。

この省電力機能がサーバー／ホストPCで作動してしまうと、クライアントからのファイルアクセスにおいて省電力からの復帰というタイムラグが生じるため、結果的にスムーズなネットワークアクセスが疎外されることになる。

このようなストレージの省電力機能を停止するには、コントロールパネル(アイコン表示)から「電源オプション」を選択して、タスクペインから「コンピューターがスリープ状態になる時間を変更」をクリック／タップ。「詳細な電源設定の変更」をクリック／タップののち、「電源オプション」内の「ハードディスク」→「次の時間が経過後ハードディスクの電源を切る」を「0(なし)」に設定すればよい(3OS共通)。

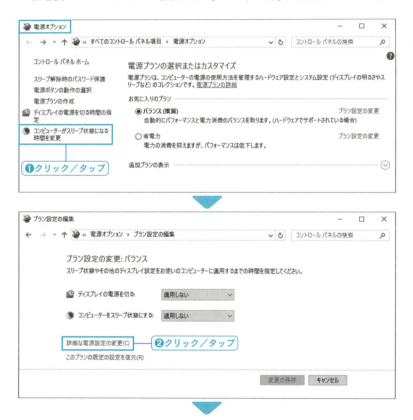

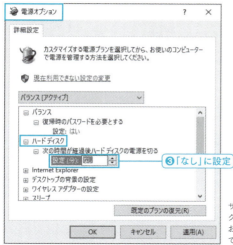

サーバー／ホストPCにおけるSSD／ハードディスクの省電力機能は基本的に「なし」に設定する。なお、SSDの省電力機能は複雑で、一部の環境においてはUEFI／BIOS設定が必要になることもある。

● ショートカット起動

- 「電源オプション（詳細設定）」
  POWERCFG.CPL ,1

PC本体の電源ボタンを押したときの動作指定

　Windows OSの起動中における「PC本体の電源ボタンを押した際の動作」の指定は、コントロールパネル（アイコン表示）から「電源オプション」を選択して、タスクペインから「電源ボタンの動作の選択」をクリック／タップ。「電源ボタンを押したときの動作」のドロップダウンから任意に選択できる（3OS共通）。

　不意に電源ボタンを押されてシャットダウンしては困るという環境では「何もしない」、ディスプレイや入力デバイスを割り当てていないPCにおいて電源ボタンですぐに電源を落としたいという場合には「シャットダウン」を割り当てるとよい。

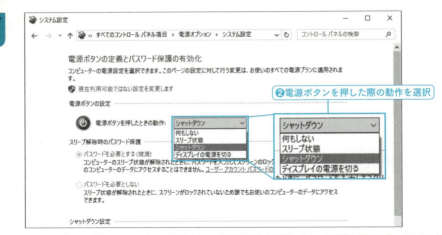

サーバー／ホスト運用のPCにおいて電源ボタンの役割は意外と重要になる。不用意に電源を落とされては困るという環境では「何もしない」、逆にディスプレイ＆入力デバイスレスマシンにおいて一発で電源を落としたい場合には「シャットダウン」を割り当てるとよい。

デスクトップ上での電源操作を禁止する

　サーバー／ホスト運用のPCでは、不用意に電源操作をされては困るという環境もあるだろう。そのような場合には ➡P.143 で解説した「PC本体電源ボタンの動作指定」で電源ボタンの動作を無効にしたうえで、さらにWindows OS上の電源操作も禁止してしまうとよい。

　[スタート]メニュー／クイックアクセスメニュー等からの電源操作禁止設定は、レジストリ設定の場合には、レジストリエディターから「HKEY_CURRENT_USER¥Software¥Microsoft¥Windows¥CurrentVersion¥Policies¥Explorer」を選択して、「DWORD値」で「NoClose」を作成して値のデータを「1」に設定すればよい(3OS共通)。

　またグループポリシー設定の場合には、「グループポリシー(GPEDIT.MSC)」から「ユーザーの構成」→「管理用テンプレート」→「タスクバーと[スタート]メニュー」と選択して、「シャットダウン、再起動、スリープ、休止コマンドを削除してアクセスできないようにする」を有効にすればよい(3OS共通、上位エディションのみ)。

　なお、この設定適用により[スタート]メニュー／クイックアクセスメニューからの電源操作は行えなくなるが、「SHUTDOWN」コマンドからの電源操作は可能だ(➡P.146)。

● グループポリシー設定の場合

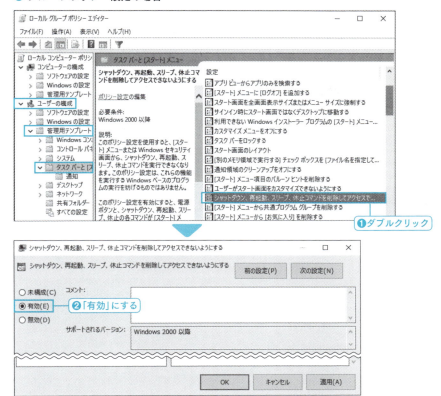

設定適用前/設定適用後の[スタート]メニューの電源アイコンをクリック/タップしたときの違い。[スタート]メニュー/クイックアクセスメニューからの電源操作が行えなくなる。

Column
コマンドによる電源操作

　Windows OSにおいて電源操作が制限された環境（レジストリ／グループポリシーによる電源操作の禁止、一部のWindows OSに対するリモートデスクトップ接続）において、任意の電源操作を行いたい場合には「SHUTDOWN」コマンドを利用すればよい。「ファイル名を指定して実行」あるいは「コマンドプロンプト」等から「SHUTDOWN /S」でシャットダウン、「SHUTDOWN /R」で再起動を実行できる。

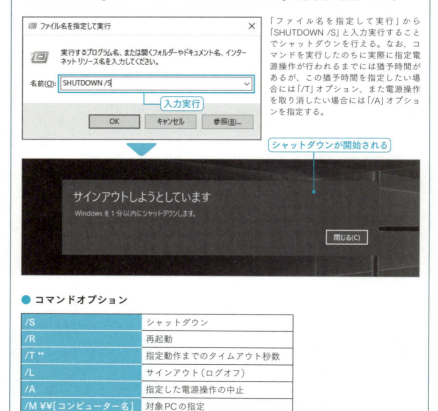

「ファイル名を指定して実行」から「SHUTDOWN /S」と入力実行することでシャットダウンを行える。なお、コマンドを実行したのちに実際に指定電源操作が行われるまでには猶予時間があるが、この猶予時間を指定したい場合には「/T」オプション、また電源操作を取り消したい場合には「/A」オプションを指定する。

● コマンドオプション

/S	シャットダウン
/R	再起動
/T **	指定動作までのタイムアウト秒数
/L	サインアウト（ログオフ）
/A	指定した電源操作の中止
/M ¥¥[コンピューター名]	対象PCの指定

プロセッサスケジュールをサーバー／ホスト向けにする

　Windows OSでは現在デスクトップ上で操作しているアプリに対して優先的にCPUパワーを割り当てる。これは一般的なオペレーティング環境では正しい設定ではあるが、サーバー／ホストPCにおいてアプリ作業を行わない場合には（本書ではビジネス環境におけるWindowsファイルサーバーは「サーバー専用PC」を推

奨、 ➡P.126)、アクティブなアプリに積極的にCPUを割り当てずにシステム側にもCPUリソースを均等に割り当てる設定を適用するとよい。

　システム側にもCPUリソースを均等に割り当てる設定を適用したい場合には、コントロールパネル（アイコン表示）から「システム」を選択して、「システム」のタスクペインで「システムの詳細設定」をクリック／タップ。「システムのプロパティ」の「詳細設定」タブ内、「パフォーマンス」欄にある「設定」ボタンをクリック／タップののち、「パフォーマンスオプション」の「詳細設定」タブ内、「プロセッサのスケジュール」欄の「バックグラウンドサービス」にチェックを入れればよい（3OS共通）。

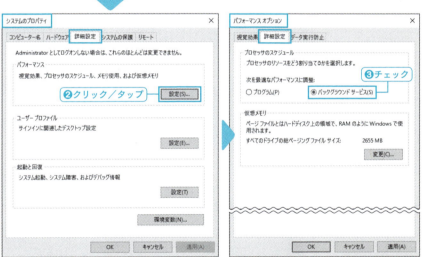

サーバー／ホストPCではアプリ作業を行わないため、ファイルアクセスパフォーマンス向上のためにもプロセッサのスケジュールは「バックグラウンドサービス」に指定するとよい。

● ショートカット起動

■「パフォーマンスオプション」
　SYSTEMPROPERTIESPERFORMANCE.EXE

3-3 ネットワーク共有を実現する「ネットワークプロファイル」

ネットワークプロファイルの確認

ネットワーク接続におけるネットワークプロファイルには「プライベートネットワーク」と「パブリックネットワーク」が存在する。

「プライベートネットワーク」は信頼できるネットワーク環境において共有を許可するために適用すべきネットワークプロファイルであり、本書であればサーバー／ホスト運用するWindows OSには必ずこの「プライベートネットワーク」が適用されている必要がある。

また、「パブリックネットワーク」は共有を許可しないネットワークプロファイルであり、他人が管理するネットワーク環境（公衆無線LANや一時的に無線LAN接続を借りる環境）に適用すべきプロファイルになる。ちなみに、現在のネットワーク接続において適用されているネットワークプロファイルの確認は、コントロールパネル（アイコン表示）から「ネットワークと共有センター」を選択。「アクティブなネットワークの表示」欄で確認することができる（3OS共通）。

なお、Windows 7ではネットワークプロファイルでなく「ネットワークの場所」が表示されるが、「プライベートネットワーク」に相当するものが「ホームネットワーク」あるいは「社内ネットワーク」になる（ ➡ P.152 ）。

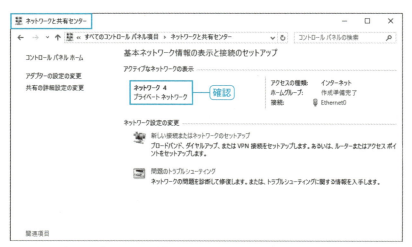

Windows 10／8.1での「ネットワークプロファイル」の確認。共有を有効にするには（サーバー／ホスト運用にするには）、ネットワークプロファイルが「プライベートネットワーク」になっている必要がある。

Windows 7での「ネットワークプロファイル」の確認。Windows 7において「ホームネットワーク」あるいは「社内ネットワーク」と表示されていれば「プライベートネットワーク」であることを意味する。

● ショートカット起動

■「ネットワークと共有センター」
CONTROL.EXE /NAME MICROSOFT.NETWORKANDSHARINGCENTER

Column

自動的に変更されるネットワークプロファイルに注意

「ネットワークプロファイル」はネットワーク接続時等に基本的に自身で設定するものだが、Windows OSではネットワーク環境の変化を察知した場合、セキュリティ的処置として自動的に「プライベートネットワーク」に切り替えてしまうことがある。
　例えば、本書は「ルーター（無線LANルーター）の置き換え」手順等を2章で解説しているが、この際デフォルトゲートウェイアドレス等が同一設定であったとしても、Windows OSはネットワーク環境の変化を察知してネットワークプロファイルを「プライベートネットワーク」に切り替えてしまう場合がある。
　ネットワーク環境を変更したら共有フォルダーへのアクセス／リモートデスクトップ接続が行えなくなった……という場合には、まず該当サーバー／ホストの「ネットワークプロファイル」を確認するとよいだろう。

ネットワークプロファイルの選択

　ネットワークプロファイルの確認方法は3OSで共通なのだが、現在のネットワーク接続における「プライベートネットワーク」あるいは「パブリックネットワーク」の指定は、なぜかWindows 10／8.1／7で設定方法が異なり、また設定表記(設定項目名)までばらついているという嫌がらせ状態だ。

　ネットワークプロファイルの選択は下記手順に従ったうえで、さらにコントロールパネル(アイコン表示)から「ネットワークと共有センター」を選択して、「プライベートネットワーク」なのか「パブリックネットワーク」なのかを確認するとよい。

◻ Windows 10

　現在のネットワーク接続に対するネットワークプロファイルを選択したい場合には、有線LAN接続の場合には、「⚙設定」から「ネットワークとインターネット」→「イーサネット」を選択して、「イーサネット」欄にある[現在のネットワーク接続]をクリック／タップ。またWi-Fi接続の場合には、「⚙設定」から「ネットワークとインターネット」→「Wi-Fi」を選択して、「Wi-Fi」欄内にある[現在接続中のアクセスポイント名]をクリック／タップする。「このPCを検出可能にする」欄で、「プライベートネットワーク」に設定したい場合には「オン」、「パブリックネットワーク」に設定したい場合には「オフ」を選択すればよい。

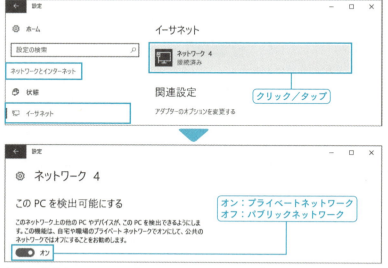

有線LAN接続時のネットワークプロファイル指定。Windows 10では「このPCを検出可能にする」という表記になり、オンで「プライベートネットワーク(共有有効)」、オフで「パブリックネットワーク(共有無効)」になる。

◻ Windows 8.1

　現在のネットワーク接続に対するネットワークプロファイルを選択したい場合には、「PC設定」から「ネットワーク」→「接続」と選択して、「現在の接続(Wi-Fi接続であればアクセスポイント名)」をクリック/タップ。「デバイスとコンテンツの検索」欄で、「プライベートネットワーク」に設定したい場合には「オン」、「パブリックネットワーク」に設定したい場合には「オフ」を選択すればよい。

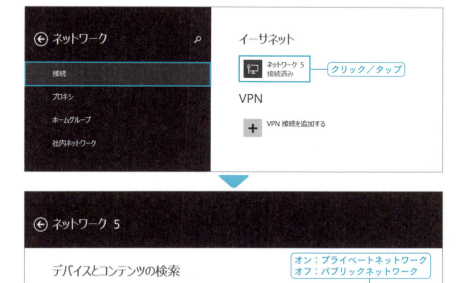

現在のネットワーク接続に対するネットワークプロファイルの指定。Windows 8.1では「デバイスとコンテンツの検索」という表記になり、オンで「プライベートネットワーク(共有有効)」、オフで「パブリックネットワーク(共有無効)」になる。

◻ Windows 7

　現在のネットワーク接続に対するネットワークプロファイルを選択したい場合には、コントロールパネル(アイコン表示)から「ネットワークと共有センター」を選択して、「アクティブなネットワークの表示」欄を確認する。「ネットワークの場所(ネットワークプロファイル)」として、「ホームネットワーク」「社内ネットワーク」「パブリックネットワーク」が現在の場所として表示されるので、任意に変更したい場合には該当文字列をクリック/タップ。「ネットワークの場所の設定」から任意の「ネットワークの場所(ネットワークプロファイル)」を指定する(次表参照)。

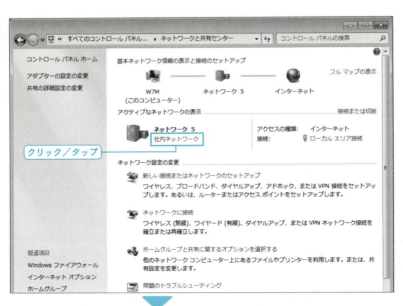

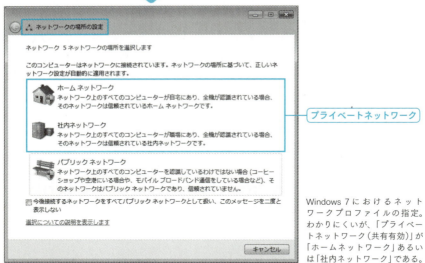

Windows 7におけるネットワークプロファイルの指定。わかりにくいが、「プライベートネットワーク（共有有効）」が「ホームネットワーク」あるいは「社内ネットワーク」である。

● ネットワークの場所

ホームネットワーク	ネットワークプロファイルとして「プライベートネットワーク」を選択したことになる。なお、「社内ネットワーク」との違いは「ホームグループ」が利用できる点にある。
社内ネットワーク	ネットワークプロファイルとして「プライベートネットワーク」を選択したことになる。なお、「ホームネットワーク」との違いは「ホームグループ」が利用できない点にある。
パブリックネットワーク	表記の通りネットワークプロファイルとして「パブリックネットワーク」を選択したことになる。

● ショートカット起動

- 「イーサネット（ネットワークとインターネット）」（Windows 10のみ）
  ms-settings:network-ethernet
- 「Wi-Fi（ネットワークとインターネット）」（Windows 10のみ）
  ms-settings:network-wifi
- 「ネットワークと共有センター」
  CONTROL.EXE /NAME MICROSOFT.NETWORKANDSHARINGCENTER

Column

デュアルLAN接続環境でのネットワークプロファイル

該当PCにおいてデュアルLAN接続でローカルネットワークに接続している場合、各ネットワーク接続に対して個々のネットワークプロファイルを割り当てることが可能だ。各ネットワーク接続状態を把握している場合には難しくないが、管理上混乱するという場合にはネットワーク接続を1つにしてから（ネットワークアダプターの無効化（ P.254 ）／オンボードLANデバイスの無効化（ P.255 ））ネットワークプロファイルの設定を行うとよい。

ネットワークプロファイルの詳細設定

Windows OSではネットワークプロファイルとして「プライベートネットワーク」と「パブリックネットワーク」が存在するが、この各プロファイルの設定を確認あるいは変更したい場合には、コントロールパネル（アイコン表示）から「ネットワークと共有センター」を選択して、タスクペインにある「共有の詳細設定の変更」をクリック／タップ。各プロファイルで共有設定を行えばよい。

なお、特に理由がない限り各ネットワークプロファイルはデフォルトが推奨される。

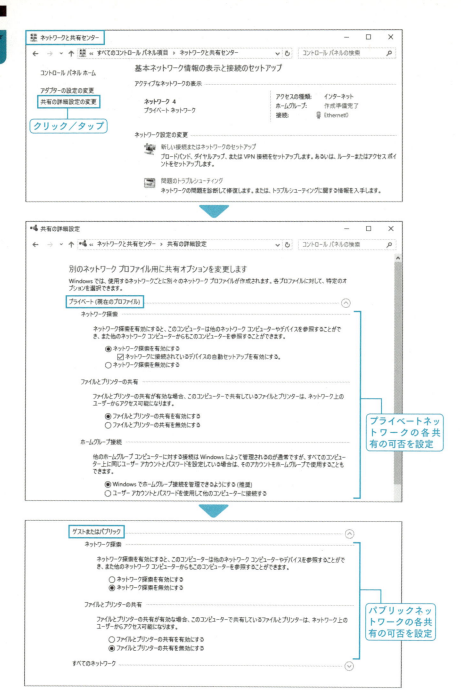

「プライベート」でプライベートネットワークでの各共有の可否を設定できる。また、「ゲストまたはパブリック」ではパブリックネットワークでの各共有の可否を設定できる。

第 1 部
Windows ネットワーク構築 編

Chapter 4

究める！
共有フォルダーと
アカウント設定

- **4-1** Windows OS におけるファイル共有機能 .... ➡ P.156
- **4-2** アクセス許可するためのアカウント作成 .... ➡ P.162
- **4-3** 共有フォルダー設定 .... ➡ P.176

4-1 Windows OSにおける ファイル共有機能

「共有フォルダー」の管理

　Windows OSにおけるファイル共有機能は「任意のフォルダーに対して任意のアクセス許可」を行うことで実現できる。

　共有フォルダーの設定そのものは難しくない。しかしながら共有フォルダーをセキュアに管理しつつ、クライアントからスムーズにアクセスできる環境を構築するには、共有フォルダーの構造を理解しつつ、あらかじめ「共有フォルダーでアクセス許可するためのユーザーアカウント」を整えておく必要がある。

◻ アクセスを許可して制限する共有管理

　サーバー/ホストとはクライアントからのリクエスト（アクセス）を受け付けるためのシステムであり、また不必要なクライアントからのリクエストを受け付けないためのシステムでもある。

　ファイル共有（共有フォルダー）に当てはめると、「共有させるべきものに対してはファイルアクセスを許可し、共有させるべきではないものには断固アクセスを拒否する」というシステムである。ちなみに、共有フォルダーのアクセス許可/不許可は、クライアントからアクセスする際の「ユーザー名とパスワードの組み合わせ」で認証を行う。

● 「ユーザー名」でアクセス許可する管理

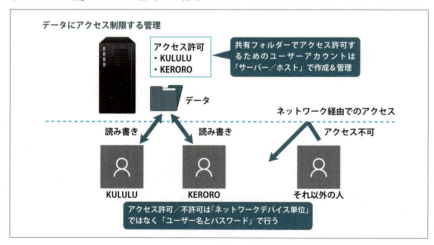

よく勘違いされがちなのだが、共有の許可／不許可は「ネットワークデバイス（PC／スマートフォン／タブレット）単位」で行うものではなく、あくまでも「ユーザー名とパスワード」で行うものである。

◻ ユーザー名とパスワードを管理する「ユーザーアカウント」

共有フォルダーに対するアクセス許可は「ユーザー名とパスワードの組み合わせ」による認証を行うが、Windows OSにおいて共有フォルダーごとにアクセス許可を行うユーザー名とパスワードの組み合わせを設定するわけではない。

共有フォルダーでアクセス許可するためのユーザー名とパスワードの組み合わせは、あらかじめサーバー／ホスト上で「ユーザーアカウント（デスクトップにはサインインしないユーザーアカウント）」を作成しておき、これを共有フォルダーの設定で指定する形になる。

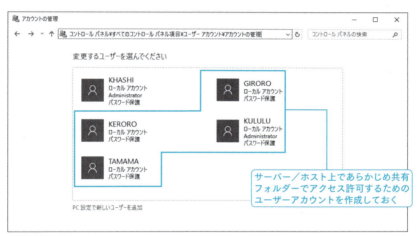

共有フォルダーでのアクセス許可できるのはサーバー／ホスト上であらかじめ作成(用意)しておいたユーザーアカウントのみだ。クライアントでどんなユーザーアカウント(ユーザー名)が存在するかはサーバー／ホストの知るところではない。

◻ 共有フォルダーにおけるアクセスレベルの設定

共有フォルダーはアクセスを許可するユーザーアカウントを指定できるほか、アクセスを許可したユーザーアカウントに対して任意のアクセスレベルを設定できる。

共有フォルダーにおけるアクセスレベル設定では「読み取り」「変更」「フルコントロール」の3つを設定できるのだが、わかりやすく管理したければ「読み書き可能（読み取り／更新／書き込み／消去）」「読み取りのみ（更新不可／書き込み不可／消去不可）」という2つに分けて考えるとよい（➡ P.180）。

最も重要な「ユーザーアカウント管理」

　共有フォルダーへのアクセス制御を行ううえで最も重要な設定は、サーバー／ホスト上の「ユーザーアカウント管理」である。

　このサーバー／ホスト上にあるユーザーアカウントの存在の意味さえ理解してしまえば、共有フォルダーをセキュアに管理できるようになるのだが、Windows OSのユーザーアカウントは単なるユーザー名とパスワードの組み合わせだけではなく各種設定や利用場面が存在するため、ここでは「共有フォルダーでアクセス許可するためのユーザーアカウント」について確認しておくべき重要な事項をまとめておこう。

▣ アクセス許可できるユーザーの条件

　共有フォルダーでアクセス許可できるのは「サーバー／ホスト上に存在するユーザーアカウント」のみだ。サーバー／ホスト上に存在しないユーザーアカウント（ユーザー名とパスワードの組み合わせ）は、そもそも共有フォルダーでアクセス許可指定できない。

　逆の言い方をすれば、あらかじめサーバー／ホスト上でユーザーアカウントを用意しておかない限り、共有フォルダーでアクセス許可するユーザーアカウントを指定することができないのだ。

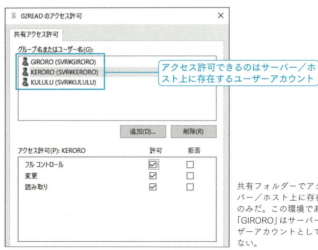

共有フォルダーでアクセス許可できるのは「サーバー／ホスト上に存在するユーザーアカウント」のみだ。この環境であれば「KULULU」「KERORO」「GIRORO」はサーバー／ホストであらかじめユーザーアカウントとして作成されていなければならない。

▣ 「共有フォルダー用用ユーザーアカウント」の作成

　Windows OSにおけるデスクトップへのサインインには必ず「ユーザーアカウント」が必要である。そして、共有フォルダーでアクセス許可を行うためにも「ユー

ザーアカウント」が必要である。

　この2つの事実をごちゃまぜにすると、共有フォルダー管理はうまくいかなくなる。以前は「Windows OSにサインインするユーザーアカウント」と「共有フォルダーでアクセス許可を行うユーザーアカウント」をそろえることがトレンドであったが、Microsoftアカウントが登場したことにより、この管理は不可能になった（コラム参照）。

　いろいろな管理方法はあるのだが、結論から言うと「デスクトップにサインインするためのユーザーアカウント」と「共有フォルダーでアクセス許可するためのユーザーアカウント」は全く別のものとして管理するようにする。つまり、普段デスクトップにサインインしているユーザーアカウントとは別に、「共有フォルダーでアクセス許可するためのユーザーアカウント」を新規作成して用意するということだ。

■「パスワードが必須」のWindows OSのネットワーク機能

　Windows OSのネットワーク機能における認証には必ず「パスワード」が必要になる。ユーザーアカウント作成においてはパスワードなしのユーザーアカウントを作成することも可能だが、共有フォルダーでアクセス許可を行うには、必ずユーザーアカウントにパスワードが必要であることに注意する（パスワードがないユーザーアカウントをアクセス許可しても実際にアクセスすることはできない）。

Column

共有フォルダーの設定概念を変えたMicrosoftアカウント

　Windows 7以前のサインインタイプには「ローカルアカウント」しか存在しなかった。つまり「ユーザーアカウント」＝「ローカルアカウント」だったわけだが、これにより「ローカルエリアネットワーク内のすべてのPCで同一ユーザー名とパスワードのユーザーアカウントを作成＆登録する」という比較的容易な手順でセキュアな共有を実現することができた。

　ところが、だ。Windows 8からは新たなサインインタイプとして「Microsoftアカウント」が登場した。こちらは「すべてのPCで同じユーザー名とパスワード」というわけにはいかず（Microsoftアカウントにおけるパスワード管理はクラウドだ）、そもそもWindows 7ではMicrosoftアカウントが扱えない。

　よって、前述のように「デスクトップにサインインするためのユーザーアカウント」と「共有フォルダーでアクセス許可するためのユーザーアカウント」は別々に管理するようにしなければならないのだ。

　なお、別々に管理すると認証作業が面倒だと思うかもしれないが「資格情報」を用いれば、いちいちユーザー名とパスワードを入力することなく共有フォルダーへのアクセスが可能になる（➡P.199）。

共有フォルダー／ユーザーアカウントの管理

　共有フォルダー管理は、クライアント管理の考え方や人数、またサーバー／ホストでどのようなファイルを管理するかによって異なってくるのだが、ここでは共有フォルダー／ユーザーアカウント管理の事例を示すので、以下をヒントに自身の環境に合わせてカスタマイズするとよいだろう。

◾ フォルダー管理

　任意のドライブに任意の総合データフォルダー(すべてのデータを集約するフォルダー)を作成したうえで、その中に部門ごと(管理職、営業、作業者等)／機能ごと(社外秘、テンプレート、業務等)／作業名ごと等、自分の業務形態に合うように工夫したフォルダーを作成する。

　本書では解説を進めるうえでの作成例として、フォルダー「ALLDATA」の配下に「管理職用(ADMN)」「作業者用(WORK)」フォルダーを作成し、また管理者は編集できるが作業者は閲覧のみ許される「作業者閲覧専用(READ)」フォルダーを作成する。

● 本書のフォルダー作成例

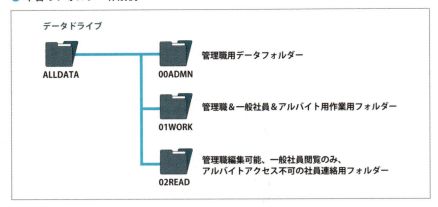

◾ 共有フォルダーでアクセス許可するためのユーザーアカウント

　共有フォルダーでアクセス許可するためのユーザーアカウントは、考え方としては「役職ごと(作業の役割ごと)」に複数作成するのがよい。

　本書では解説を進めるうえでの作成例として、先のフォルダー作成例に照らし合わせてアクセス許可／アクセスレベルを可変させるための各「共有フォルダーでアクセス許可するためのユーザーアカウント」を作成して解説を進める。

● ユーザーアカウントの作成例

ユーザー名	立場	アカウントの種類
KULULU	ネットワーク管理者	管理者
KERORO	管理職	標準ユーザー
GIRORO	作業者（一般社員）	標準ユーザー
TAMAMA	アルバイト	標準ユーザー

● 管理職用「00ADMN」フォルダー

ユーザー	アクセス許可
KULULU	フルコントロール
KERORO	フルコントロール
GIRORO	アクセス不可
TAMAMA	アクセス不可

一般社員＆アルバイトにはアクセスを許さない、社外秘管理職用フォルダー。

● 一般社員用「01WORK」フォルダー

ユーザー	アクセス許可
KULULU	フルコントロール
KERORO	フルコントロール
GIRORO	フルコントロール
TAMAMA	フルコントロール

すべてのユーザーが読み書き可能な作業用フォルダー。

● 一般社員読み取り専用「02READ」フォルダー

ユーザー	アクセス許可
KULULU	フルコントロール
KERORO	フルコントロール
GIRORO	読み取り専用
TAMAMA	アクセス不可

管理職は読み書き可能、一般社員は読み取りのみ、アルバイトはアクセス不可の社員連絡用フォルダー。

4-1 Windows OSにおけるファイル共有機能

4-2 アクセス許可するための アカウント作成

本節でユーザーアカウントを作成する意味

本節で作成するユーザーアカウントの目的は「共有フォルダーでアクセス許可するためのユーザーアカウント」である。

説明をわかりやすくするためにも、「デスクトップにサインインするためのユーザーアカウント」は除外して以下の解説を進める。

なお、「共有フォルダーでアクセス許可するためのユーザーアカウント」の概念については ➡ P.156 で解説を行ったが、ここでは作成するうえでのポイントを述べよう。

■「ローカルアカウント」で作成する

Windows 10／8.1では、ユーザーアカウントのサインインタイプとして「Microsoftアカウント」と「ローカルアカウント」の2種類が存在するが、「共有フォルダーでアクセス許可するためのユーザーアカウント」であれば単純な文字列でよく、またユーザーアカウント（ユーザー名とパスワードの組み合わせ）の管理がPC上で完結する「ローカルアカウント」で作成を行うようにする。

なお、デスクトップにサインインするためのユーザーアカウントとして「Microsoftアカウント」を利用することは、全く問題がない（環境任意でよい）。

■ アカウントの種類とアクセスレベル

Windows 10／8.1／7では、ユーザーアカウントの「アカウントの種類」として「管理者」と「標準ユーザー」の2種類が存在する（➡ P.163）。しかし共有フォルダーに対するアクセスレベルは「共有フォルダーの設定」で行うため、共有フォルダーでアクセス許可するためのユーザーアカウントとしてのアカウントの種類が「管理者」であるか「標準ユーザー」であるかは影響しない（ただし、ユーザーアカウントをそのまま「リモートデスクトップ接続」にも用いたいという場合には「管理者」である必要がある、リモートデスクトップホスト設定については ➡ P.321 ）。

■「ユーザー名」に2バイト文字を利用しない

Windows OSではユーザーアカウントの作成時のユーザー名として2バイト文字（日本語）を利用することが可能だが、**ユーザー名は1バイト文字（半角英数字）のみで命名するようにする**。これはWindows OSの構造上「1バイト文字しか想定し

ていない機能」が複数存在するためで、ユーザー名に2バイト文字を含めた場合は様々な場面でトラブルが発生する。

　Windows OS生来の問題点であり、おそらくは未来永劫解決できない情けない点の1つだ。

🔲「ユーザー名」の変更禁止

　Windows OSでは、ユーザーアカウント（ローカルアカウント）の作成後に「ユーザー名」を変更することが設定上許可されているが、**ユーザーアカウント作成以後にユーザー名を変更してはいけない**。これはWindows OSは最初に作成したユーザーアカウントのユーザー名を「ネットワーク管理上のユーザー名」として認識するためで、後にユーザー名を変更しても内部的ユーザー名は保持されたままになるためだ。

Column
「アカウントの種類」を知る

　ユーザーアカウントの「アカウントの種類」には「管理者（Administrators）」と「標準ユーザー（Users）」の2つが存在する。

　アカウントの種類における「管理者」は、Windows OSに対する各種設定を制限なく実行できるのが特徴で、システムカスタマイズやWindows OSに変更を加えるプログラムのインストール等が許可される。ちなみにネットワーク機能においてはリモートデスクトップ接続を許可した場合、無条件にアクセスが許可されるのもポイントだ（➡ P.322）。

　一方、アカウントの種類における「標準ユーザー」は、以前は「制限」と表記されていたこともあり、システムや他のユーザーアカウントに影響を及ぼすような操作／設定が制限される。PCにおいて操作や設定を制限したいオペレーター／ゲスト／子供に対して設定するアカウントの種類と言える。

Windows 7の「標準ユーザー」

○ 標準ユーザー（S）
標準アカウント ユーザーは、ほとんどのソフトウェアを使うことができ、他のユーザーやコンピューターのセキュリティに影響しないシステム設定を変更することができます。

○ 管理者（A）
管理者は、コンピューターへの完全なアクセス権を持ち、必要な変更をすべて行うことができます。通知設定によっては、他のユーザーに影響する変更を行う場合、管理者は自分のパスワードを入力または確認するよう求められる場合があります。

Windows XPの「制限」

アカウントの種類を選びます
○ コンピュータの管理者（A）　　○ 制限（L）

制限付きアカウントでは次のことができます：
・パスワードの変更や削除
・画像、テーマ、およびほかのデスクトップの設定の変更
・作成したファイルの表示
・［共有ドキュメント］フォルダのファイルの表示

制限付きアカウントのユーザーは、プログラムをインストールできないことがあります。プログラムによっては、管理者の特権でインストールする必要があります。

Windows 7以降におけるアカウントの種類の「標準ユーザー」とは、Windows XPにおける「制限」にあたる。つまりシステム操作を「制限」されるユーザーが「標準ユーザー」なのである。

Windows 10でローカルアカウントを作成する

　Windows 10でサインインタイプとしてローカルアカウントのユーザーアカウントを作成するには（本節の目的は「共有フォルダーでアクセス許可するためのユーザーアカウント（→P.162）」である）、「⚙設定」から「アカウント」→「家族とその他のユーザー」を選択して、「他のユーザー」欄にある「＋その他のユーザーをこのPCに追加」をクリック／タップ。「このユーザーはどのようにサインインしますか？」で「このユーザーのサインイン情報がありません」をクリック／タップ。するとアカウント作成画面になるので、さらに「Microsoftアカウントを持たないユーザーを追加する」をクリック／タップ。

　これでようやくローカルアカウント作成画面を拝むことができるので、「ユーザー名」欄に共有フォルダーでアクセス許可するためのユーザー名（必ず1バイト文字列）、「パスワードを入力してください」「もう一度パスワードを入力してください」欄に任意のパスワード文字列、そして「パスワードのヒント」欄にパスワードを忘れたときにヒントとなるキーワードを入力する。

　なお、作成したユーザーアカウントに対しては「アカウントの種類」として「標準ユーザー」が割り当てられる。

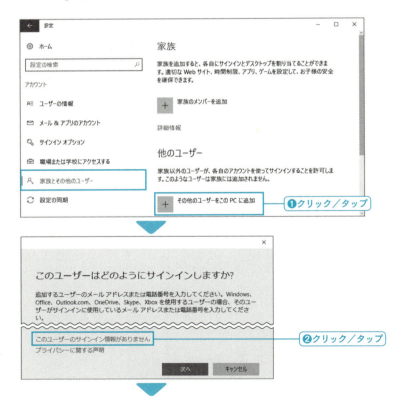

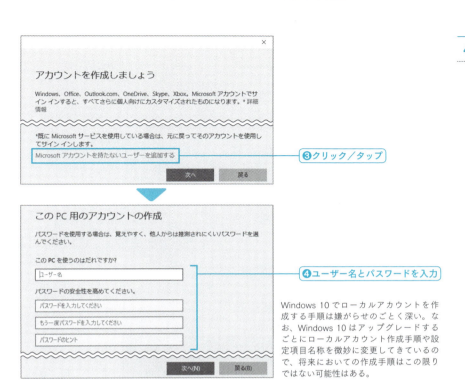

ユーザー名	共有フォルダーでアクセス許可するための「ユーザー名」を入力。必ず1バイト文字列で作成する（➡P.162）。
パスワード／パスワードの確認	任意のパスワードを入力。ちなみにWindows OSのネットワークアクセスはパスワードを持たないユーザーアカウントのアクセスを許可しないため、必ずパスワードを設定する。

● ショートカット起動

■ 「家族とその他のユーザー（アカウント）」（Windows 10のみ）
ms-settings:otherusers

Windows 10でアカウントの種類を変更する

　Windows 10上で作成したユーザーアカウントには「アカウントの種類」として「標準ユーザー」が割り当てられるが、このアカウントの種類を「管理者」に変更したい場合には、「⚙設定」から「アカウント」→「家族とその他のユーザー」を選択。
　「他のユーザー」欄にあるアカウントの種類を変更したいユーザーアカウントをクリック／タップしたうえで、「アカウントの種類の変更」ボタンをクリック／タップ。「アカウントの種類」のドロップダウンからアカウントの種類を選択すればよい。

アカウントの種類を変更したいユーザーアカウントをクリック／タップしたうえで、「アカウントの種類の変更」ボタンをクリック／タップ。

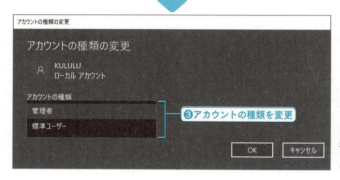

「アカウントの種類」を選択する。なお、アカウントの種類については ➡P.163 だ。

Windows 8.1でローカルアカウントを作成する

　Windows 8.1でサインインタイプとしてローカルアカウントのユーザーアカウントを作成するには（本節の目的は「共有フォルダーでアクセス許可するためのユーザーアカウント（➡P.162）」である）、「PC設定」から「アカウント」→「その他のアカウント」と選択して、「他のアカウントの管理」欄にある「アカウントを追加する」をクリック／タップ。「このユーザーのサインイン方法」で、「Microsoftアカウントを使わずにサインインする（お勧めしません）」をクリック／タップする。

　すると「Microsoftアカウントを使わずにサインインする」を一度選択したにもかかわらず、再びMicrosoftアカウントにするかローカルアカウントにするかをしつこく聞いてくるので、もちろん「ローカルアカウント」ボタンをクリック／タップする。

これでようやくローカルアカウント作成画面を拝むことができるので、「ユーザー名」欄に共有フォルダーでアクセス許可するためのユーザー名（必ず1バイト文字列）、「パスワード」「パスワードの確認入力」欄に任意のパスワード文字列、そして「パスワードのヒント」欄にパスワードを忘れたときにヒントとなるキーワードを入力する。なお、作成したユーザーアカウントに対しては「アカウントの種類」として「標準ユーザー」が割り当てられる。

Windows 8.1でローカルアカウントを作成する手順。サインインタイプとしてMicrosoftアカウントを利用してほしいことがよくわかるウィザードだが、本書のここでの目的はあくまでも共有フォルダーでアクセス許可するためのユーザーアカウントである「ローカルアカウント」の作成だ。

ユーザー名	共有フォルダーでアクセス許可するための「ユーザー名」を入力。必ず1バイト文字列で作成する（➡ P.162）。
パスワード／パスワードの確認入力	任意のパスワードを入力。ちなみにWindows OSのネットワークアクセスはパスワードを持たないユーザーアカウントのアクセスを許可しないため、必ずパスワードを設定する。

Windows 8.1でアカウントの種類を変更する

Windows 8.1上で作成したユーザーアカウントには「アカウントの種類」として「標準ユーザー」が割り当てられるが、このアカウントの種類を変更したい場合には、「PC設定」から「アカウント」→「その他のアカウント」を選択。「他のアカウントの管理」欄にあるアカウントの種類を変更したいユーザーアカウントをクリック／タップしたうえで、「編集」ボタンをクリック／タップ。「アカウントの種類」のドロップダウンからアカウントの種類を選択すればよい。

アカウントの種類を変更したいユーザーアカウントをクリック／タップしたうえで、「編集」ボタンをクリック／タップ。

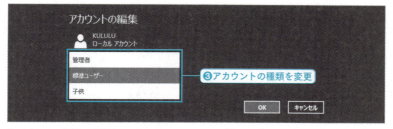

「アカウントの種類」を選択する。なお、Windows 8.1 には「管理者」「標準ユーザー」以外に「子供」が存在するが、いわゆるファミリーセーフティを適用するという意味である。本来アカウントの種類として「子供」が選択肢があるのはふさわしくなく、実際に Windows 10 の「アカウントの種類」の選択肢では廃止されている。

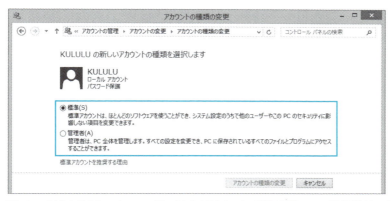

Windows 8.1 における「コントロールパネル」からのアカウントの種類の変更。ここでは「子供」という選択肢は存在せず、「管理者」「標準(標準ユーザー)」のみである。

Windows 7でユーザーアカウントを作成する

　Windows 7にはサインインタイプとしてMicrosoftアカウントは存在しないため、「ユーザーアカウントの作成」=「ローカルアカウントの作成」ということになる。
　また、Windows 10／Windows 8.1のローカルアカウント作成手順と比較して、あらかじめ「アカウントの種類」を指定できるものの、「パスワード」の指定はウィザード中に存在しないため、ユーザーアカウント作成ののちには必ず「パスワードの設定(次項参照)」を行うようにする(本節の目的は「共有フォルダーでアクセス許可するためのユーザーアカウント(➡ P.162)」であるため必ずパスワードが必要だ)。
　Windows 7でユーザーアカウントを作成するには、コントロールパネル(アイコン表示)から「ユーザーアカウント」を選択して、「ユーザーアカウント」から「別のアカウントの管理」をクリック／タップ。「アカウントの管理」が表示されたら「新しいアカウントの作成」をクリック／タップする。
　するとユーザーアカウント作成画面になるので、「新しいアカウント名」欄に共有フォルダーでアクセス許可するためのユーザー名(必ず1バイト文字列)を入力し

たうえで、「アカウントの種類」を任意に選択して、「アカウントの作成」ボタンをクリック／タップすればよい。

Windows 7 のユーザーアカウント（ローカルアカウント）の作成手順。Windows 10／8.1 と異なりアカウント作成の段階で「アカウントの種類」を指定できる代わりに「パスワード」の設定を行えない。

● ショートカット起動

■「ユーザーアカウント(コントロールパネル)」
CONTROL.EXE /NAME MICROSOFT.USERACCOUNTS

Windows 7でユーザーパスワードを作成する

　Windows 7上で作成したユーザーアカウントにはパスワードが設定されないが、Windows OSのネットワークアクセスにおいては「パスワードを持たないユーザーアカウントのアクセスを許可しない」という特性があるため、作成したユーザーアカウントには必ずパスワードを設定するようにする。

　ユーザーアカウントに対するパスワードの設定は、コントロールパネル（アイコン表示）から「ユーザーアカウント」を選択して、「ユーザーアカウント」から「別のアカウントの管理」をクリック／タップ。「アカウントの管理」が表示されたら、パスワードを設定したい任意のユーザーアカウントをクリック／タップする。「アカウントの変更」から「パスワードの作成」をクリック／タップして、任意のパスワードを設定したうえで「パスワードの作成」ボタンをクリック／タップすればよい。

「アカウントの管理」から任意のユーザーアカウントをクリック／タップ。「アカウントの変更」から「パスワードの作成」をクリック／タップする。

該当ユーザーアカウントにパスワードを設定する。共有フォルダーでアクセス許可するユーザーアカウントには必ずパスワード設定が必要だ。

連続的にローカルアカウントを作成する

　ローカルアカウントを連続で作成したい場合には、コントロールパネル（アイコン表示）から「管理ツール」→「コンピューターの管理」と選択して、「コンピューターの管理」のツリーから「システムツール」→「ローカルユーザーとグループ」→「ユーザー」と選択。空欄で右クリック／長押しタップして、ショートカットメニューから「新しいユーザー」を選択する。

　「新しいユーザー」が表示されるので、各種情報を入力して「パスワードを無期限にする」をチェックしたうえで「作成」ボタンをクリック／タップすれば連続でローカルアカウントを作成できる（3OS共通、上位エディションのみ）。

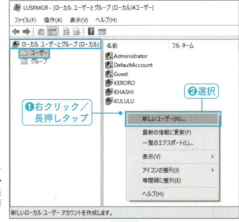

「コンピューターの管理」のツリーから「システムツール」→「ローカルユーザーとグループ」→「ユーザー」と選択して、空欄で右クリック／長押しタップ。ショートカットメニューから「新しいユーザー」を選択する。

❸ローカルアカウントを作成

「新しいユーザー」でユーザーアカウントを連続的に作成できる(「作成」ボタンをクリック／タップすると同じ画面が繰り返される)。なお、この機能はWindows OSの上位エディションのみがサポートし、Home系エディションはサポートしない。

● ショートカット起動

- 「ローカルユーザーとグループ(コンピューターの管理)」
  LUSRMGR.MSC

ユーザーアカウントを一覧で確認する

　PC上で作成したユーザーアカウントを一覧で確認したい場合には、以下の2つの手順が存在する。共有フォルダーでアクセス許可するためのユーザーアカウントは「共有フォルダーを設定するPC(サーバー／ホスト)」に存在しないとならないため、共有フォルダー設定前にユーザーアカウントの存在を確認するとよいだろう。

「アカウントの管理」からの確認

　ユーザーアカウントに対するパスワードの設定は、コントロールパネル(アイコン表示)から「ユーザーアカウント」を選択して、「ユーザーアカウント」から「別のアカウントの管理」をクリック／タップ。「アカウントの管理」でユーザーアカウントの一覧を確認できる(3OS共通)。

　なお、Windows 10／8.1／7によって若干表記／表示が異なるが、各ユーザーアカウントにおいてサインインタイプが「Microsoftアカウント(メールアドレス表記)」か「ローカルアカウント」であるかの確認、アカウントの種類が「管理者(Administrator)」か「標準ユーザー(無表記)」であるかの確認、パスワード保護の有無を確認できる。

コントロールパネル（アイコン表示）から「ユーザーアカウント」を選択して、「ユーザーアカウント」から「別のアカウントの管理」をクリック／タップ。

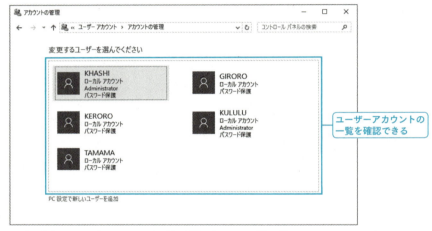

PC上に存在するユーザーアカウントを一覧で確認できる。3OS表記不統一なのでわかりにくい部分もあるが、サインインタイプ／アカウントの種類／パスワードの有無を確認できる。

「ローカルユーザーとグループ」からの確認

　コントロールパネル（アイコン表示）から「管理ツール」→「コンピューターの管理」と選択して、「コンピューターの管理」のツリーから「システムツール」→「ローカルユーザーとグループ」→「ユーザー」と選択することでユーザーアカウントの一覧を確認できる（3OS共通、上位エディションのみ）。

　各ユーザーアカウントの詳細は、該当のユーザー名（Microsoftアカウントの場合には置き換えられた文字列）をダブルクリック／ダブルタップすることで確認できる。

4-2 アクセス許可するためのアカウント作成

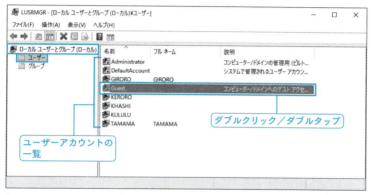

「ローカルユーザーとグループ」から「ユーザー」と選択すれば、ユーザーアカウントの一覧を確認できる。なお、設計が古いコンソールであるため一覧表示として必要な情報が示されないほか、Microsoftアカウントは置き換えられた文字列になるためわかりにくい。

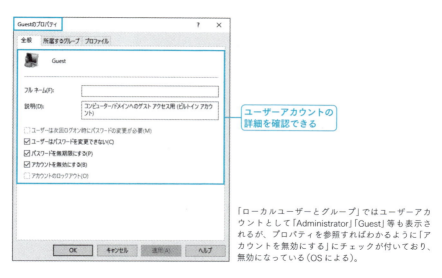

「ローカルユーザーとグループ」ではユーザーアカウントとして「Administrator」「Guest」等も表示されるが、プロパティを参照すればわかるように「アカウントを無効にする」にチェックが付いており、無効になっている(OSによる)。

● ショートカット起動

- 「ユーザーアカウント(コントロールパネル)」
  CONTROL.EXE /NAME MICROSOFT.USERACCOUNTS
- 「ローカルユーザーとグループ(コンピューターの管理)」
  LUSRMGR.MSC

175

4-3 共有フォルダー設定

共有フォルダー設定前の確認

サーバー／ホストにおける共有フォルダーの設定において、最も重要になるのはアクセス許可する「ユーザーアカウント」の指定であり、**この共有フォルダーでアクセス許可するためのユーザーアカウントはあらかじめ「サーバー／ホスト上」に存在しなければならない**。サーバー／ホスト上に存在しないユーザーアカウントはアクセス許可できないので、あらかじめ目的に従った複数のユーザーアカウントを用意したうえで共有設定を行うようにする。

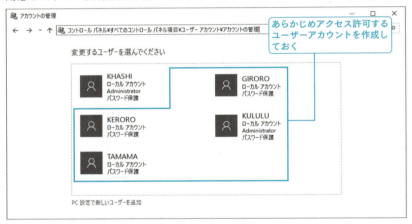

あらかじめサーバー／ホスト上で「共有フォルダーでアクセス許可するためだけのユーザーアカウント（ユーザー名とパスワードの組み合わせ）」を作成しておく。共有フォルダー設定の超大前提であり、共有フォルダーでアクセス許可が滞るという場合、大概「サーバー／ホスト上でユーザーアカウントを用意していない」ことが原因だ。

共有フォルダーの設定① 共有名の設定

任意のフォルダーに対して共有フォルダーを設定したい場合には、共有したいフォルダーを右クリック／長押しタップして、ショートカットメニューから「プロパティ」を選択。「［フォルダー名］のプロパティ」の「共有」タブから「詳細な共有」ボタンをクリック／タップする。

「詳細な共有」ダイアログで「このフォルダーを共有する」をチェックして、「共有名」に任意の共有名を入力。なお、共有名は「1バイト文字列（英数字）」を利用する

ようにして、「2バイト文字列(日本語)」は避けるようにする。

上記設定の後、「アクセス許可」ボタンをクリック/タップする(次項参照)。

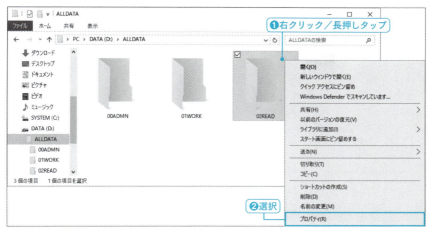

共有したいフォルダーを右クリック/長押しタップして、ショートカットメニューから「プロパティ」を選択。

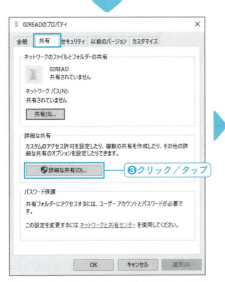

「[フォルダー名]のプロパティ」の「共有」タブから「詳細な共有」ボタンをクリック/タップする。

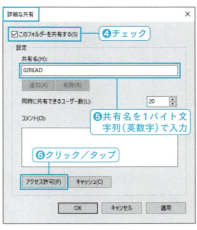

「詳細な共有」ダイアログで「このフォルダーを共有する」をチェックして、「共有名」に任意の共有名を入力する。なお、デフォルトではフォルダー名称と同様の文字列が共有名として入力されている。1バイト文字列であるならそのままでもよいが(ただし面倒くさいことを避けたければ短い文字列を推奨)、2バイト文字列のフォルダーである場合にはのちの管理を考えても1バイト文字列の共有名に変更する。

Column
共有フォルダーの存在を秘匿する

サーバー／ホスト上で共有フォルダーを設定すると、以後ローカルエリアネットワーク上のネットワークデバイスにおいて「共有フォルダーの存在」が露呈してしまう。Windows OSにおいてこの「共有フォルダーの存在」を隠したい場合には、「共有名」の末尾に「$」を
付加すればよい。なお、あくまでもWindows OS上で共有フォルダーの存在を隠すための対処であり、スマートフォン／タブレット等からのアクセス（➡ P.262）では共有名の末尾に$を付加しても露呈してしまうため、確実に秘匿できるわけではない。

また、共有名の末尾に「$」を付加した場合、クライアントからの共有フォルダー指定においても「$」まで入力しなければならない点に注意だ。

共有フォルダーの設定② 「Everyone」のアクセス許可削除

共有フォルダー対してアクセス許可するユーザーアカウントを指定するには、「詳細な共有」ダイアログで「アクセス許可」ボタンをクリック／タップ。「アクセス許可」ダイアログで、まず「Everyone」にカーソルを合わせ「削除」ボタンをクリック／タップする。これは「Everyone」とは「誰でも」という意味であり、管理上共有フォルダーに対する「誰でも」のアクセス許可を停止したうえで、任意のユーザーアカウントに対してアクセス許可を与えるためだ（次項参照）。

アクセス許可するユーザーアカウントを指定するために、「アクセス許可」ボタンをクリック／タップ。

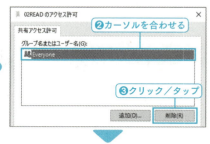

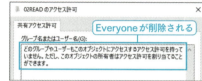

「［フォルダー名］のアクセス許可」ダイアログが表示される。まずは「Everyone」にカーソルを合わせ「削除」ボタンをクリック／タップする。「Everyone」が削除され、つまりは誰も該当共有フォルダーにアクセスできない状態になる。

Column
「Everyone」は「すべてのユーザー」ではない

「アクセス許可」ダイアログにおける「Everyone」の指定は「誰でも」という意味であるため、一見「ローカルエリアネットワーク上にあるすべてのネットワークデバイスからのアクセスを許可する指定」に思えるかもしれないが、Windows OSにおける「Everyone」は「サーバー/ホスト上に存在する全ユーザーアカウント」という意味である。つまり、サーバー/ホスト上に存在しない「ユーザー名とパスワードの組み合わせ」では、結局アクセスできない点に注意が必要だ。

● Everyoneは「サーバー/ホスト上に存在するユーザーアカウント」という意味

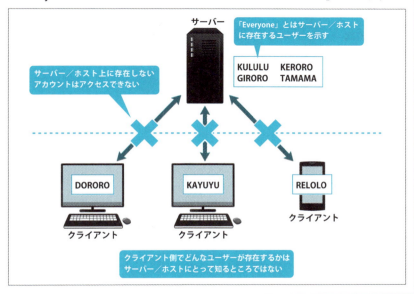

共有フォルダーの設定③ アクセス許可するアカウントの指定

「Everyone」を削除して「アクセス許可」ダイアログの上段が空欄になった状態から、「追加」ボタンをクリック/タップ。「ユーザーまたはグループの選択」ダイアログ内、「選択するオブジェクト名を入力してください」の欄に、この共有フォルダーに接続を許可するユーザーアカウント（あらかじめ「共有フォルダーでアクセス許可するためのユーザーアカウント」として用意したもの）のユーザー名を入力して、「OK」ボタンをクリック/タップする。

「アクセス許可」ダイアログの上段に、許可したユーザーアカウントのユーザー名が表示されればOKだ。

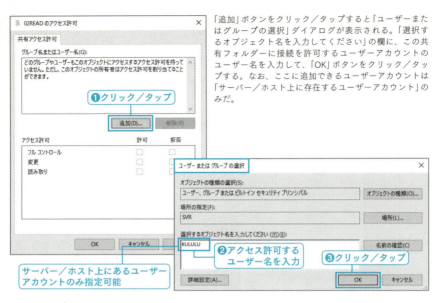

「追加」ボタンをクリック／タップすると「ユーザーまたはグループの選択」ダイアログが表示される。「選択するオブジェクト名を入力してください」の欄に、この共有フォルダーに接続を許可するユーザーアカウントのユーザー名を入力して、「OK」ボタンをクリック／タップする。なお、ここに追加できるユーザーアカウントは「サーバー／ホスト上に存在するユーザーアカウント」のみだ。

「[フォルダー名]のアクセス許可」ダイアログの上段に、許可したユーザー名が表示される。この工程を繰り返して、該当フォルダーにアクセスを許可するすべてのユーザーアカウントのユーザー名を列記する。

共有フォルダーの設定④ アクセスレベルの設定

　共有フォルダーでアクセス許可した各ユーザーに対するアクセスレベルの設定は、「アクセス許可」ダイアログの上段にあるユーザーを選択。下段の「アクセス許可」のチェックボックスで行う。

読み書きを許可するユーザーに対しては「フルコントロール」、読み込み（閲覧）のみ許可するユーザーに対しては「読み取り」をチェックすればよい。

読み取り	共有フォルダーの表示、データファイルを開くこと（変更不可）、プログラムの実行が行える。
変更	「読み取り」に加えて、ファイルやフォルダーの追加、ファイルの変更（データ内容の変更等）、ファイルの削除が行える。
フルコントロール	その名の通り、フルコントロールが可能だ。「読み取り」と「変更」の各内容と共に、「アクセス許可の変更」「所有権の取得」が行える。

Column

本書例に従った共有フォルダーの設定

　本書の例に従った場合の、各共有フォルダーにアクセス許可するユーザーアカウントとアクセス許可レベルは以下のようになる。

● 管理職用「00ADMN」フォルダー

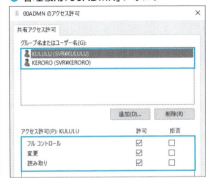

ユーザー	アクセス許可
KULULU	フルコントロール
KERORO	フルコントロール
GIRORO	アクセス不可
TAMAMA	アクセス不可

一般社員にはアクセス許可を許さない。

● 一般社員用「01WORK」フォルダー

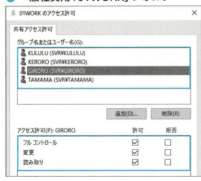

ユーザー	アクセス許可
KULULU	フルコントロール
KERORO	フルコントロール
GIRORO	フルコントロール
TAMAMA	フルコントロール

すべてのユーザーが読み書き可能。

● 一般社員読み取り専用「02READ」フォルダー

ユーザー	アクセス許可
KULULU	フルコントロール
KERORO	フルコントロール
GIRORO	読み取り専用
TAMAMA	アクセス不可

管理職は読み書き可能、一般社員は読み取りのみ、アルバイトはアクセス不可。

共有フォルダーを一覧で確認する

　サーバー／ホストPCで設定した共有フォルダー(共有名とフォルダーパス)の一覧を確認したい場合には、コントロールパネル(アイコン表示)から「管理ツール」→「コンピューターの管理」と選択。「コンピューターの管理」から「システムツール」→「共有フォルダー」→「共有」と選択すればよい。

　なお、「共有フォルダー(コンピューターの管理)」は「ファイル名を指定して実行」から「FSMGMT.MSC」で直接起動することもできる。

◻ 現在存在する共有フォルダーの確認

　「共有フォルダー」→「共有」では、現在存在する共有フォルダーの「共有名」「フォルダーパス」「クライアント接続数」を確認できる。なお説明において「Default Share」となっている項目は「管理共有」と呼ばれるもので、あらかじめWindows OSで設定されている管理用の共有フォルダーだ。

共有フォルダーの一覧を確認できる

◾ 任意の共有フォルダーの設定変更

任意の共有名をダブルクリック／ダブルタップすることで共有フォルダー設定を変更することも可能だ。設定においての基礎である「共有名」と「フォルダーパス」は変更できないが、アクセスを許可するユーザーを追加／変更することができる。

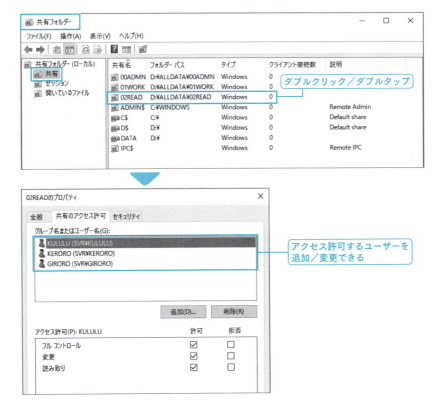

◻ 新規共有フォルダーの作成

空欄で右クリック／長押しタップして、ショートカットメニューから「新しい共有」を選択することで、新しい共有フォルダーをウィザードで作成することができる（ただしウィザードからの共有設定はわかりにくいのでお勧めしない）。

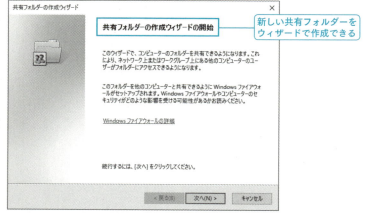

● ショートカットキー

- 「コンピューターの管理」（Windows 10／Windows 8.1 のみ）
  ■ + X → G キー

● ショートカット起動

- 「共有フォルダー（コンピューターの管理）」
  FSMGMT.MSC

第 1 部
Windows ネットワーク構築 編

Chapter 5

究める！
ファイルサーバーへの
アクセスとセキュリティ

5-1 共有フォルダーへのアクセス ……………………… ➡P.186

5-2 資格情報マネージャーによるパスワード管理 …… ➡P.199

5-3 コマンドによる共有フォルダーへの
ドライブ割り当て ……………………………………… ➡P.204

5-4 ネットワークをセキュアに保つための管理 ……… ➡P.211

5-1 共有フォルダーへのアクセス

エクスプローラーの起動とPC表示

　共有フォルダーにアクセスする手順の1つとしてエクスプローラーからのアクセスがあるが、エクスプローラーはWindows OSのタイトルが更新されるたびに最初に表示される場所を変更してきた。

　まとめると以下のようになり、Windows 10では標準で「PC（コンピューター）」にアクセスする手段が用意されていない。

● Windows 10（標準）

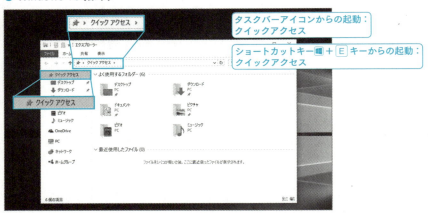

● Windows 8.1

● Windows 7

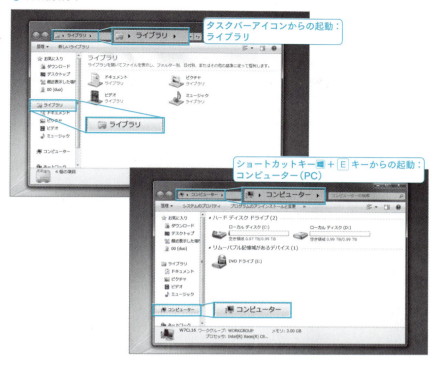

ちなみに、エクスプローラーからホストの共有フォルダーにアクセスするにはドライブの一覧が表示される「PC（コンピューター）表示」が最適なのだが、Windows 10でエクスプローラーを起動時からPC表示にしたい場合には、コントロールパネル（アイコン表示）から「エクスプローラーのオプション」を選択。「エクスプローラーのオプション」の「全般」タブ内、「エクスプローラーで開く」のドロップダウンから「PC」を選択すればよい。

これでWindows 10／8.1／7ともにショートカットキー ■ + E キーを利用すれば、エクスプローラーを「PC（コンピューター）表示」から起動できる。

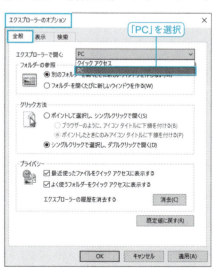

Windows 10のエクスプローラーの初期起動部位は「エクスプローラーのオプション」で変更できる。Microsoftは新機能を前に持ってきたがる傾向にあるが、エクスプローラーはドライブの一覧である「PC表示」が使いやすい。

● ショートカットキー

- 「エクスプローラー」
  ⊞ + E キー

● ショートカット起動

- 「エクスプローラー（PC表示）」
  EXPLORER.EXE ::{20D04FE0-3AEA-1069-A2D8-08002B30309D}

デスクトップアイコンの配置

「PC（コンピューター）」や「ネットワーク」にアクセスする手順としては、エクスプローラーのツリーから任意に指定するほか、「デスクトップアイコン」からアクセスする方法もある。ビジネス環境等においてWindows 10／8.1／7ともに利用しており、なるべく操作環境を統一したいという場合には、「PC（コンピューター）」「ネットワーク」等のアイコンをあらかじめデスクトップに配置しておくとよいだろう。

☐ Windows 10

「⚙設定」から「個人用設定」→「テーマ」と選択して、「デスクトップアイコンの設定」をクリック／タップ。デスクトップに表示したい任意のアイコンをチェックすればよい。

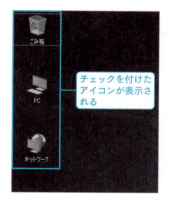

チェックを付けた
アイコンが表示さ
れる

コンピューター	エクスプローラーの「PC表示」にアクセスできるアイコンの表示／非表示。
ユーザーのファイル	「ドキュメント」「ピクチャ」「ダウンロード」「デスクトップ」等のデータ系のフォルダーにアクセスできるアイコンの表示／非表示。
ネットワーク	エクスプローラーの「ネットワーク」にアクセスできるアイコンの表示／非表示。
ごみ箱	「ごみ箱」にアクセスできるアイコンの表示／非表示。
コントロールパネル	「コントロールパネル」にアクセスできるアイコンの表示／非表示。

5-1 共有フォルダーへのアクセス

◻ Windows 8.1

　コントロールパネル（アイコン表示）から「個人設定」を選択して、タスクペインにある「デスクトップアイコンの変更」をクリック／タップ。デスクトップに表示したい任意のアイコンをチェックすればよい。

❶クリック／タップ

❷表示したいアイコンをチェック

チェックを付けた
アイコンが表示さ
れる

189

Windows 7

　コントロールパネル（アイコン表示）から「個人設定」を選択して、タスクペインにある「デスクトップアイコンの変更」をクリック／タップ。デスクトップに表示したい任意のアイコンをチェックすればよい。

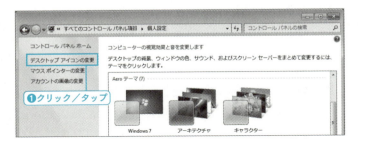

● ショートカット起動

- 「個人設定」
  CONTROL DESKTOP
  DESK.CPL ,2

共有フォルダーへのアクセス（クライアント）

　クライアントからサーバー／ホストにある共有フォルダーにアクセスするには、「サーバー／ホストのコンピューター名」と「共有フォルダーの共有名」を「UNC（Universal Naming Convention）」を利用して指定すればよく、具体的には以下のような書式になる。

● UNC（Universal Naming Convention）の書式

¥¥[コンピューター名]¥[共有名]

例えばサーバー／ホストのコンピューター名が「SVR」、共有名が「02READ」だとすれば、ネットワークにアクセスする際の指定は「¥¥SVR¥02READ」と入力すればよい。なお、エクスプローラーの「ネットワーク」からアクセスすることも可能だが(コラム参照)、UNCによるアクセスの方が素早く確実だ。

● ネットワークロケーションの指定「UNC」

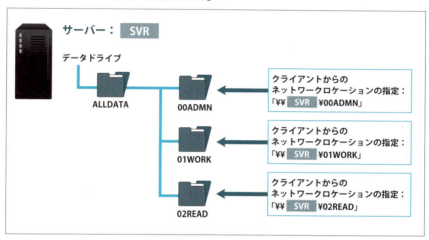

Column

エクスプローラーの「ネットワーク」からのアクセス

　エクスプローラーの「ネットワーク」から各ネットワークデバイスにある共有フォルダーにアクセスすることも可能だ。ただし、ネットワークデバイスのリストアップに時間がかかるほか、本来アクセスする必要がない一時的にローカルエリアネットワークに接続しているネットワークデバイスも表示されてしまう。作業の利便性や間違いのないアクセス等を踏まえても、あまりお勧めできる手順ではない。

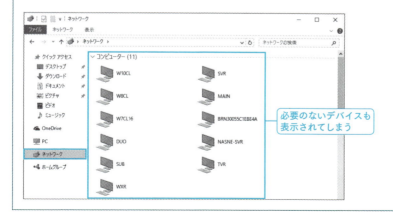

共有フォルダーへのアクセス① 初期アプローチ

　共有フォルダーへのアクセスはいくつかの手順が存在するが、基本手順としては「ドライブを割り当てた共有フォルダーへのアクセス」がよい。この手順であればローカルドライブと同様に共有フォルダーにアクセスできるほか、「バッチファイル（→P.204）＋資格情報（→P.199）」を利用することにより、常に同じドライブ指定で同じ共有フォルダーにアクセスすることができる。

　なお、ドライブを割り当てた共有フォルダーへのアクセスにおいて、初期アプローチのみ各Windows OSで異なる。

◻ Windows 10

　エクスプローラー（PC表示）の「コンピューター」タブから「ネットワークドライブの割り当て」をクリック／タップする。

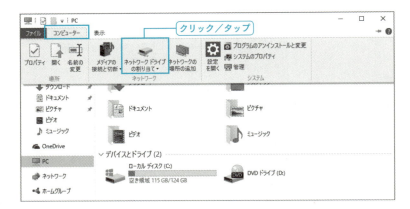

◻ Windows 8.1

　エクスプローラー（PC表示）の「コンピューター」タブから「ネットワークドライブの割り当て」をクリック／タップする。

▢ Windows 7

エクスプローラーから Alt キーを入力してメニューバーを表示。メニューバーから「ツール」→「ネットワークドライブの割り当て」を選択する。

● ショートカット起動

- 「ネットワークドライブの割り当て」
  RUNDLL32.EXE SHELL32.DLL,SHHelpShortcuts_RunDLL Connect

共有フォルダーへのアクセス② ドライブとフォルダーの指定

「ネットワークドライブの割り当て」ダイアログで、「ドライブ」欄のドロップダウンから割り当てたい任意のドライブ文字を選択したうえで、「フォルダー」欄に「UNC」を入力。「サインイン（ログオン）時に再接続する」を任意にチェックしたうえで、「別の資格情報を使用して接続する」をチェックして「完了」ボタンをクリック／タップする。

なお、資格情報の入力については次項参照だ。

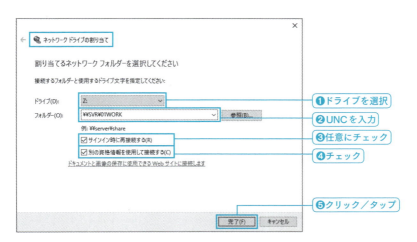

ドライブ	任意のドライブ文字を選択する。なお、現在空いているドライブ文字しか選択することはできない。
フォルダー	共有フォルダーにアクセスするために「¥¥[コンピューター名]¥[共有名]」という形で入力する(例えばコンピューター名:SVR／共有フォルダー名:02READで「¥¥SVR¥02READ」)。
サインイン(ログオン)時に再接続する	次回サインイン時にも同じネットワークドライブを利用したい場合にチェックする。
別の資格情報を使用して接続する	「ユーザー名」と「パスワード」を指定してアクセスしたい場合にチェックする。

共有フォルダーへのアクセス③ 資格情報の入力

「ネットワークドライブの割り当て」ダイアログで「別の資格情報を使用して接続する」をチェックしたうえで「完了」ボタンをクリック／タップすると「Windowsセキュリティ(ネットワーク資格情報の入力)」が表示されるので、指定共有フォルダーで共有フォルダーにアクセス許可されている「ユーザー名」と「パスワード」を入力する。

また、この「ユーザー名」と「パスワード」を恒久的に利用したい(「資格情報マネージャー(➡P.200)」に保存したい)場合には、「資格情報を記憶する」にチェックして、「OK」ボタンをクリック／タップする。

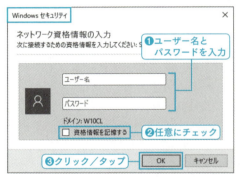

ユーザー名	サーバー／ホスト上であらかじめ共有フォルダーでアクセス許可されたユーザーアカウントの「ユーザー名」を入力する。
パスワード	サーバー／ホスト上であらかじめ共有フォルダーでアクセス許可されたユーザーアカウントの「パスワード」を入力する。
資格情報を記憶する	ここで入力した「ユーザー名」と「パスワード」を資格情報(➡P.199)に保存して、次回以降ユーザー名とパスワードを入力せずに認証したい場合にチェックする。

共有フォルダーへのアクセス④ 共有の確立

指定共有フォルダーに対する「ユーザー名」と「パスワード」の入力に間違いなければ、共有フォルダーにアクセスすることができる。共有フォルダーにおけるアクセスレベル(「読み書き」できるか「読み込み」のみか)は、「サーバー／ホストにお

ける共有フォルダーの設定」に従った形になる。

なお、このドライブを割り当てた共有フォルダーへのアクセスの応用として、「バッチファイルによる共有フォルダーへのドライブを割り当て」があるが、詳しくは ➡ P.204 だ。

指定したドライブに共有フォルダーが割り当てられる

ドライブをダブルクリック／ダブルタップすると共有フォルダーにアクセスできる

共有フォルダーにドライブ文字が割り当てられる。以後、このドライブをダブルクリック／ダブルタップすれば、該当サーバー／ホストの共有フォルダーにアクセスできる。

共有フォルダーの解除

　ドライブを割り当てた共有フォルダーを解除（切断）したい場合には、エクスプローラーから共有フォルダーを割り当てたドライブを右クリック／長押しタップして、ショートカットメニューから「切断」を選択すればよい。

　複数のドライブに割り当てている場合、複数のドライブをあらかじめ選択したうえで同様の操作を行えば一括切断することも可能だ。

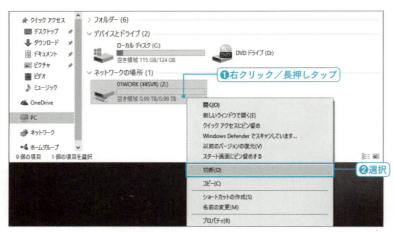

ドライブを割り当てた共有フォルダーを解除(切断)したい場合には、該当ドライブを右クリック/長押しタップして、ショートカットメニューから「切断」を選択する。なお、コマンド/バッチファイルで行う方法は ➡P.207 だ。

共有フォルダーへの素早いアクセス

ドライブを割り当てずに共有フォルダーに素早くアクセスしたい場合には、以下のような方法がある。なお、サーバー/ホストの共有フォルダー設定によっては、事前の「資格情報」登録が必要だ(➡P.201)。

■「ファイル名を指定して実行」からのアクセス

「ファイル名を指定して実行」から「¥¥[コンピューター名]¥[共有名]」と入力して Enter キーを押せば直接サーバー/ホストの共有フォルダーにアクセスできる。

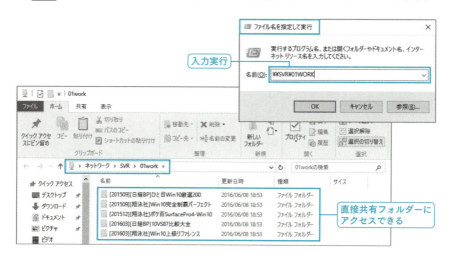

■ デスクトップにショートカットアイコンを作成

　エクスプローラーで共有フォルダーを開いた状態で、アドレスバーにあるアイコンをデスクトップにドロップして、共有フォルダーのショートカットアイコンを作成する。以後、ダブルクリック／ダブルタップすれば共有フォルダーに素早くアクセスできる。

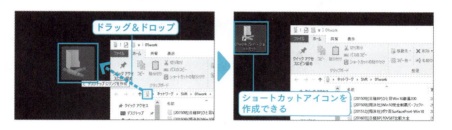

■ クイックアクセスの活用（Windows 10）

　エクスプローラーで共有フォルダーを開いた状態で「クイックアクセス」を右クリック／長押しタップして、ショートカットメニューから「現在のフォルダーをクイックアクセスにピン留め」を選択。以後、クイックアクセスから直接共有フォルダーにアクセスできる。

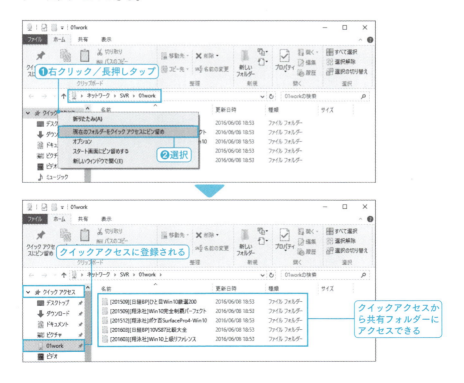

お気に入りの活用（Windows 8.1／7）

　エクスプローラーで共有フォルダーを開いた状態で「お気に入り」を右クリック／長押しタップして、ショートカットメニューから「現在の場所をお気に入りに追加」を選択。以後、「お気に入り」から直接共有フォルダーにアクセスできる。

　なお、Windows 8.1／7におけるエクスプローラーの「お気に入り」はInternet Explorerの「お気に入り」とは同一名称であるものの全くの別管理＆別機能だ。

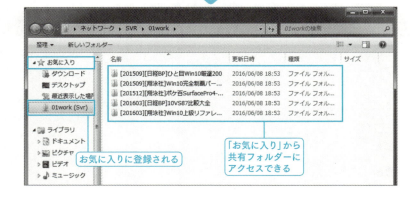

5-2 資格情報マネージャーによるパスワード管理

「資格情報」による自動認証環境

　そもそもクライアントからサーバー／ホストの共有フォルダーにアクセスする際、なぜ「ユーザー名」と「パスワード」の入力を行うのかと言えば、それは共有フォルダーに対してユーザーごとにアクセスレベルを分けたいからである。しかし、いちいち共有フォルダーにアクセスするのに「ユーザー名」と「パスワード」を入力するのは面倒だ。
　そこで登場するのが各サーバー／ホストにアクセスする「ユーザー名」と「パスワード」を管理できる「資格情報マネージャー」である。

◾️ 資格情報を管理するうえでの注意点

　「資格情報」を扱ううえで注意したいのは、自動的に認証ができるという特性を乱用してしまうと、「誰でも共有フォルダーにアクセスできてしまう」という危険な状態になりえるということだ。
　共有フォルダーでユーザーごとにアクセスレベルを可変させている意味を考えても、資格情報の利用は「クライアントできちんと立場／個人ごとにデスクトップにサインインするユーザーアカウントを分けている」ことが必須条件になり、また該当PCから退席する際に必ず「デスクトップのロック」あるいは「サインアウト（ログアウト）」を行うようにする等のオペレーティング管理も必要になる。

◾️ 資格情報の応用

　ビジネス環境や管理体制、またどこまでセキュリティを追求するかにもよるが、「サーバー／ホストにアクセスするためのユーザー名とパスワード」を人（クライアントを利用する人）に知られてしまうと、結果そこから情報が漏れてしまうことが考えられる（故意にせよ盗まれるにせよ）。
　このような危惧がある場合には、「サーバー／ホストにアクセスするためのユーザー名とパスワード」はネットワーク管理者だけが保持を行うようにして、PCにおける資格情報入力はネットワーク管理者のみが行うようにする。この管理であれば、パスワードを知られないまま、該当PCに対してサーバー／ホストへのアクセス許可を行うことが可能だ。

「資格情報」に保存したサーバー／ホストへのアクセス手段は後に編集することも可能だが、編集時にパスワードはマスクされる（「Windows資格情報」の場合）。つまりは設定時にパスワードを入力したネットワーク管理者にしかわからないという管理が可能である。

● ショートカット起動

■「資格情報マネージャー」
CONTROL.EXE /NAME MICROSOFT.CREDENTIALMANAGER

「資格情報マネージャー」による資格情報の確認

　サーバー／ホストへのアクセス許可に必要な「資格情報（Windows資格情報）」にアクセスするには、コントロールパネル（アイコン表示）から「資格情報マネージャー」を選択して、「資格情報マネージャー」から「Windows資格情報」を選択する。
　一覧からサーバー／ホストに該当する「コンピューター名」の ⌵ をクリック／タップすれば、Windows資格情報を確認できる（なお、表記が「TERMSRV/[コンピューター名]」となっているものは「リモートデスクトップ接続（→ P.320）」の資格情報だ）。

インターネットまたは ネットワークのアドレス	Windows資格情報のターゲットとなる「コンピューター名」を確認できる。
ユーザー名	サーバー／ホストにアクセスするための「ユーザー名」を確認できる。
パスワード	パスワードはマスクされ確認することはできない(「Windows資格情報」の場合)。

「資格情報マネージャー」による資格情報の編集

　共有フォルダーやリモートデスクトップにアクセスするための資格情報を「資格情報マネージャー（Windows資格情報）」で編集したい場合には、以下の手順に従う。資格情報を任意に追加／編集／削除することが可能だ。なお、資格情報を変更した場合における確実な設定反映には「再起動」が必要になる。

◻ 資格情報の新規追加

　「資格情報マネージャー」から「Windows資格情報」を選択して、「Windows資格情報の追加」をクリック／タップ。各種情報を入力することで追加できる。

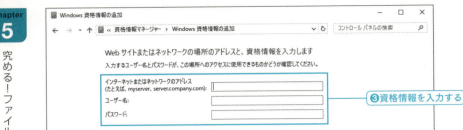

インターネットまたは ネットワークのアドレス	サーバー／ホストの「コンピューター名」を入力する。
ユーザー名	サーバー／ホストでアクセス許可された「ユーザー名」を入力。認証タイプによっては「[コンピューター名]￥[アクセス許可されているユーザー名]」の形で入力する。
パスワード	サーバー／ホストでアクセス許可されたユーザー名のパスワードを入力する。

資格情報の編集

「資格情報マネージャー」から「Windows資格情報」を選択して、一覧からサーバー／ホストに該当する「コンピューター名」の ⌄ をクリック／タップ。表示内から「編集」をクリック／タップすることで、Windows資格情報を編集できる。なお、Windows資格情報のターゲットとなる「コンピューター名」は編集できない。

資格情報の削除

「資格情報マネージャー」から「Windows資格情報」を選択して、一覧からサーバー／ホストに該当する「コンピューター名」の ⌄ をクリック／タップ。表示内から「削除（資格情報コンテナーから削除）」をクリック／タップすることで、Windows資格情報を削除できる。

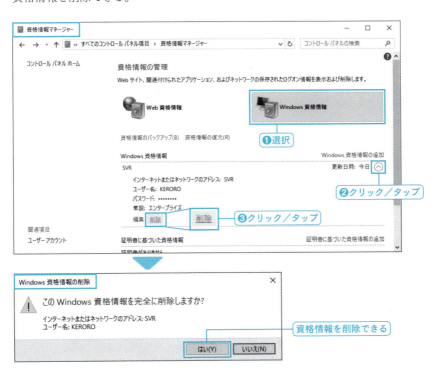

5-3 コマンドによる共有フォルダーへのドライブ割り当て

バッチファイルによるネットワークアクセス

　共有フォルダーにドライブを割り当てる際、わざわざエクスプローラーから手順をたどってドライブ文字を選択したうえでUNCを入力する……というのはかなり面倒だ。

　ビジネス環境であれば、PCに詳しくないものや頭の固いものに「データファイルは実はネットワークの先にあるサーバー／ホストというPCで管理していて、アクセスはUNCを使って……」などと説明しても理解してもらえるはずもない。

　そこで登場するのが「クライアント上で自動的に共有フォルダーにドライブを割り当てる」という管理が可能な「バッチファイル」だ。バッチファイルによるスムーズなネットワークアクセスを実現するには「コマンド記述方法」や「バッチファイルの作成方法」を理解しなければならないが、本節ではこれらについて順を追って説明していこう。なお、ここでの解説はあらかじめ共有フォルダーにアクセスするための「資格情報（ ➡ P.199 ）」が登録されていることが前提になる。

● ネットワークドライブの割り当てを人任せにすると……

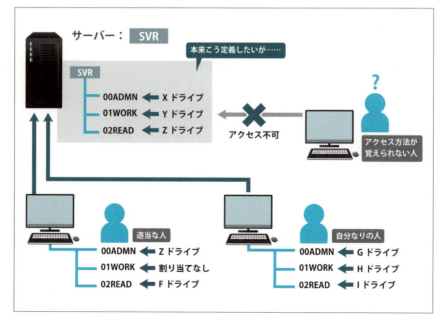

● PC起動時に機械的に「バッチファイル」で共有フォルダーを定義する

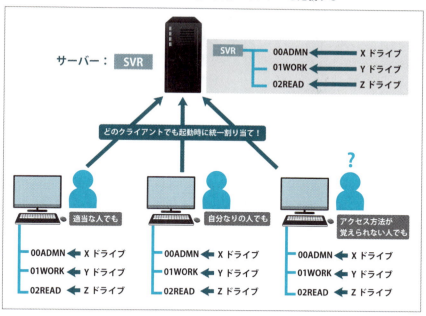

● バッチファイルなら任意ドライブに任意共有フォルダーを定義できる

Zドライブは ➡02READ
Yドライブは ➡01WORK
Xドライブは ➡00ADMN

「NET USE」コマンドによるドライブ割り当て

　共有フォルダーにドライブを割り当てるには、「NET USE」コマンドを利用すればよく、構文は以下のようになる。

　例えばクライアント上の「Zドライブ」に「¥¥SVR¥02READ（コンピューター名：SVR／共有フォルダー名：02READ）」を割り当てたければ、コマンドプロンプト上で「NET USE Z: ¥¥SVR¥02READ」と入力実行すればよい。

● 「NET USE」コマンドを利用して共有フォルダーにドライブを割り当てる

NET USE [ドライブ文字]　¥¥[コンピューター名]¥[共有名]

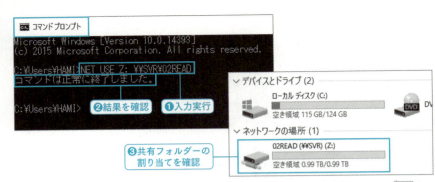

コマンドプロンプトで「NET USE [ドライブ文字] ￥￥[コンピューター名]￥[共有名]」と入力して Enter キーを押す。「コマンドは正常に終了しました」と表示されれば OK だ。後はエクスプローラー上で指定のドライブに指定の共有フォルダーが割り当てられていることを確認すればよい。なお、ネットワークドライブへのアクセスはあらかじめサーバー／ホストへのアクセスに必要な「資格情報」が保存されていることが前提になる。

バッチファイルの作成

　コマンドを手入力せずに実行したい場合には「バッチファイル」を作成するとよい。
　ちなみにバッチファイルは複数のコマンドを連続実行することもできるので、複数の共有フォルダーを複数のドライブに一発で割り当てることも可能だ。
　バッチファイルの作成は任意のテキストエディター(メモ帳等)で作成を行う。1行ごとにコマンドを記述したうえで、コマンドの最後に必ず「改行」を入力する(「改行」はコマンドにおける「実行」にあたる)。本書の共有フォルダー作成例に従った場合、バッチファイルの記述は以下のようになる。

● バッチファイルの記述例

```
NET USE Z: ￥￥SVR￥02READ    [Enter]
NET USE Y: ￥￥SVR￥01WORK    [Enter]
NET USE X: ￥￥SVR￥00ADMN    [Enter]
```

```
NET USE Z: ￥￥SVR￥02READ
NET USE Y: ￥￥SVR￥01WORK
NET USE X: ￥￥SVR￥00ADMN
```

バッチファイルの改造① コマンド実行確認のための停止

　バッチファイルはコマンド実行時にコマンドプロンプトを表示するのだが、すべてのコマンドが実行し終わると自動的にコマンドプロンプトを閉じてしまうため、記述したコマンドが正常動作を確認できない。よって、ここではコマンド確認のためにコマンドプロンプトを表示したままにするため、「PAUSE」コマンドを末尾に記述する。
　なお、コマンドの正常動作を最終確認したのちは、「PAUSE」を削除してしまってもよい。

● バッチファイルの記述例

```
NET USE Z: ¥¥SVR¥02READ    [Enter]
NET USE Y: ¥¥SVR¥01WORK    [Enter]
NET USE X: ¥¥SVR¥00ADMN    [Enter]
PAUSE   [Enter]   ←コマンドの実行を確認するために追加
```

```
NET USE Z:  ¥¥SVR¥02READ
NET USE Y:  ¥¥SVR¥01WORK
NET USE X:  ¥¥SVR¥00ADMN
PAUSE
```

バッチファイルの改造② 共有フォルダーの解除

「NET USE」コマンドでは任意のドライブに任意の共有フォルダーを割り当てることが可能だが、「あらかじめ他の共有フォルダーが割り当てられてしまっているドライブ」を指定した場合、エラーを返してコマンドを完遂することができない。

確実に任意のドライブに任意の共有フォルダーを割り当てたければ、ドライブを割り当てた共有フォルダーを解除するコマンドをあらかじめ記述しておけばよい。ドライブの割り当てを解除するコマンドは以下のようになる。

なお、バッチファイルで共有フォルダーを解除されてしまっては困るという場合も存在するので（1つのPCで複数のユーザーを切り替えて作業する等）、共有解除コマンドを記述するか否かは環境任意になる。

● ドライブに割り当てられた共有フォルダーを解除するコマンド

```
NET USE [ドライブ文字] /DELETE
```

● バッチファイルの記述例

```
NET USE Z: /DELETE     [Enter]  ┐
NET USE Y: /DELETE     [Enter]  ├ あらかじめ解除して
NET USE X: /DELETE     [Enter]  ┘ ドライブを空けておく
NET USE Z: ¥¥SVR¥02READ    [Enter]
NET USE Y: ¥¥SVR¥01WORK    [Enter]
NET USE X: ¥¥SVR¥00ADMN    [Enter]
PAUSE   [Enter]
```

```
NET USE Z:  /DELETE
NET USE Y:  /DELETE
NET USE X:  /DELETE
NET USE Z:  ¥¥SVR¥02READ
NET USE Y:  ¥¥SVR¥01WORK
NET USE X:  ¥¥SVR¥00ADMN
PAUSE
```

◻ バッチファイルの保存

　Windows OSのファイルの種類は「ファイルの拡張子」で判別されるが、テキストで記述したコマンドの羅列をバッチファイルとして認識させるには、テキストファイルの拡張子を「BAT」にする必要がある。よって、テキストエディターで保存する際の既定の拡張子である「TXT」にはせずに、保存ファイル名を「[ファイル名].BAT」として保存処理を行うようにする（ここでは以後の説明につなげるために、保存ファイル名を「ACC.BAT」とする）。なお、保存先はバッチファイルを実行しやすい「デスクトップ」でよいだろう。

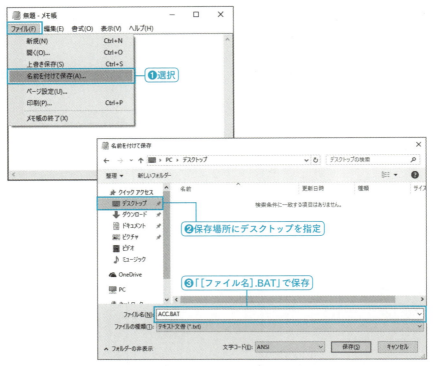

バッチファイルの拡張子は「BAT」なので、必ず保存ファイル名を「[ファイル名].BAT」とする。メモ帳であればメニューバーから「ファイル」→「名前を付けて保存」を選択して、保存ダイアログで「デスクトップ」を指定したうえでファイル名「ACC.BAT（例）」とする。

◻ バッチファイルの実行と確認

　先に保存したバッチファイル（例に従った場合には「ACC.BAT」）を実行したければ、デスクトップ上の保存ファイル（[ファイル名].BAT）をダブルクリック／ダブルタップすればよい。各コマンドの実行状況を確認できる。

　コマンド記述に間違いなければ、バッチファイルの実行で任意のドライブに任意の共有フォルダーを割り当てられる環境が実現できる。

5-3 コマンドによる共有フォルダーへのドライブ割り当て

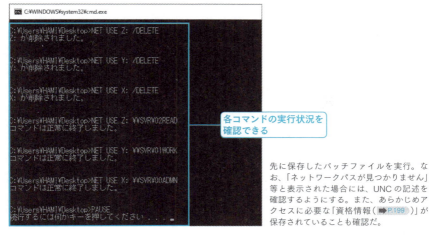

各コマンドの実行状況を確認できる

先に保存したバッチファイルを実行。なお、「ネットワークパスが見つかりません」等と表示された場合には、UNCの記述を確認するようにする。また、あらかじめアクセスに必要な「資格情報（➡ P.199）」が保存されていることも確認だ。

複数の共有フォルダーを複数のドライブに割り当てることができる

バッチファイルの実行により、複数の共有フォルダーを複数のドライブに割り当てることができる。

Column

3OS共通の「メモ帳」起動方法

［スタート］メニュー／スタート画面からの「メモ帳」の起動は、Windows 10／8.1／7とも位置が微妙に異なるため、見つけて起動するのは意外と苦労する。Windows 10／8.1／7ともに同じ手順で「メモ帳」を起動したければ、「ファイル名を指定して実行」から「NOTEPAD」と入力実行だ。

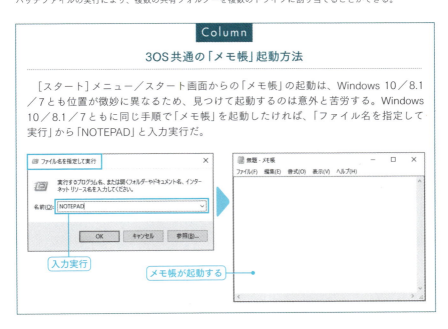

入力実行

メモ帳が起動する

サインイン時にバッチファイルを自動起動する

バッチファイルはダブルクリック／ダブルタップで実行することができるが、デスクトップにサインイン（ログオン）する際にバッチファイルを自動起動するように設定すれば、「共有フォルダーへのドライブを割り当て」を完全自動化できる。

バッチファイルをデスクトップサインイン時に自動実行するには、「ファイル名を指定して実行」から「SHELL:STARTUP」と入力実行（3OS共通）。「スタートアップ（ユーザー側のスタートアップ）」フォルダーが開かれるので、先に作成したバッチファイルをここにコピーすればよい。以後、該当デスクトップユーザーアカウントがサインインした際にバッチファイルが自動実行されるようになる。

ビジネス環境であれば、オペレーター用のクライアントにこの設定を施すことで、オペレーターはネットワークアクセスであることを意識せずに作業に従事できる環境を実現できる。

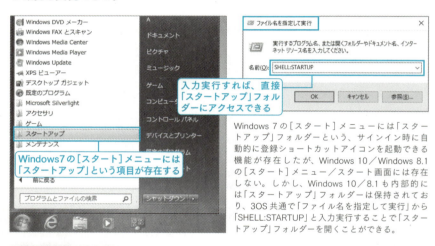

「スタートアップ」フォルダーに先に作成したバッチファイルをドロップする。これにより、以後デスクトップサインイン時に登録したバッチファイルは自動実行される。これでサインイン直後から「任意のドライブに任意の共有フォルダーを割り当てる」という管理が自動実現する。なお、1台のPCでサインアウトせずにユーザーを切り替えて作業を行う環境では「ドライブに割り当てられた共有フォルダーを解除するコマンド（➡P.207）」は外しておいた方がよい。

5-4 ネットワークをセキュアに保つための管理

クライアントのセキュアな管理

「共有フォルダーにおいてアクセス許可するユーザーアカウントを指定してセキュアな環境を実現する」方法は前項までで解説したが、このセキュアさを保つためには単に共有フォルダー設定だけではなく、クライアントにおける作業ルール／ユーザーアカウント管理／アプリ管理等にも気を付ける必要がある。

なお、セキュリティなどと言うと難しく思えてしまうかもしれないが、基本的に実生活に置き換えて考えればよく、「知らない人間の侵入を許可しない」「怪しい勧誘に乗らない」「怪しい場所に自ら立ち入らない」等、ごく当たり前の防犯対策を行えばよい。

余計なものを開かない／実行しない／許可しない

マルウェア（悪意のあるプログラムやスクリプト等の総称）感染のほとんどは「インターネットで変なサイトにアクセスした」「変なプログラムをダウンロードして実行した」「マルウェアに感染したファイルを開いた」等、「許可する」「開く」「実行する」という人為的な操作を経て起こるものだ。

つまり、「業務に関係ないサイト（アダルトサイト等）閲覧の禁止」「業務に関係のないプログラム（ゲーム等）導入の禁止」など、ビジネス環境として当たり前のルールを作成したうえで、PCに触れるものすべてに周知徹底する。

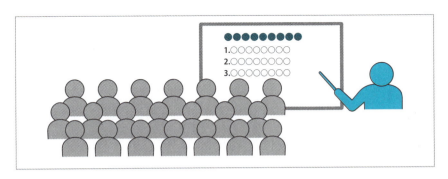

ロックによるセキュリティの確保

せっかく共有フォルダーでアクセス管理できる環境を構築したとしても、クライアントのデスクトップが操作できる状態で放置されたのでは意味がない。

PCに触れる者すべてに、PCから離れる際には「デスクトップのロック」を行うことを周知徹底する。また、万が一「デスクトップのロックを忘れてしまった」という場合も考えて、無操作状態が一定時間経過したら自動的にデスクトップのロックが行われるようにWindows OSで設定しておく（➡P.216／➡P.218）。

■「標準ユーザー」を割り当てる

PCに詳しくないものやPC環境を構築する必要のないものに対しては、デスクトップにサインインするユーザーアカウントの「アカウントの種類」として「標準ユーザー」を割り当てる。

「標準ユーザー」は以前のWindows OSでは「制限」と呼称されていたアカウントの種類であり、いわゆるPCを改変するあらゆる操作／設定（プログラムの導入／Windows OSのシステム設定）を制限することができる。

■必要最小限のアプリ導入＆サポート終了アプリの禁止

ビジネス環境であることを踏まえれば、業務に必要ではないアプリの導入は控える（存在する場合にはアンインストールする）。また、環境によっては辛い選択にもなりえるが「サポートが終了したアプリ（セキュリティアップデートが終了したアプリ）」の利用は禁止だ。

例えばMicrosoft Officeであれば「2003／XP／2000」は利用してはならない。これはセキュリティアップデートが行われなくなった「データを開くアプリ」「ネットワークにアクセスするアプリ」は脆弱性等を突かれて情報漏洩やPCを乗っ取られる可能性があるからだ。なお、ネットワークにおける悪意は常に進化するため、既存で利用しているアプリのセキュリティアップデートに気を配ることも大切だ。

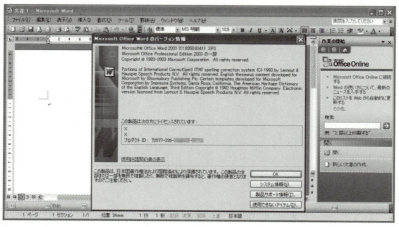

「Microsoft Office 2003」はサポートが終了したアプリだ。汎用的かつマクロが実行できるアプリこそ悪意に狙われやすく、セキュリティアップデートが今後行われないというのは非常に危険な状態である。

● **Microsoft Office のサポート終了日**

Microsoft Office のバージョン	サポート期間（延長サポート）
Office 2000 以前のバージョン	サポート終了
Office XP	2011年7月12日まで（サポート終了）
Office 2003	2014年4月8日まで（サポート終了）
Office 2007	2017年10月10日まで
Office 2010	2020年10月13日まで

> **Column**
>
> **セキュリティで惑わされないための鉄則**
>
> 　先にも書いたが、PC上での「怪しい」「危険」と言われる事象はすべて「実生活」に置き換えて考えればよい。
>
> 　例えばデスクトップ上で「ウィルスに感染している!」と表示されたら、いわゆる「オレオレ詐欺」と同様にトラブルを装って何らかをこちらから引き出そうとしていることを疑う（基本的に「自身で導入したアンチウィルスソフト」の警告のみ信じればよい）。
>
> 　また、魅力的なコンテンツやアプリが「タダ」で供給されていたら、路上においしそうな食べ物が転がっているようなもので「ワナ（毒入り）」であることを疑う。ビジネス環境においては、この悪魔の誘いを避けるためにも、業務上必要なWebサイトやアプリ以外触れないようにすることが鉄則だ（なお、アプリやOSのテスト環境を構築したいという場合には ➡P.359 だ）。

アンチウィルスソフトの導入

　いくら悪意のあるプログラムやWebサイト閲覧に気を付けても、差出人が取引先の場合や問い合わせ等で送られてきたメールは開かなければならず、また任意のプログラムを導入しなければならない環境もある。このような場面におけるマルウェア感染を未然に防いでくれるのが「アンチウィルスソフト」だ。

　Webサイトで公開されている無料アンチウィルスソフトの中には「本体がマルウェアそのもの」というものも存在するため、ビジネス環境であれば市販（有料）のアンチウィルスソフトの導入を強く推奨する。なお、アンチウィルスソフトを導入したから何をしても防いでくれるから大丈夫、というわけではない点に注意だ。

Canon製アンチウィルスソフト「ESET（イーセット）セキュリティソフトウェア」。市販のアンチウィルスソフトを導入するのであれば目的を考えても高い検出率を持ち動作が軽く、そして信頼性も高いメーカーの商品を選択すべきだ。

Column

Windows OS 標準のマルウェア対策「Windows Defender」

　Windows OS のマルウェア対策機能は、Windows 10／8.1 であれば標準で「Windows Defender」が担う。Windows 7 にも「Windows Defender」が搭載されているが、これは同じタイトルでありながらスパイウェア対策機能であり、マルウェア対策機能ではない。

　Windows 7 でも Windows 10／8.1 の「Windows Defender」と同等のマルウェア対策機能を得たければ、「Microsoft Security Essentials」を Web サイトからダウンロードして導入すればよい（ちなみに Windows 7 に「Microsoft Security Essentials」を導入すると、「Windows Defender」は無効になる）。

　なお、先にも述べたがビジネス環境であれば市販のアンチウィルスソフトの導入を強く推奨する。

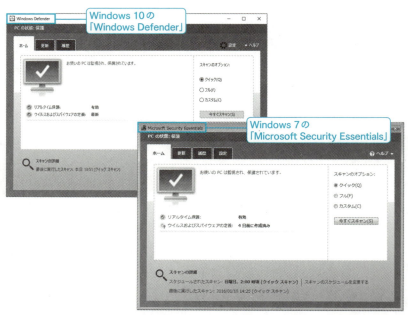

Windows 10 の「Windows Defender（標準搭載）」と Windows 7 の「Microsoft Security Essentials（任意導入）」。双方とも無料で利用できるマルウェア対策機能だ。

● **Microsoft Security Essentials**

http://windows.microsoft.com/ja-jp/windows/security-essentials-download

● **ショートカット起動**

■ 「Windows Defender」
CONTROL.EXE /NAME MICROSOFT.WINDOWSDEFENDER

共有フォルダーのアクセス状況の確認

サーバー／ホストにおいて現在共有フォルダーに接続しているユーザーや共有フォルダーで開かれているファイルを確認したい場合には、コントロールパネル（アイコン表示）から「管理ツール」→「コンピューターの管理」と選択。「コンピューターの管理」から「システムツール」→「共有フォルダー」と選択する。「共有フォルダー」→「セッション」で現在共有フォルダーにアクセスしているユーザーと開いているファイル数、また「共有フォルダー」→「開いているファイル」でどのユーザーがどのファイルを開いているかを確認できる。

セキュリティを保つためにも、クライアントで何が開かれているのかをたまにチェックしてみてもよいだろう。

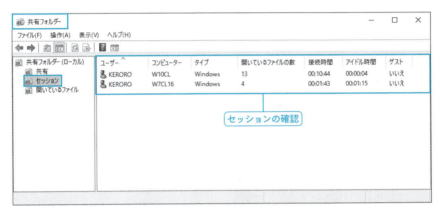

セッションの確認

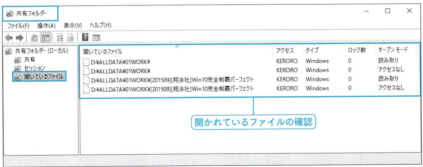

開かれているファイルの確認

「共有フォルダー」→「セッション」で現在共有フォルダーにアクセスしているユーザーと開いているファイル数、「共有フォルダー」→「開いているファイル」でユーザーが開いているファイルを確認できる。

● ショートカット起動

- 「共有フォルダー（コンピューターの管理）」
  FSMGMT.MSC

デスクトップのロック／自動ロック

　Windows OSでは、［スタート］メニュー／スタート画面から「デスクトップのロック」を実行することができるが、Windows 10／8.1／7で微妙に操作が異なる。3OS共通操作としては、ショートカットキー ⊞ ＋ L キーによる「デスクトップのロック」があり、また環境によっては「デスクトップロック実行アイコン」を作成して共通操作としてもよいだろう。

◻ 自動スリープとデスクトップのロック

　「一定時間経過後の自動スリープ」が有効になっている環境であれば、結果的にスリープからの復帰において「デスクトップのロック」を実現できる。

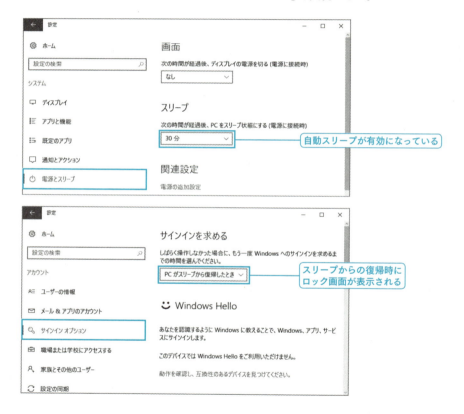

◻ 非自動スリープ環境におけるデスクトップのロック

　一定時間経過後の自動スリープが無効になっている環境において（➡ P.139）、「一定時間経過後の自動デスクトップロック」を実現したい場合には、「スクリーンセーバーの設定」を用いる（➡ P.219）。

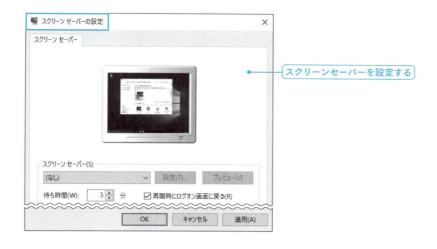

スクリーンセーバーを設定する

■ デスクトップロック実行アイコンの作成

デスクトップのロックはショートカットキー ⊞ + L キーが素早いが、物理キーボードレス環境やオペレーターのために3OS共通操作を実現したい場合には、デスクトップにロック実行アイコンを作成してしまうとよい。

デスクトップロック実行アイコンの作成は、デスクトップを右クリック／長押しタップしてショートカットメニューから「新規作成」→「ショートカット」と選択。「項目の場所を入力してください」欄に「RUNDLL32.EXE USER32.DLL,LockWorkStation」と入力して、以後ウィザードに従い「デスクトップのロック」等と命名すればよい。

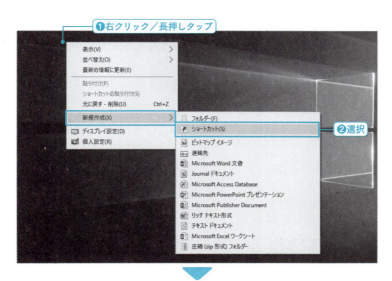

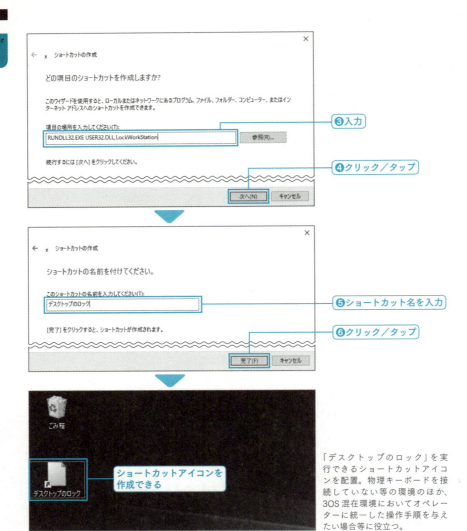

非自動スリープ環境における自動ロック

　Windows OSでは未操作状態が一定時間続くと自動的にスリープ移行する。そしてスリープからの復帰時には「デスクトップのロック」になり、セキュリティとしてサインインアカウント（ユーザー）のパスワードを入力しなければデスクトップにアクセスできない。ちなみに本書ではサーバー／ホストPCにおいてクライアントからのファイルアクセスを常に受けるために「自動的に実行されるスリープの停止」を ➡P.139 で解説しているが、この設定を適用した場合には結果的にスリープからの自動的なデスクトップのロックが実行できない。

このようなスリープを利用しない環境において未操作状態が「一定時間経過ののちに自動的なデスクトップのロック」を実現したいという場合には、コントロールパネル（アイコン表示）から「個人用設定（個人設定）」を選択して、「スクリーンセーバー」をクリック／タップ。「スクリーンセーバーの設定」で「再開時にログオン画面に戻る」をチェックして、任意の「待ち時間」を指定すればよい（3OS共通）。

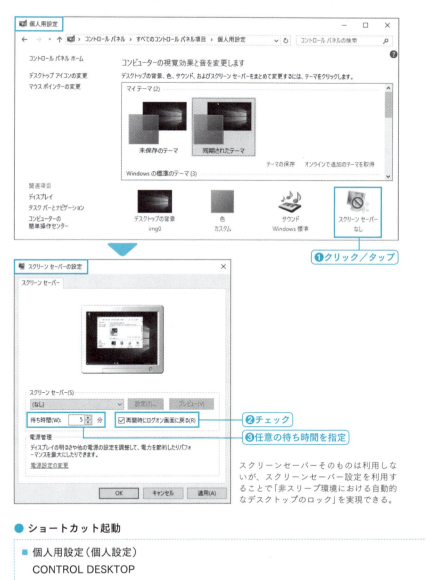

● ショートカット起動

■ 個人用設定（個人設定）
　CONTROL DESKTOP
　DESK.CPL ,2

クラシックログオンによるセキュアなサインイン

　Windows OSではPC起動／再起動後のサインイン画面において、ご丁寧に前回サインインしたユーザーアカウントのユーザー名を表示してくれる。つまり、パスワードを入力するだけでデスクトップにサインインできてしまうのだが、この状態を良しとせずユーザー名とパスワードの双方を入力させるセキュアな環境を実現させたいという場合には、「クラシックログオン」を有効にすればよい。

　「クラシックログオン」を有効にするには、コントロールパネル（アイコン表示）から「管理ツール」→「ローカルセキュリティポリシー」を選択。「ローカルセキュリティポリシー」から「ローカルポリシー」→「セキュリティオプション」を選択して、「対話型ログオン：最後のユーザー名を表示しない」をダブルクリック／ダブルタップののち「有効」を選択すればよい（3OS共通、上位エディションのみ）。

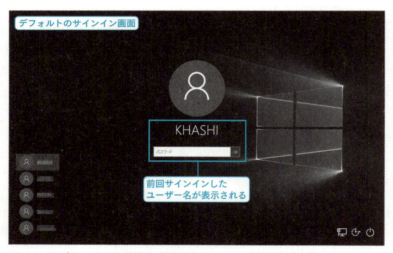

Windows OSデフォルトのPC起動時／再起動時のサインイン画面。ご丁寧に前回サインインしたユーザー名が表示され、パスワード入力のみを行えばサインインできてしまう。

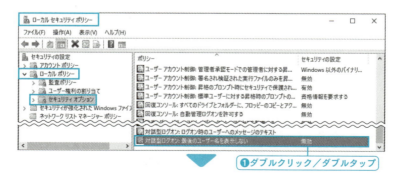

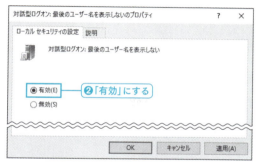

「ローカルセキュリティポリシー」から「ローカルポリシー」→「セキュリティオプション」を選択して、「対話型ログオン：最後のユーザー名を表示しない」を有効にする。

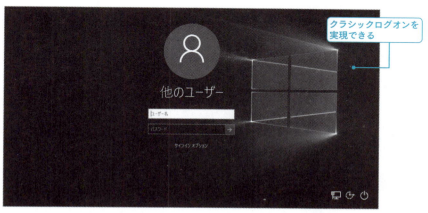

設定適用後のPC起動時／再起動時のサインイン画面。ユーザー名とパスワードの入力が求められる「クラシックログオン」になり、セキュリティを高めることができる。なお、Microsoftアカウントでサインインしたい場合には、表示名ではなくMicrosoftアカウントのメールアドレスを入力する。

● ショートカット起動

■「ローカルセキュリティポリシー」
　SECPOL.MSC

ロック画面からのクラシックログオン

　先にPC起動時／再起動時のサインイン画面においてクラシックログオンにする設定を解説したが、このクラシックログオン形式を「ロック画面からサインイン」にも適用したい場合には、コントロールパネル（アイコン表示）から「管理ツール」→「ローカルセキュリティポリシー」を選択。「ローカルセキュリティポリシー」から「ローカルポリシー」→「セキュリティオプション」を選択して、「対話型ログオン：セッションがロックされているときにユーザーの情報を表示する」をダブルクリック／ダブルタップ。ドロップダウンから「ユーザー情報は表示しない」を選択すればよい（3OS共通、上位エディションのみ）。

究める！ファイルサーバーへのアクセスとセキュリティ

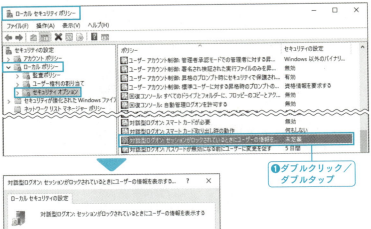

「ローカルセキュリティポリシー」から「ローカルポリシー」→「セキュリティオプション」を選択して、「対話型ログオン：セッションがロックされているときにユーザーの情報を表示する」から「ユーザー情報は表示しない」を選択する。

設定適用後のロック画面からのサインイン。ロック画面からのサインインがクラシックログオン相当になり、ユーザー名とパスワードを入力する必要に迫られるようになる。

● ショートカット起動

■「ローカルセキュリティポリシー」
　SECPOL.MSC

222

第1部
Windowsネットワーク構築 編

Chapter 6

究める！
ネットワークの情報確認と応用設定

- **6-1** ネットワーク情報確認／一括確認 ……… ▶P.224
- **6-2** ネットワークデバイスのIPアドレス固定化と管理 ……… ▶P.232
- **6-3** ファイアウォールによるアプリの通信許可 ……… ▶P.240
- **6-4** Windows Updateによる更新の管理 ……… ▶P.245
- **6-5** ネットワーク管理と活用のためのハードウェア ……… ▶P.252

6-1 ネットワーク情報確認／一括確認

ネットワーク情報を確認する

　Windows 10／Windows 8.1で現在接続しているネットワーク情報を確認したい場合には、以下の手順に従う。Windows OSにおいて最も簡単なネットワーク情報確認手順なのだが、Windows 7には該当する手順が存在しない（「ネットワークアダプターによるネットワーク情報の確認（▶P.226）」か「コマンドによるネットワーク情報の確認（▶P.228）」を用いる必要がある）。

◻ Windows 10

　有線LAN接続の場合には、「⚙設定」から「ネットワークとインターネット」→「イーサネット」を選択して、「イーサネット」欄にある［現在のネットワーク接続］をクリック／タップ。

　Wi-Fi接続の場合には、「⚙設定」から「ネットワークとインターネット」→「Wi-Fi」を選択して、「Wi-Fi」欄内にある［現在のアクセスポイント名］をクリック／タップする。

　双方とも「プロパティ」欄で現在のネットワーク情報を確認できる。

SSID（Wi-Fi接続）	現在Wi-Fi接続しているアクセスポイントのSSIDを確認できる。
プロトコル（Wi-Fi接続）	現在Wi-Fi接続しているアクセスポイントの無線LAN規格を確認できる。
セキュリティの種類（Wi-Fi接続）	現在Wi-Fi接続しているアクセスポイントの暗号化モードを確認できる。

ネットワーク帯域（Wi-Fi接続）	現在Wi-Fi接続しているアクセスポイントの帯域（5GHz／2.4Ghz）を確認できる。
ネットワークチャンネル（Wi-Fi接続）	現在Wi-Fi接続しているアクセスポイントのチャンネルを確認できる。
IPv6／IPv4アドレス	割り当てられたIPv6／IPv4アドレスを確認できる。
製造元	LANアダプターの製造元を確認できる。
説明	ネットワークアダプターの型番を確認できる。
ドライバーのバージョン	ネットワークアダプターのデバイスドライバーのバージョンを確認できる。
物理アドレス	ネットワークアダプターのMACアドレスを確認できる。

▢ Windows 8.1

「PC設定」から「ネットワーク」→「接続」と選択して、［現在の接続名（Wi-Fi接続であればアクセスポイント名）］をクリック／タップする。「プロパティ」欄で現在のネットワーク情報を確認できる。

SSID（Wi-Fi接続）	現在Wi-Fi接続しているアクセスポイントのSSIDを確認できる。
プロトコル（Wi-Fi接続）	現在Wi-Fi接続しているアクセスポイントの無線LAN規格を確認できる。
セキュリティの種類（Wi-Fi接続）	現在Wi-Fi接続しているアクセスポイントの暗号化モードを確認できる。
IPv6／IPv4アドレス	割り当てられたIPv6／IPv4アドレスを確認できる。
IPv6／IPv4DNSサーバー	DNSサーバーのアドレスを確認できる。
製造元	LANアダプターの製造元を確認できる。
説明	ネットワークアダプターの型番を確認できる。
ドライバーのバージョン	ネットワークアダプターのデバイスドライバーのバージョンを確認できる。
物理アドレス	ネットワークアダプターのMACアドレスを確認できる。

● ショートカット起動

- 「イーサネット(ネットワークとインターネット)」(Windows 10のみ)
  ms-settings:network-ethernet
- 「Wi-Fi(ネットワークとインターネット)」(Windows 10のみ)
  ms-settings:network-wifi

> Column
>
> ### ネットワーク情報のテキスト化
>
> 「⚙設定」あるいは「PC設定」におけるネットワーク情報を文字列として取得したい場合には、「プロパティ」欄にある「コピー」ボタンをクリック／タップすればよい。情報がカットバッファーに叩き込まれるので、テキストエディターなりにペーストすればテキスト化できる。

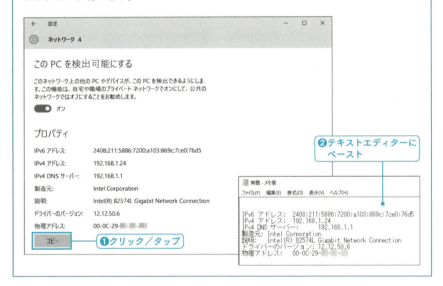

ネットワークアダプターによるネットワーク情報の確認

「ネットワークアダプターによるネットワーク情報の確認」は3OS共通であることがポイントであり、Windows 10／8.1／7において同じ手順でネットワーク情報を確認できる。

ネットワークアダプターによるネットワーク情報の確認は、コントロールパネル(アイコン表示)から「ネットワークと共有センター」を選択。「接続」に表示されているネットワークアダプター／アクセスポイントが現在ネットワークに接続中のネットワークアダプターである(ネットワーク接続していないネットワークアダプ

ターはここでは表示されない）。また、各ネットワークアダプターのネットワーク情報を確認したければ、「接続」に表示されているネットワークアダプター／アクセスポイントをクリック／タップ。「ネットワークアダプターの状態」ダイアログでネットワークの状態が確認でき、また「詳細」ボタンをクリック／タップすることでネットワーク接続の詳細が確認できる（3OS共通）。

6-1 ネットワーク情報確認／一括確認

コントロールパネル（アイコン表示）から「ネットワークと共有センター」を表示。ネットワーク接続しているネットワークアダプターとそのネットワークアダプターに対するネットワークプロファイルが確認できる。

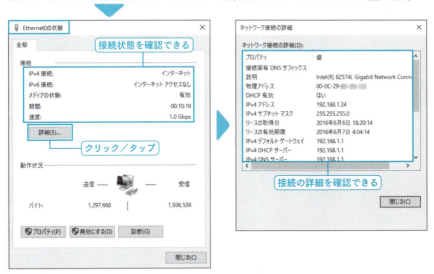

「ネットワークと共有センター」からネットワーク接続している「ネットワークアダプター」をクリック／タップすると、「ネットワークの状態」ダイアログが表示され接続状態が確認でき、また「詳細」ボタンをクリック／タップすることでネットワーク接続の詳細が確認できる。

説明	ネットワークアダプターの型番を確認できる。
物理アドレス	ネットワークアダプターのMACアドレスを確認できる。
IP～アドレス	割り当てられたIPアドレスを確認できる。
IP～デフォルトゲートウェイ	デフォルトゲートウェイアドレスを確認できる。

227

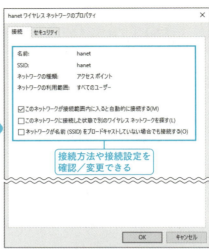

Wi-Fi接続の場合には「ネットワークの状態」ダイアログでSSIDや無線LAN接続速度を確認できるほか、「ワイヤレスのプロパティ」ボタンをクリック/タップすることで接続方法や接続設定を確認/変更できる。

● ショートカット起動

■「ネットワークと共有センター」
CONTROL.EXE /NAME MICROSOFT.NETWORKANDSHARINGCENTER

コマンドによるネットワーク情報の確認

　コマンドによるネットワーク情報の確認は、すべてのネットワークアダプターによるネットワーク情報を一発で表示できるのが特徴だ（リダイレクトを用いればネットワーク情報を「テキストファイル」にすることもできる、→ P.226 ）。コマンドでネットワーク情報を確認したい場合には、コマンドプロンプトから「IPCONFIG」と入力実行。またより詳細にネットワーク情報を確認したい場合には「IPCONFIG /ALL」を入力実行する（3OS共通）。

　なお、「IPCONFIG /ALL」による各ネットワーク情報の確認は、「説明」にあるネットワークアダプター名に着目して行えばよい。

6-1 ネットワーク情報確認／一括確認

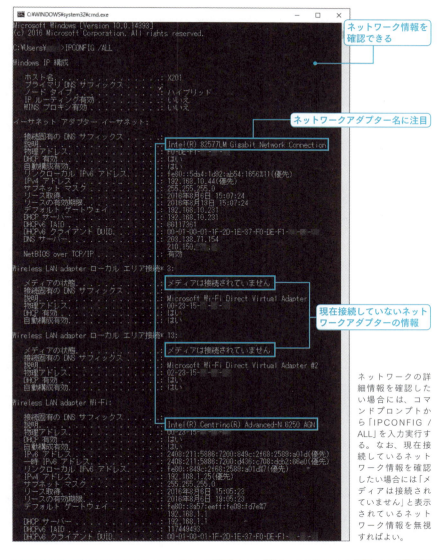

ネットワークの詳細情報を確認したい場合には、コマンドプロンプトから「IPCONFIG / ALL」を入力実行する。なお、現在接続しているネットワーク情報を確認したい場合には「メディアは接続されていません」と表示されているネットワーク情報を無視すればよい。

ホスト名	コンピューター名（PC名）を確認できる。
説明	ネットワークアダプター名を確認できる。PCにネットワークアダプターを複数搭載している場合には、この名称でどのアダプターの設定かを見極める。
物理アドレス	該当アダプターのMACアドレスを確認できる。
IPv4 アドレス	現在PCに割り当てられているIPアドレスを確認できる。ルーターがある環境では、ルーターのDHCPサーバー機能により「プライベートIPアドレス」が割り当てられている。
デフォルトゲートウェイ	デフォルトゲートウェイアドレスを確認できる。一般的には「ルーターのIPアドレス」になる。

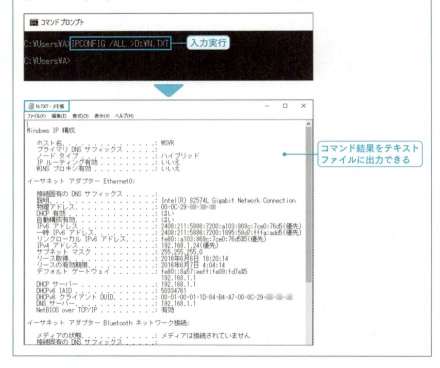

Column
コマンド結果をテキストファイルにする「リダイレクト」

コマンド結果をテキストファイルに出力したい場合には、実行するコマンドの最後に「>」を入れ、出力先のファイルをフルパスで指定して実行すればよい。例えば「IPCONFIG /ALL」の結果を、「N.TXT」というファイル名でDドライブに出力したければ、「IPCONFIG /ALL >D:¥N.TXT」という形で入力実行する。コマンドプロンプト上のコピー&ペースト操作はやや癖があるため、リダイレクトを利用してテキストファイル化したうえで使い慣れたテキストエディターを利用した方が効率的だ。

「ネットワークツール」による一括情報確認

ローカルエリアネットワークに接続済みの各ネットワークデバイス(PC／NAS／スマートフォン／タブレット／ネットワークプリンター／ネットワークカメラ／BD/DVD/HDDレコーダー等のDLNA機器／トランスコーダー)の「IPアドレス」「MACアドレス」等のネットワーク上を一括で確認したい場合には、「ネットワークツール」の利用が便利だ。

なおネットワークツールで情報確認できるのは当たり前だが「接続しているローカルエリアネットワーク上のネットワークデバイス」である点に注意する。

■ PC用のネットワークツールによる確認

　Windows OS上で現在接続中のローカルエリアネットワーク上にある各ネットワークデバイスのネットワーク情報を確認したい場合には、「NETGEAR Genie」や「Wake on LAN for Windows（ ➡ P.335 ）」を利用するとよい。

　なお、各ネットワークデバイスのネットワーク情報確認は、全般的にスマートフォン／タブレットのツールを利用した方が手早い（次項参照）。

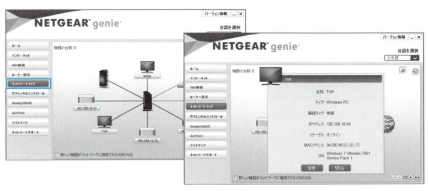

「NETGEAR Genie（https://www.netgear.jp/solutions/homesolutions/netgear-genie/）」の「ネットワークマップ」では、同一ローカルエリアネットワーク上のネットワークデバイスの存在と共に、各ネットワークデバイスのIPアドレス／MACアドレス等を確認することができる。また、新しいネットワークデバイスが接続された際に通知する機能もある。

■ スマートフォン用のネットワークツールによる確認

　ローカルエリアネットワーク全体をスキャンしたうえでネットワークデバイスを検出、またそこから得られるネットワーク情報を一覧化してくれるネットワークツールがiOS／Androidアプリ「Fing」である。

　「Fing」はローカルエリアネットワーク上にあるネットワークデバイスのネットワーク情報取得のほか、「リモート電源コントロール（ ➡ P.336 ）」を行うことも可能だ。

- 現在割り当てられているIPアドレスを確認できる
- 該当ネットワークデバイスのMACアドレス
- デバイス名（コンピューター名）

「Fing」によるローカルエリアネットワークに接続されている各ネットワークデバイスの情報確認。IPアドレスと共にホスト名やベンダー名を確認できる。また、任意のネットワークデバイスをタップすることで詳細情報を確認することができ「Wake on LAN（リモート電源コントロール、 ➡ P.336 ）」を実行することもできる。

6-2 ネットワークデバイスのIPアドレス固定化と管理

ネットワークデバイスのIPアドレスを固定化する意味

　Windows OSでは共有フォルダーなりリモートデスクトップ接続なりの相手先を「コンピューター名（PC名）」で指定できる。つまり「コンピューター名（PC名）」さえしっかりと管理していれば、Windows OS間では滞りなく共有機能にアクセスできるのだ。

　しかしながら「Windows OS以外」のネットワークデバイス（スマートフォン／タブレット等）において、Windows OSのホスト機能（共有フォルダー／リモートデスクトップホスト／任意ホストプログラムで実現したホスト機能）にアクセスしたい場合、コンピューター名ではなく「IPアドレス」指定でなければならない。

■ DHCPサーバー機能による割り当ては「動的（浮動）」

　ローカルエリアネットワーク上に接続しているネットワークデバイスに割り当てられるIPアドレス（プライベートIPアドレス）は「動的（浮動）」である。

　これはルーターのDHCPサーバー機能により各ネットワークデバイスに動的にIPアドレスが割り当てられるからであり（DHCPサーバー機能にはリース時間が設定されており、定期的にIPアドレスの割り当てが解放される）、つまりは割り当てられたIPアドレスを利用したアクセスにおける、将来の同一性は保証されない。

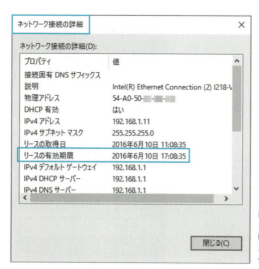

ネットワーク接続の詳細。「リースの有効期限」とあるが、これはいわゆる該当PC（正確には該当ネットワークアダプター）に現在のIPアドレスが割り当てられる期限であり、これ以降は該当PCに対するIPアドレスが変化する可能性があることを示す。

コンピューター名「MAIN」に着目。あるときには「192.168.1.3」が割り当てられていたが、時間経過ののち「192.168.1.6」が割り当てられている。このようにDHCPサーバー機能によるIPアドレスの割り当ては「動的」であるため、将来におけるアクセスアドレスの同一性は保証されないのだ。

◻ アクセスアドレスの恒久化

クライアントからサーバー／ホストにアクセスする際のアクセスアドレスを恒久化したい場合には、「ネットワークデバイスに対するIPアドレスの割り当ての固定化」設定を適用すればよい。

例えば、Windowsファイルサーバーとして運用しているPCに（正確にはネットワークアダプターに）IPアドレスとして「192.168.1.101」を割り当てて固定化してしまえば、以後「192.168.1.101」を指定することで確実にアクセス可能になる。

ちなみにIPアドレスの固定化方法は大きく分けて2つの方法がある。1つは「ルーターの設定コンソール」で各ネットワークデバイスに固定IPアドレスを割り当てる方法であり（➡P.101）、この設定方法であれば固定IPアドレスの管理を一元化できるというメリットがある。ただし「DHCPサーバー機能による自動割り当て範囲内」でしかIPアドレス指定を行えないものが多く、結果的に自動割り当て範囲を狭めてしまう（接続できるネットワークデバイス数に制限が発生してしまう）ほか、割り当て方法や割り当て可能数も設定コンソール次第である等、制限や不確定要素が多い（ルーターのメーカー／モデル次第ということになる）。

もう1つは「ネットワークデバイスの設定コンソールによるIPアドレスの固定化」であり、この方法はネットワークデバイスごとに設定を探らなければならないという難しさはあるものの、「DHCPサーバー機能による自動割り当て範囲内」等の制限はなく、同一セグメント内であればIPアドレス指定は自由である。

最終的なIPアドレスの固定化方法は環境任意であるが、柔軟性と「ルーターのメーカー／モデルの仕様や設定依存しない」という意味では、「ネットワークデバイスの設定コンソールによるIPアドレスの固定化」がよく、Windows OSであれば設定手順も共通である（➡P.235）。

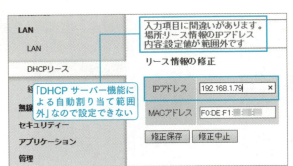

「ルーターの設定コンソール」による IPアドレスの固定化（ ➡ P.101 ）。特性はメーカー／モデル次第ではあるが、ほとんどのルーターは「DHCPサーバー機能による自動割り当て範囲内」でしか指定できない（この画面の環境では DHCPサーバー機能による自動割り当て範囲が 192.168.1.2〜65 までであるため、それ以外の値を指定できない）。

「IPアドレス固定化設定」を行うための管理

　ネットワークの基本ルールとして、ネットワークデバイス（正確には「ネットワークアダプター」）に割り当てるIPアドレスは「一意」でなければならず、また「同一セグメント」でなければ通信を行うことができない。

　このネットワークの基本ルールは、「ルーターのDHCPサーバー機能任せの管理」であれば勝手にやってくれるので特に意識する必要がないのだが、「ネットワークデバイスの設定コンソールによるIPアドレスの固定化」をこれから試みる場合には自身でIPアドレスを管理しなければならないほか、将来的なネットワーク環境の変化にも留意しなければならないので、ここで「IPアドレスの固定化」の注意点をまとめておこう。

❏ IPアドレスを固定化すべきネットワークデバイス

　IPアドレス固定化の主な目的は「クライアントから同一IPアドレスでアクセスするため」であり、つまりはサーバー／ホストの役割があるネットワークデバイスが対象になる。逆の言い方をすると、サーバー／ホストの役割がないネットワークデバイスのIPアドレスの固定化は必要ない。なお、モバイルPCにおいては該当ネットワークアダプターに対してIPアドレス固定化設定を適用すると、他環境での接続に問題が出ることに注意する必要がある。

❏ ネットワークデバイスに割り当てたIPアドレスの管理

　ネットワークデバイスにおいてIPアドレスのバッティングは許されない。この点を踏まえた場合、ネットワークデバイスに対してIPアドレス固定化設定を行うのであれば、「各ネットワークデバイスに割り当てたIPアドレス」をきちんと管理しなければらない。

　これについてはExcel等で一覧表を作成して管理すべきだが、あらかじめ「IPアドレスの割り当てルール」をローカルエリアネットワーク環境やデバイス種類等を

踏まえて定義付けておくとわかりやすくてよい。

　例えばルーターのIPアドレスが「192.168.x.1」、該当ルーターによるDHCPサーバー機能によるIPアドレス自動割り当て範囲が「192.168.x.2」からであれば「192.168.x.101」から固定IPアドレスを割り当てるようにして（ルーターのメーカー／モデルによって、DHCPサーバー機能による割り当て台数は32台であったり64台であったりするが、将来的なルーターの置き換えも踏まえて余裕を持っておく）、「ホスト機能を持つPC」「NAS（Network Attached Storage）」「AP化した無線LANルーター」「DLNA機器等」をエリア分けしたうえで各ネットワークデバイスに一意のIPアドレスを割り当てるようにするとわかりやすい。

● IPアドレス固定割り当てのルール（例）

ルーター	192.168.x.1
DHCPサーバー機能による自動割り当て範囲	192.168.x.2〜
サーバー／ホスト運用PC	192.168.x.101〜
DLNA機器	192.168.x.121〜
プリンター／ネットワークカメラ等汎用ネットワークデバイス	192.168.x.141〜
NAS	192.168.x.201〜
AP化した無線LANルーター	192.168.x.210〜

> **Column**
>
> 将来的なネットワーク環境の変化に注意する
>
> 　ネットワーク環境の変更に伴いセグメントが変更された場合（特にルーターの置き換えを行った場合）、結果的にIPアドレスの固定化を行ったネットワークデバイスは別セグメントということになるため、ネットワークアクセスできなくなる点に注意が必要だ（例えばPCに「192.168.1.101」を割り当てた状態で、「192.168.2.1」がIPアドレス（＝デフォルトゲートウェイアドレス）のルーターを導入した場合、PCはネットワーク接続できなくなってしまう）。
>
> 　ネットワーク環境に変化が生じる場合には、あらかじめネットワークデバイスのIPアドレスの固定化設定を解除しておく等の対処が必要だ。

PC（Windows OS）のIPアドレス固定化設定

　サーバー／ホスト運用しているPCに対してIPアドレスの固定化設定を行いたい（実際には「ネットワークアダプター」に対してIPアドレスの固定化設定を行いたい）場合には、コントロールパネル（アイコン表示）から「ネットワークと共有センター」を選択して、タスクペインから「アダプターの設定の変更」をクリック／タップ。「ネットワーク接続」から任意のネットワークアダプターを右クリック／長押しタップして、ショートカットメニューから「プロパティ」を選択する。

「ネットワークアダプターのプロパティ」内、「インターネットプロトコル バージョン4（TCP/IPv4）」を選択して、「プロパティ」ボタンをクリック／タップ。

「インターネットプロトコル バージョン4（TCP/IPv4）のプロパティ」が表示されたら、「次のIPアドレスを使う」にチェックを入れて、各項目に自身のネットワーク環境に合わせた値を入力すればよい。

なお、本設定はサーバー／ホストPC等、「IPアドレスを固定化する必然性があるPC」のみに適用するようにしたい。設定を間違えるとネットワークアクセスが完全に不能になる点にも注意だ。

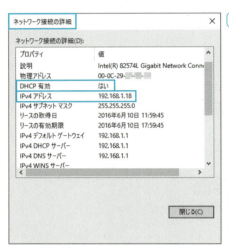

設定前

既存のネットワーク接続情報をあらかじめ確認しておくとよい。IPアドレスの固定化設定を行う際は基本的に「サブネットマスク」「デフォルトゲートウェイアドレス」「DNSサーバー」は既存情報でよく、IPアドレスのみローカルエリアネットワーク上で一意のIPアドレスを指定するようにする。

● IPアドレスの固定化

「ネットワーク接続」でローカルエリアネットワークに接続しているネットワークアダプター（IPアドレスを固定化する意味があるネットワークアダプター）を右クリック／長押しタップして、ショートカットメニューから「プロパティ」を選択する。

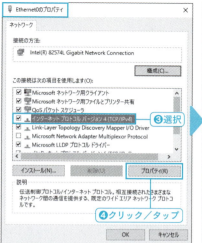
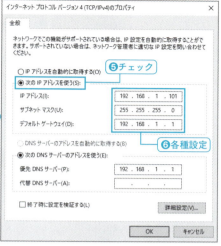

「ネットワークアダプターのプロパティ」から「インターネット プロトコル バージョン4（TCP/IPv4）」を選択して、「プロパティ」ボタンをクリック／タップする。

「インターネット プロトコル バージョン4（TCP/IPv4）のプロパティ」で「次のIPアドレスを使う」にチェックを入れて各種設定を行う。なお、IPアドレスは他のネットワークデバイスとバッティングしない一意のアドレスにするほか、同一セグメントにするためにデフォルトゲートウェイアドレスの指定を間違えずに入力する。

● IPアドレス固定化のための各項目設定

IPアドレス	該当ネットワークアダプターに適用するIPアドレスを入力。上位3つはデフォルトゲートウェイアドレスにそろえるようにして、下位1つだけローカルエリアネットワーク上で一意の固有の値を入力する。
サブネットマスク	既存情報に従って「サブネットマスク」を入力する。
デフォルトゲートウェイ	既存情報に従って「デフォルトゲートウェイアドレス」を入力する。
優先DNSサーバー	既存情報に従って「DNSサーバー」を入力する。

設定適用後のネットワーク情報の確認（→ P.226）。「DHCP 有効」欄が「いいえ」になり、自動割り当てではなく任意指定したIPアドレスがPCに割り当てられている。なお、IPアドレスのバッティングがあると通信不能になる点に注意だ。なお、どうしても設定がうまくいかない場合には、素直に「IPアドレスを自動的に取得する」「DNSサーバーのアドレスを自動的に取得する」にチェックして標準設定に戻したうえで再起動するとよい。

● ショートカットキー

- 「ネットワーク接続」(Windows 10／Windows 8.1のみ)
  ⊞ + X → W キー

● ショートカット起動

- 「ネットワーク接続」
  NCPA.CPL

Column

その他ネットワークデバイスのIPアドレス固定化

　PC以外のネットワークデバイスにおけるIPアドレス固定化設定は大きく3つの方法に分けることができる。1つはWi-Fi接続設定ごとにIPアドレス固定化設定を行えるタイプで、このようなネットワークデバイスにはスマートフォン／タブレットがある。

　また、ネットワーク経由で設定コンソールにログオンするネットワークデバイスであるNAS／ネットワークプリンター／ネットワークカメラ等のほとんどは設定コンソール上で固定IPアドレスの指定が可能だ。

　そして、家電製品に分類されるBD/DVD/HDDレコーダーやゲーム機等は、本体設定画面でIPアドレス固定化設定を行うことができる。

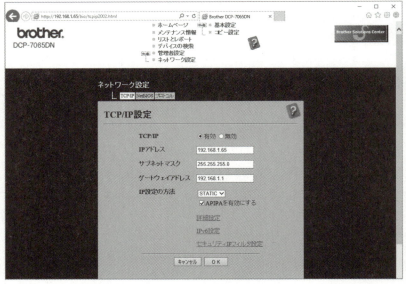

ネットワークプリンターの場合におけるIPアドレス固定化設定。ほとんどのネットワークプリンターはWebブラウザー上で設定を行うことができる。

6-2 ネットワークデバイスのIPアドレス固定化と管理

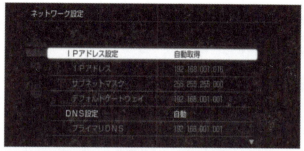

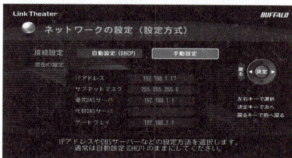

家電製品（BD/DVD/HDDレコーダー／ゲーム機等）におけるIPアドレス固定化設定。ほとんどのメーカー／モデルでは、本体設定画面（Webブラウザー経由ではなく、機器自身の本体設定画面）で任意に指定できる。

ソニー製ネットワークレコーダー＆メディアストレージ「nasne」におけるIPアドレス固定化設定。デバイス機能としてはBD/DVD/HDDレコーダー相当ではあるがディスプレイ出力を持たないため、ネットワーク経由で設定コンソールにアクセスしてIPアドレス固定化設定を行う。

● 各種IPアドレス固定化設定
- iOS（iPhone／iPad）端末　➡P.272
- Android端末　➡P.273
- NAS（Network Attached Storage）　➡P.289
- ネットワークカメラ　➡P.294

239

6-3 ファイアウォールによるアプリの通信許可

Windowsファイアウォールの役割

「ファイアウォール」は、ネットワークの安全性を確保するために必要な通信以外を遮断する機能だ。ちなみにWindows OSのファイアウォール機能は「Windowsファイアウォール」が担う（サードパーティ製のファイアウォール機能付きアンチウィルスソフト導入している環境においてはこの限りではない）。

ちなみにファイアウォールは必要な通信以外を遮断する機能であるがゆえに、任意の通信アプリ（ホストプログラム等）を導入して任意の通信を行おうとする場合には、該当アプリ／該当ポートに対して自らが接続許可しなければならない。

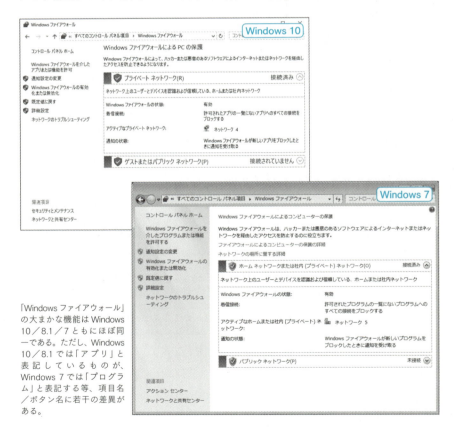

「Windowsファイアウォール」の大まかな機能はWindows 10／8.1／7ともにほぼ同一である。ただし、Windows 10／8.1では「アプリ」と表記しているものが、Windows 7では「プログラム」と表記する等、項目名／ボタン名に若干の差異がある。

Windowsファイアウォールによる警告の対処

「Windowsファイアウォール」でファイアウォール機能を担う環境において、Windowsファイアウォールから見て新しいアプリが通信を行おうとした場合、「Windowsセキュリティの重要な警告」を表示する。

「Windowsセキュリティの重要な警告」が思いもしないタイミングで表示されたうえで、「名前」「発行元」「パス(プログラム名)」に覚えがない場合には「キャンセル」ボタンをクリック／タップする。これはマルウェアである危険性が高いためであり、余計な通信を許可しないための対処だ。また、任意の通信アプリを導入したうえで起動した際に警告表示された場合には、通信を許可してよい機能であることを確認したうえで、「アクセスを許可する」ボタンをクリック／タップする。

なお、「プライベートネットワーク」と「パブリックネットワーク」については ➡P.148 で解説しているが、パブリックネットワークで通信が必要になる通信アプリではない限り、「プライベートネットワーク」のみにチェックを入れるようにする。

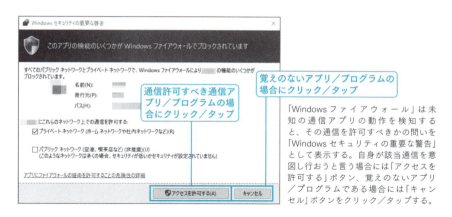

「Windowsファイアウォール」は未知の通信アプリの動作を検知すると、その通信を許可すべきかの問いを「Windowsセキュリティの重要な警告」として表示する。自身が該当通信を意図し行おうと言う場合には「アクセスを許可する」ボタン、覚えのないアプリ／プログラムである場合には「キャンセル」ボタンをクリック／タップする。

通信が許可されているアプリや機能を確認する

Windowsファイアウォールで通信許可されているアプリ／機能を確認したい場合には、コントロールパネル(アイコン表示)から「Windowsファイアウォール」を選択。タスクペインにある「Windowsファイアウォールを介したアプリまたは機能を許可」をクリック／タップする。

「許可されたアプリ」内、「許可されたアプリおよび機能」の一覧で通信許可されているアプリと機能を確認できる。ちなみにわかりづらいのだが、仮に「プライベート(プライベートネットワーク)」あるいは「パブリック(パブリックネットワーク)」にチェックが付いていたとしても、「名前」にチェックがないものは通信許可されていないアプリ／機能ということになる。

究める！ネットワークの情報確認と応用設定

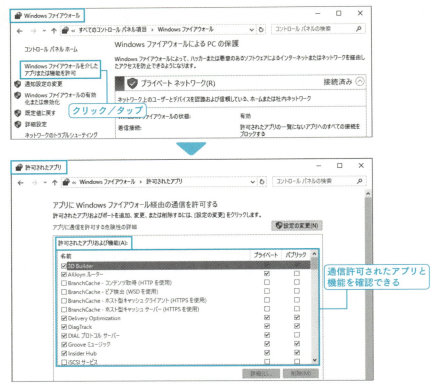

「名前」にチェックがあり、かつ「プライベート（プライベートネットワーク）」あるいは「パブリック（パブリックネットワーク）」にチェックが付いているものが、該当ネットワークプロファイルにおける通信許可になる。

■一覧内のアプリ／機能の通信許可を設定する

「許可されたアプリ」内、「許可されたアプリおよび機能」にリストアップされているアプリ／機能の通信を任意に許可／不許可にしたい場合には、「設定の変更」ボタンをクリック／タップ。任意にチェックして通信の許可／不許可を行えばよい。

通信の許可／不許可を設定する

任意のプログラムの通信を許可する

　任意のプログラム（プログアムファイル）の通信を許可したい場合には、「別のアプリの許可」ボタンをクリック／タップ。「アプリの追加」から「参照」ボタンをクリック／タップして任意のプログラムファイルを選択する。「許可されたアプリおよび機能」に該当プログラムが追加されるので、任意に通信許可を設定すればよい。

クリック／タップ

クリック／タップして任意のプログラムを追加する

● ショートカット起動

■ 「Windows ファイアウォール」
　FIREWALL.CPL

任意のポート番号の受信許可を行う

　Windowsファイアウォールで任意のポート番号の受信許可を行いたい場合には、コントロールパネル（アイコン表示）から「Windowsファイアウォール」を選択して、タスクペインにある「詳細設定」をクリック／タップ。「セキュリティが強化されたWindowsファイアウォール」が表示されたら、「ローカルコンピューターの〜」から「受信の規則」を選択したうえで「操作」ペインにある「新しい規則」をクリック／タップ。「新規の受信の規則ウィザード」が表示されたら、ウィザードに従い任意のポート番号を指定すればよい。

Windowsファイアウォールのタスクペインにある「詳細設定」をクリック／タップして、「セキュリティが強化されたWindowsファイアウォール」にアクセスする。

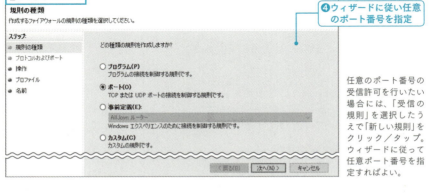

任意のポート番号の受信許可を行いたい場合には、「受信の規則」を選択したうえで「新しい規則」をクリック／タップ。ウィザードに従って任意ポート番号を指定すればよい。

● ショートカット起動

- 「セキュリティが強化されたWindowsファイアウォール」
  WF.MSC

6-4 Windows Updateによる更新の管理

Windows Update管理の考え方

　Windows Updateを語るうえで、ほとんどのWindows書籍は「自動更新を適用すべき（Windows OSの推奨設定）」という記述を行っている。
　これは世の中においては多種多様の使い方や環境が存在することを踏まえると、こう書くしかないからなのだが、しかし、本書「上級リファレンス」はあえて言おう。
　更新プログラムを勝手にダウンロードして、かつ勝手にプログラムを自動的にインストールするWindows Updateにおける「自動更新」の適用はお勧めしない。
　本来「自動」とはユーザーの手間暇を省くための便利機能のはずなのだが、最近ではメーカー側の都合や思惑が見え隠れすることが多く、時に手痛い洗礼を受けることがあるからだ。

「更新プログラム」とは

　Windows Updateの自動更新を良しとする記述には必ずこうある。「Windows Updateにはセキュリティアップデートが含まれます。セキュリティの脅威を回避するためにも速やかに更新プログラムは適用すべきです」と。
　セキュリティの考え方についてはこれで正しい。日々進化するセキュリティに脅威に対抗する手段として、いち早くセキュリティアップデートを適用すべきである。
　しかし、問題なのは更新プログラムにはセキュリティアップデート以外の「システムの更新」等も含まれる点にある。
　「Windows OSが極端に重くなる」「アプリの動作がおかしくなる」「Windows OSそのものが起動しなくなる」等の過去のトラブルを振り返ってみると、実に多くの事例が「Windows Updateにおける更新プログラムの適用」がトリガーになっていることが多い。本来「安定性」「機能向上」「安心」を得るための「更新プログラム」のはずだが、時にとんでもない課題とイライラを与えてくれるのだ。

「アップグレード」が行われる事実

　Windows 10において注意しなければならないのは、Windows Updateは「アップデート」だけではなく「アップグレード」も含まれるという点だ。
　「アップデート」とは基本機能や操作を維持したまま修正を行うことを言うが、

「アップグレード」とは機能や操作を作り変えて根本的に差し替える(過去のWindows OSで例えればWindows 8をWindows 8.1にするような)ことを意味する。つまり、Windows 10においてWindows Updateを行うと「操作環境」「設定方法」「機能の追加／削除」が行われて、昨日と異なる新しい未知のWindows 10に生まれ変わる可能性があるのだ。

● スタートメニューの変化

Windows 10は「アップグレード」するOSである。[スタート]メニューだけを確認しても、同じWindows 10であるにもかかわらずこれだけレイアウト＆操作変更が加えられている。システムの構造も更新されるため、昨日まで動いたプログラムがアップグレードにより動かなくなる可能性さえある。

「更新プログラム適用時期」の選択

　なにも「Windows Updateの更新プログラムは適用するな」という話をしているわけではない。更新プログラムが登場したら即更新という考え方は環境によっては適さない、という話をしているのである。

　なぜ、Windows Updateの更新プログラムによってトラブルが起こるのかを考えてみよう。Microsoftは更新プログラムの公開に際してもちろん検証を行っている。でも更新プログラム適用ののちになぜトラブルが起こるのかと言えば、それは「検証を行っていない環境だから」という場合が多く、ユーザー側から見ると俺はベータテスターか！とグーパンで突っ込みたくなるような事例もある(更新プログラム適用→ユーザーが問題指摘→解決というパターンが多い)。

　ちなみに過去の問題の要因を確かめると、「アンチウィルスソフトとの相性」「ハードウェア(デバイスドライバー)との相性」等のほかに、「日本語環境」に起因するトラブルが意外にも多いことも気づく。あちら(米国)から見ると日本語環境

はやや特殊であり、シングルバイナリ化したWindows OSにおいては理論上起こりえない問題が、なぜか日本語環境にだけトラブルとなって表面化するというパターンが多いのだ。

まとめると、更新プログラムは「環境的相性」によって問題が発生することが多い。そしてこのような問題は数日のうちに「更新プログラムのさらなる更新」あるいは「更新プログラム公開の一時停止」によって結果的に問題にならなくなる。

つまり、更新プログラムが公開されてもすぐに適用しないというのは正しい対処なのである。

もちろん「セキュリティアップデートはすぐに適用すべき」という考え方もあるため環境任意だが、➡P.211 で解説している「余計なものを開かない／実行しない／許可しない」というオペレーティングさえ確立できていれば、初公開から数日後猶予ののち問題なり対処方法なりの情報が集まってから「Windows Updateによる更新プログラムの任意適用（手動適用、➡P.251）」を行うことが、一番ローリスクかつ賢いと言えるのだ。

Windows 10の「アップグレード」を延期する

Windows 10のWindows Updateにおいて「アップデート」は有効にしたまま「アップグレード」のみを延期したい場合には、「設定」から「更新とセキュリティ」→「Windows Update」と選択。「詳細オプション」をクリック／タップして、「機能の更新を延期する」にチェックを入れればよい（Windows 10上位エディションのみ）。

なお、このアップグレードの延期をサポートするのは「Windows 10 Pro／Enterprise／Education」のみである点に注意だ。

「Windows Update」から「詳細オプション」をクリック／タップ。「機能の更新を延期する」にチェックを入れる。これにより「アップデート」は自動適用されるが「アップグレード」は延期される。

更新プログラムの適用方法を変更する

　Windows OSでは「Windows Update」において「自動更新」が推奨されており、つまり自動的に更新プログラムをバックグラウンドでダウンロードしたうえで、自動的にインストールするという設定がほとんどの環境で適用されている。このWindows Updateの更新プログラムの適用方法を変更したい場合には、以下の手順に従う。

　なお、Windows 8.1／7では簡単に変更ができた更新プログラムの適用方法だが、Windows 10ではグループポリシー設定を適用しなければならない関係でWindows 10 Pro／Enterprise／Educationのみが変更をサポートする。

◻ Windows 10

　「グループポリシー（GPEDIT.MSC）」から「コンピューターの構成」→「管理用テンプレート」→「Windowsコンポーネント」→「Windows Update」を選択。「自動更新を構成する」をダブルクリック／ダブルタップして、表示されたダイアログで「有効」をチェックして、「自動更新の構成」のドロップダウンから任意の項目を選択する。自動的な更新プログラムのダウンロードとインストールを停止したい場合には「ダウンロードとインストールを通知」を選択すればよい（Windows 10上位エディションのみ）。

　なお、この設定を適用したのちは、「Windows Updateによる更新プログラムの任意適用（手動適用、➡ P.251 ）」を必ず定期的に行うようにする。

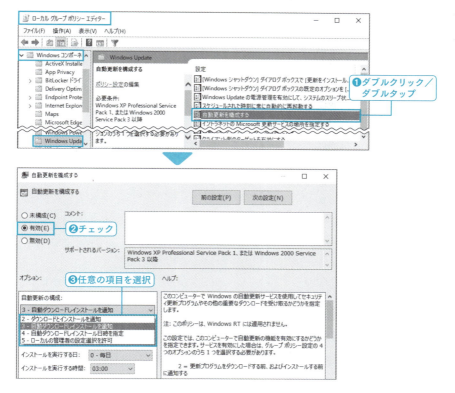

Windows 8.1

「PC設定」から「保守と管理」→「Windows Update」と選択して、「Windows Update」欄の「更新プログラムのインストール方法を選択する」をクリック／タップ。「重要な更新プログラム」のドロップダウンから任意の項目を選択する。自動的な更新プログラムのダウンロードとインストールを停止したい場合には「更新プログラムをチェックしない」を選択すればよい。

なお、この設定を適用したのちは、「Windows Updateによる更新プログラムの任意適用（手動適用、➡ P.251）」を必ず定期的に行うようにする。

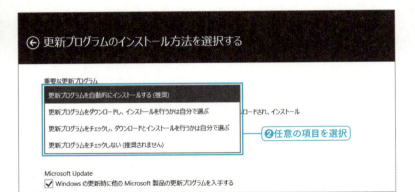

Windows 7

　コントロールパネル（アイコン表示）から「Windows Update」を選択して、「Windows Update」のタスクペインから「設定の変更」をクリック／タップ。「重要な更新プログラム」のドロップダウンから任意の項目を選択する。自動的な更新プログラムのダウンロードとインストールを拒否したい場合には「更新プログラムを確認しない」を選択すればよい。

　なお、この設定を適用したのちは、「Windows Updateによる更新プログラムの任意適用（手動適用、➡P.251）」を必ず定期的に行うようにする。

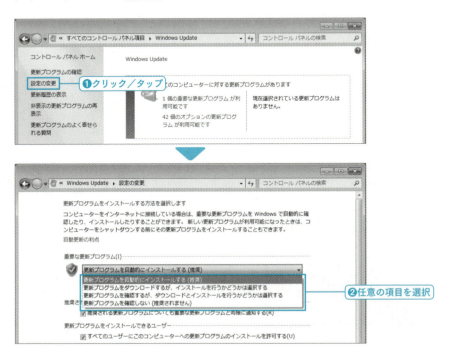

更新プログラムを手動で適用する

　前項でWindows Updateにおける自動的な更新プログラムのダウンロードとインストールを停止した場合には、必ず自らが定期的に「Windows Update」にアクセスして更新プログラムの有無を確認したうえで、任意に更新プログラムの適用を行うようにする。

　Windows Updateの更新プログラムの公開は毎月第二水曜日／第三水曜日（毎月10〜15日前後）に行われるため、その1週間後以降2週間以内を目安に更新プログラムの確認およびインストールを行うとよいだろう。

　なお、該当更新プログラムが公開されたのちの1か月以上の放置はセキュリティ上お勧めできない。

「自動的な更新プログラムのダウンロードとインストールを停止」を適用したWindows Updateの画面。「更新プログラムのインストール」「ダウンロード」等のボタンが配置されるので任意に実行する。

● ショートカット起動

■「Windows Update」
CONTROL.EXE /NAME MICROSOFT.WINDOWSUPDATE

6-5 ネットワーク管理と活用のためのハードウェア

サーバー／ホストPCにおけるネットワークアダプター選択

サーバー／ホストPC（デスクトップPC）におけるLANポートは基本「オンボードLAN」であり、マザーボードにビルトインされているものだ。このオンボードLANで自身が望むネットワーク環境を満たすことができればよいのだが、通信が不安定であったりより高いパフォーマンスを望む場合には、別途「PCI／PCI-E接続のLANアダプター」を装着したうえで有線LAN接続を行えばよい。

なお、LANコントローラーのメーカーに特にこだわりがないのであれば、信頼性と安定性に勝る「インテル製のLANアダプター」をチョイスするとよい。

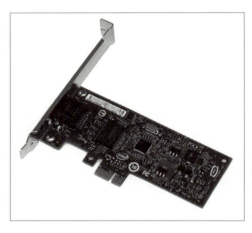

ネットワークにおけるパフォーマンスと安定性を追求したければ、「インテル製のLANアダプター」をチョイスする。なお、インテル製のLANアダプターはあまりの人気ゆえに偽物が出回っているので、このパーツに限っては信頼できるショップで購入したい。

Column
自作でサーバー／ホストPCを作成する場合

サーバー／ホストPCをこれから自作にて構築するという場合には、手っ取り早く「インテル製のLANアダプターをビルトインしたマザーボード」をチョイスするとよい。
ネットワークパフォーマンスと安定性に優れるほか、あえて安いLANアダプターを採用していないというパーツ構成に鑑みても、マザーボード全体のデキがよい可能性が高いのもポイントだ。

ノートPC／タブレットPCにおける有線LANの活用

　ノートPC／タブレットPCでは有線LANポートが備えられていないモデルも多いが、このようなモバイルPCであっても有線LAN接続を確保しておくことは重要だ。

　これは無線LAN接続より有線LAN接続の方が安定した通信環境が得られることや、メンテナンスの場面ではモバイルPC＋有線LAN接続が強力な武器になるためだ（「無線LANルーターを独立環境で設定する（→P.71）」等）。

　ちなみにモバイルPCで有線LAN接続を確保するのであれば、他のモバイルPCでも使いまわしができる汎用性を考えても「USB-LANアダプター」がよく、またタブレットPCではそもそもUSBポート数が限られることを考えても「USBハブ搭載型USB-LANアダプター」をチョイスするとその他のUSBデバイスと併用できてよい。

ロジテック製USBハブ搭載型USB-LANアダプター「LAN-GTJU3H3」。有線LANポートは1000Base-T、USBポートはUSB3.0対応と非の打ち所がない製品だ。

Column

「ドッキングステーション」の活用

　ご存知の通り無線LAN通信は時に不安定なことがあり、ネットワークデバイスや環境によっては勝手に別のWi-Fi接続や4G／LTE接続に切り替えてしまう等の場面もある。
　インターネット接続のみを確保するという目的であればこのような状況になっても大きな問題はないが、「ローカルエリアネットワーク上のサーバー／ホストに確実に接続したい」という場面では、やはり有線LAN接続であることに越したことはなく、先に挙げた「USBハブ搭載型USB-LANアダプター」等をチョイスしたい。
　ちなみに、PCのメーカー／モデルによっては「ドッキングステーション」をチョイスするのも手であり、例えばSurfaceであればドッキングステーションを用いることにより「複数のUSBポート」「Mini Display Port」「有線LANポート」等の機能を確保でき、デスクトップPC同様の活用が可能になる。

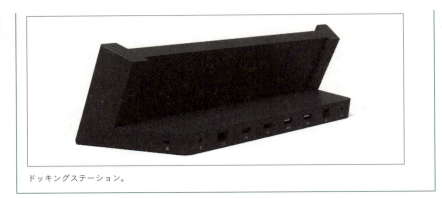

ドッキングステーション。

ネットワークアダプターの無効化

　PCにおいて利用しないネットワークアダプターが存在する場合には、アダプターとして無効化設定を適用した方がよい。これは利用しないネットワークアダプターの存在は各種設定時に「間違い」の原因になるほか、Windows OS動作としても接続の待ち受けを行っている状態であるがゆえに負荷になっているからだ。

　任意のネットワークアダプターの無効化は、コントロールパネル（アイコン表示）から「ネットワークと共有センター」を選択して、タスクペインから「アダプターの設定の変更」をクリック／タップ。「ネットワーク接続」から対象ネットワークアダプターを右クリック／長押しタップして、ショートカットメニューから「無効にする」を選択する。

　このネットワークアダプターの無効化手順は、ネットワーク接続を一時的に切断したい／ネットワーク接続をリセットしたい場合等にも活用できる。

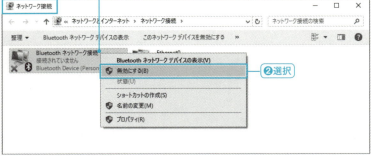

利用しないネットワークアダプターを無効に設定する。例えば Bluetooth ネットワークを利用しない PC であれば「Bluetooth ネットワーク接続（PAN）」を無効にしてしまって構わない。なお、Bluetooth レシーバーにおける「Bluetooth ネットワーク接続（Personal Area Network）」と「Bluetooth デバイス接続（RFCOMM Protocol TDI）」は別機能なので、「Bluetooth ネットワーク接続（PAN）」を停止しても Bluetooth デバイスの利用は可能だ。

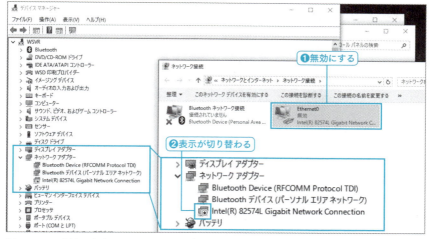

「ネットワーク接続」で任意のネットワークアダプターを無効にすると、「デバイスマネージャー」上での表示も切り替わる。ちなみにデバイスマネージャー上のネットワークアダプターを右クリック／長押しタップして、ショートカットメニューから有効／無効を設定することも可能だ。

● ショートカットキー

- 「ネットワーク接続」（Windows 10／Windows 8.1 のみ）
  ⊞ ＋ X → W キー
- 「デバイスマネージャー」（Windows 10／Windows 8.1 のみ）
  ⊞ ＋ X → M キー

● ショートカット起動

- 「ネットワーク接続」
  NCPA.CPL
- 「デバイスマネージャー」
  DEVMGMT.MSC

オンボードLANデバイスの無効化

➡ P.254 では「ネットワークアダプターの無効化」の手順を解説したが、デスクトップPCのマザーボードにビルトインされたオンボードLANにおいてデバイスごと完全に無効化したい場合には、UEFI／BIOS設定で「Onboard H/W LAN」「Onboard LAN」等を「Disabled」に設定すればよい（メーカー／モデルによって詳細は異なる）。

この設定であれば、物理的にオンボードLANを無効化できるので、「ネットワーク接続」や「デバイスマネージャー」にも表示されず、Windows OSで管轄できなくなるため完全停止ができる。

255

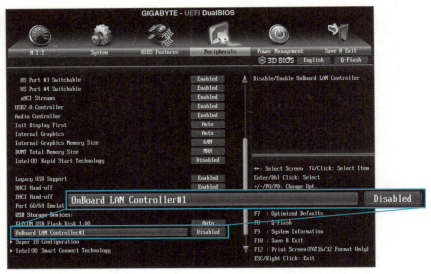

オンボードLANを無効化してデバイスとして完全停止するには、UEFI／BIOS内の項目から「Onboard H/W LAN」「Onboard LAN」等の項目を見つけて「Disabled」に設定する。

有線LANポートのハードウェアセキュリティ

　無線LANルーターにおける「無線LANアクセスポイント」の暗号化方式／暗号化キーはしっかりとセキュアに設定。また「MACアドレスフィルタリング」も設定したのでこれで不正アクセス対策は万全である。……と言いたいのだが、実は無線LANルーターの設定コンソールによる「MACアドレスフィルタリングの適用範囲」は「無線LAN接続のみ」であることが多い(メーカー／モデルによる)。つまり、無線LANルーター背面のLANポートや、ルーターからつながるハブのLANポートにPCを直接接続されてしまうと、先に挙げたセキュリティ設定などお構いなくネットワーク接続が可能なのである。

　ということで、ここでは環境によっては必要な有線LANポートへの直接アクセスを対策するアイテムを紹介しよう。

エレコム製レイヤー2ギガスマートスイッチ「EHB-SG2A16-PL」。有線LANポートの通信を本格的に制御したければ、管理機能に優れる法人向けのスマートスイッチを導入する方法もある。

◻ LANポート不正利用防止

　空きLANポートに直接接続するという行為を防ぐためのパーツが「LANポートプロテクター」であり、LANポートにプロテクターを差し込んだうえで専用キーでロックすることで不正アクセスを防止できる。

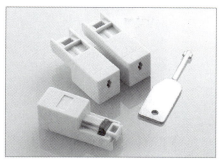

エレコム製LANポートプロテクター(LANポートガード)「ESL-LAN1」。LANポートに差し込んで専用キーでロックすることで、不正アクセスを防止できる。もちろんデスクトップPC／ノートPCのLANポートを利用させたくないという目的にも有効だ。

◻ LANケーブル抜け防止

　LANポートの不正利用を防止するために「LANポートプロテクター」を装着したから大丈夫……と思うかもしれないが、既存のLANケーブルを引っこ抜かれてしまえば結局アクセス可能である。このような「LANケーブルを引っこ抜かれる」という行為を防ぐのが「ロック機能付きLANケーブル」であり、専用キーでロックすることでLANケーブルを外すことができなくなる。

　また、既存のLANケーブルのコネクタ部に鍵付きのカバーをかぶせてロックするタイプや、モジュラーカバーを鍵付きに換装する形で抜け防止を実現するタイプもある。

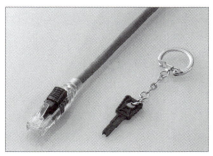

エレコム製ロック機能付きLANケーブル「LD-GPLK」。ロック解除キー(物理的な鍵)が同梱されており、このキーを用いない限りLANケーブルを抜くことができない。

サンワサプライ製LANモジュラーカバー「ADT-MCSL」。LANケーブルの自作においてこのモジュラーカバーを装着することでコネクタをロックする。

特殊環境で役立つネットワーク関連機器

ローカルエリアネットワーク環境の構築には「ルーター」「ハブ」「LAN ポート」「無線 LAN 子機」等のネットワーク接続に必須な機器が存在するが、ここではそれらの主要機器ではなく、特殊環境や要所で役立つネットワーク関連機器を紹介しよう。

◻ LAN ケーブル中継アダプター

ビジネス環境等ではある場面において、該当 PC のネットワーク接続を完全停止したいということがある。この場合「ネットワークアダプターの無効化（➡ P.254）」を適用する等でもよいが、Windows OS 上の操作設定ではなく「物理的にネットワークケーブルを引っこ抜く」という方が確実な接続停止としてわかりやすい。

ちなみに物理的に LAN ケーブルを外しやすくしたいという場面で活用できるのが「LAN ケーブル中継アダプター（延長コネクタ）」であり、また LAN ケーブル中継アダプターの中には「通信遮断スイッチ付き」というものもある。

エレコム製 LAN ケーブル中継アダプター「LD-RJ45JJ6AY2（1000Base-T 対応）：左」と通信遮断スイッチ付き LAN ケーブル中継アダプター「LD-DATABLOCK01（10/100Base-TX 対応）：右」。LAN ケーブルを物理的によく外す場合に「デスクトップの背面に回り込んで LAN ケーブルを外す」という手間を省くことができる。

◻ LAN カシメ工具

ネットワーク環境を物理メンテナンスしていると、LAN ケーブルコネクタのツメが折れてしまうということがある。この場合、LAN ケーブルごと換装するのが一般的だが、既存の LAN ケーブルがもったいない、あるいは引き回しの関係で既存の LAN ケーブルを使いたいという場合に活用できるのが「LAN カシメ工具」だ。この「カシメ工具」と「RJ45 コネクタ」を用意しておけば、LAN ケーブルを切断したうえで RJ45 コネクタをカシメて圧着することで LAN ケーブルを再生できる。

6-5 ネットワーク管理と活用のためのハードウェア

エレコム製 RJ45 コネクタ用カシメ工具「LD-KKTR」。

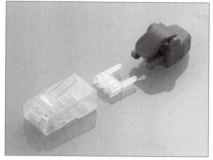

エレコム製 LAN ケーブル自作用 RJ45 コネクタ「LD-6RJ45T10/TP」。プロテクター付きなのでツメが折れづらい。

● LAN ケーブルの作成

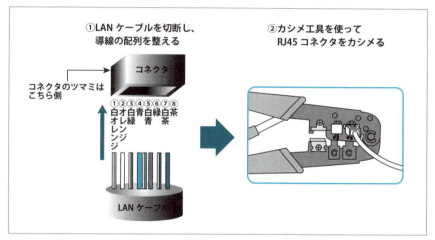

LAN ケーブルを切断して 8 芯の導線を露出。導線の配列を整えたうえで長さを整えて RJ45 コネクタをカシメて圧着すれば LAN ケーブルを再生できる。もちろんバルクケーブルを買ってきて LAN ケーブルを新規作成することも可能だ。

イジェクトピン

何かと重宝するのが「イジェクトピン」であり、スマートフォン／タブレットにおける SIM カードスロットの取り出しのほか、「ルーターのハードウェアリセット（➡ P.70 ）」にも活用できる。そこいらに転がっているクリップを伸ばしてイジェクトピンにするという方法もあるが、1 本持っておくと何かと便利だ。

259

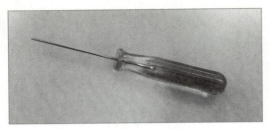

イジェクトピン。

盗難防止ケーブル

オープンスペース等でノートPCやタブレットを開放したいという場合等に活用できるのが「盗難防止ケーブル」だ。盗難防止ケーブルには様々なものがあるが、ノートPCや液晶ディスプレイ等セキュリティスロットを搭載したデバイスであれば「シリンダー錠付きセキュリティワイヤ」がよく、またタブレット等であれば両面テープで張り付けられる「盗難アラーム付きセキュリティワイヤ」がよい。

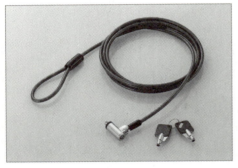

エレコム製シリンダー錠付きセキュリティワイヤ「ESL-7T」。セキュリティスロットのあるデバイスであれば、シリンダー錠を活用して盗難防止を行うとよい。

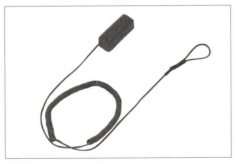

サンワサプライ製盗難アラーム付きセキュリティワイヤ「SL-29ALM」。本体（取り付け部）を外すとアラームが鳴ることはもちろん、ケーブルを切ってもアラームが鳴る構造だ。

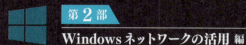

第2部 Windowsネットワークの活用 編

Chapter 7

究める！ネットワークデバイスの活用

- 7-1 スマートフォン／タブレットとの連携 ⇒ P.262
- 7-2 ネットワークデバイスの活用 ⇒ P.282
- 7-3 Windows 10 Mobile の活用 ⇒ P.298
- 7-4 メディア共有と DTCP-IP によるデジタル放送の視聴 ⇒ P.308

7-1 スマートフォン／タブレットとの連携

PCのホスト機能にアクセスするための条件

　本書ではPCでの共有フォルダーの設定については4章、またPCのリモートコントロールホストについては8章で解説しているが、これらのPCのホスト機能にiOS & Android搭載スマートフォン／タブレットからアクセスしたいという場合には、下記の条件が満たされている必要がある。

■ ホストPCにおける「IPアドレスの固定化」

　スマートフォン／タブレットからWindows OSのホスト機能（共有フォルダー／リモートデスクトップホスト／任意ホストプログラムで実現したホスト機能）にアクセスしたい場合、アクセス先の指定はクライアントPCのようにコンピューター名指定ではなく「IPアドレス指定」でなければならない。

　ローカルエリアネットワークにおけるネットワークデバイスに対するIPアドレスの割り当ては、ルーターのDHCPサーバー機能で行われるがゆえに「動的（浮動）」である点を踏まえると（➡ P.232）、将来にわたって同一のIPアドレスでアクセスしたいのであれば、ホストPCは「IPアドレス固定化設定」が適用されていなければならない（➡ P.235）。

■ 同一ローカルエリアネットワークへの接続

　共有フォルダー／リモートデスクトップホストへのアクセスは、同一ローカルエリアネットワーク上からの指定でなければならない。

　スマートフォン／タブレットで4G／LTE接続や異なるWi-Fi接続（フリースポット／テザリング／モバイルルーター等）に接続している状況では、ローカルエリアネットワークの共有機能にはアクセスできない点に注意が必要だ（非常に当たり前だが忘れてしまいがちな要素でもある。ちなみに外出先から自身の回線にあるホスト機能へのアクセスを可能にする遠隔接続については➡ P.327）。

iOS端末からPC共有フォルダーへのアクセス

　iOS（iPhone／iPad）端末からPCの共有フォルダーにアクセスしたい場合には、SMB（Samba）プロトコルに対応したファイラーを利用すればよい。ちなみにiOSの場合、あらかじめ目的の機能を有したファイラー／アプリを利用して共有フォル

ダー上のファイルにアクセスするのが基本になる。

ここではサポートするプロトコル＆ファイル種類が多いiOSアプリ「FileExplorer」と「GoodReader」によるPCの共有フォルダーへのアクセスについて解説しよう（動画プレーヤーやDTCP-IP対応プレーヤーについては ➡ P.308 ）。

◻ FileExplorer

「FileExplorer」から「＋」をタップすると、任意のアクセス対象（プロトコル）を選択できるので「Windows」をタップする。接続設定においては「ホスト名／IPアドレス」欄に「［ホストPCのIPアドレス］／［共有フォルダー］」と入力。また「ユーザー名」欄と「パスワード」欄に「共有フォルダーにアクセス許可されているユーザー名とパスワード」を入力して、その他の項目は任意設定して「保存」をタップすればよい。

左ペインに作成した項目（表示名）が表示されるので、タップすることでPCの共有フォルダーにアクセスすることができる。

「FileExplorer」は様々なファイル種類をサポートしており、画像ファイルとしてJPG／PNG／TIFF等、音声ファイルとしてMP3／FLAC／APE／WMA／WAV等、動画ファイルとしてMOV／MP4／AVI／MKV／WMV／RMVB等、ドキュメントファイルとしてOffice系／PDF等に対応する。

● 「FileExplorer」による共有フォルダーへのアクセス

「FileExplorer」のアクセス対象として「Windows」をタップ。なお、このの一覧から任意のPCを選択することもできる。

左ペインに共有フォルダーにアクセスできる項目が作成される。あとは任意にタップしてフォルダーにアクセスすればよい。

● 「FileExplorer」で共有フォルダー上のファイルを開く

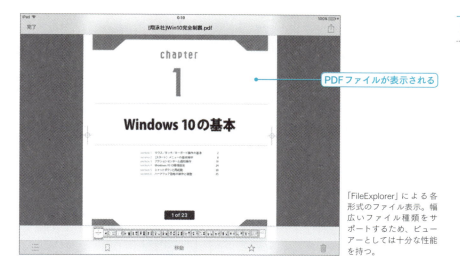

PDFファイルが表示される

「FileExplorer」による各形式のファイル表示。幅広いファイル種類をサポートするため、ビューアーとしては十分な性能を持つ。

◻ GoodReader

「GoodReader」から「Connect」をタップしたのち、「Add」をタップする。任意のコネクションを選択できるので「SMB Server」をタップする。接続設定においては「Network address」欄に「［ホストPCのIPアドレス］/［共有フォルダー］」と入力。また「User」欄と「Password」欄に「共有フォルダーにアクセス許可されているユーザー名とパスワード」を入力して、その他の項目は任意設定して「Add」をタップすればよい。

右ペインに作成した項目（表示名）が表示されるので、タップすることでPCの共有フォルダーにアクセスすることができる。

「GoodReader」は共有フォルダーやクラウドへのアクセスに優れるほか、ファイルを同期する「Sync」機能を有している。またOffice系ファイルをサポートするほか、特にPDFファイルのアノテーションに優れる。

● 「GoodReader」による共有フォルダーへのアクセス

❶タップ
❷タップ

「Add」をタップして、PCの共有フォルダーにアクセスするために「SMB Server」をタップする。

究める！ネットワークデバイスの活用

Readable Title	任意の表示名（管理名）を入力する。
Network address	「［ホストPCのIPアドレス］/［共有フォルダー］」と入力する。
User	ホスト上であらかじめ共有フォルダーでアクセス許可されたユーザーアカウントの「ユーザー名」を入力する。
Password	ホスト上であらかじめ共有フォルダーでアクセス許可されたユーザーアカウントの「パスワード」を入力する。

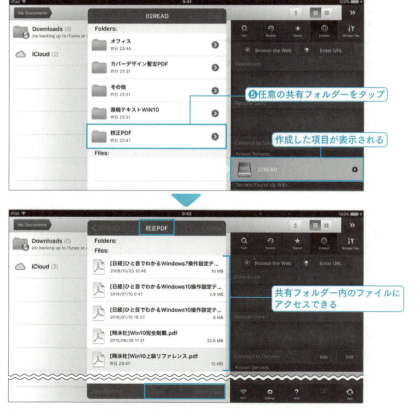

「GoodReader」からPCの共有フォルダーにアクセスする。なお、GoodReaderはファイルをダウンロードして管理するという考え方であり、この際単なる「Download」なのか「Sync（同期）」なのかを選択する。

● PDFファイルのアノテーション＆共有フォルダーとの同期

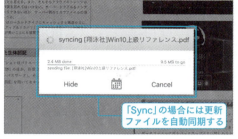

「Sync」の場合には更新ファイルを自動同期する

「GoodReader」でPDFファイルをアノテーションする。PDFファイルに任意の書き込みを行えるほか、「Sync」に設定したファイルはダウンロード元のファイルと同期を行うことができる。

AndroidからPC共有フォルダーへのアクセス

　AndroidからPCの共有フォルダーにアクセスしたい場合には、SMB（Samba）プロトコルに対応したファイラーを利用すればよく、このようなAndroidアプリには「ESファイルエクスプローラー」がある。

　PCの共有フォルダーにアクセスしたい場合には、「ESファイルエクスプローラー」から「ネットワーク」→「LAN」を選択したのち、「＋新規」をタップ。接続設定においては「サーバー」欄に「［ホストPCのIPアドレス］/［共有フォルダー］」と入力。あとは「ユーザー名」欄と「パスワード」欄に「共有フォルダーにアクセス許可されているユーザー名とパスワード」を入力すればよい。

　Androidはインテントに対応しているため、この手順から任意のアプリによる閲覧／編集を行えることがメリットだ（動画ファイルは「MX Player Pro（ ➡ P.316 ）」で再生、PDFファイルは「ezPDF Reader」でアノテーションする等）。

● 「ESファイルエクスプローラー」による共有フォルダーへのアクセス

「ESファイルエクスプローラー」から「ネットワーク」→「LAN」を選択。「＋新規」をタップする。なお、Androidアプリは全般的に解像度によってUIが変更されるため、操作手順の詳細はこの限りではない端末がある。

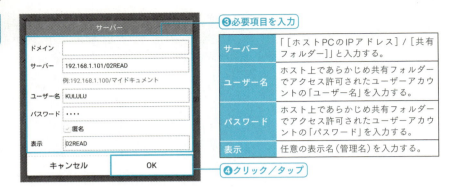

サーバー	「[ホストPCのIPアドレス]/[共有フォルダー]」と入力する。
ユーザー名	ホスト上であらかじめ共有フォルダーでアクセス許可されたユーザーアカウントの「ユーザー名」を入力する。
パスワード	ホスト上であらかじめ共有フォルダーでアクセス許可されたユーザーアカウントの「パスワード」を入力する。
表示	任意の表示名(管理名)を入力する。

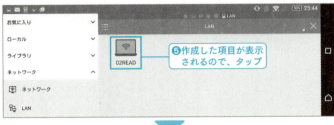

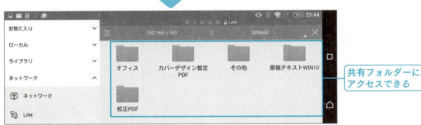

共有フォルダーにアクセスできる項目が作成されるので、タップすれば目的のフォルダーにアクセスできる。

● 「ESファイルエクスプローラー」で共有フォルダー上のPDFファイルを「ezPDF Reader」で開く

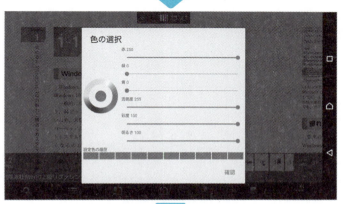

「ESファイルエクスプローラー」から共有フォルダー上のPDFファイルを「ezPDF Reader」で開く。PDFファイルをアノテーションすることが可能だ。なお、動画ファイルの再生やDTCP-IP対応プレーヤーによる放送中番組の視聴／録画番組の視聴等については ➡P.308 だ。

iOS端末でのネットワーク情報の確認

　iOS（iPhone／iPad）端末でWi-Fi接続におけるMACアドレスを調べたい場合には、「設定」→「一般」→「情報」とタップして、「Wi-Fiアドレス」を確認するとよい。

　また、現在接続しているWi-Fiネットワーク情報を確認したければ、「設定」→「Wi-Fi」とタップして、現在のWi-Fi接続（アクセスポイント）をタップすれば、IPアドレスやデフォルトゲートウェイアドレス等を確認できる。

● MACアドレスの確認

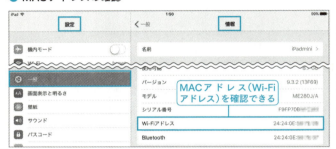

iOS端末におけるWi-FiアダプターのMACアドレスは「Wi-Fiアドレス」という表記になる。なお、該当ローカルエリアネットワークにWi-Fi接続している状態であれば、「Fing（➡ P.231 ）」を利用したMACアドレスの確認の方が手っ取り早い。

● ネットワーク情報の確認

「設定」→「Wi-Fi」とタップして、現在のWi-Fi接続（アクセスポイント）をタップすれば、ネットワーク情報を確認できる。

Android端末でのネットワーク情報の確認

　Android端末でWi-Fi接続におけるMACアドレスを調べたい場合には、「設定」→「Wi-Fi」とタップして、■から「詳細設定（Wi-Fi詳細設定）」をタップすることで確認できる（メーカー／モデルによる）。

　また、現在接続しているWi-Fiネットワーク情報を確認したければ、「設定」→「Wi-Fi」とタップののち現在のWi-Fi接続（アクセスポイント）をタップ／長押しタップで確認できるものもあれば、先の「詳細設定」から確認できるものもある。

　なお、やや煩雑な方法だが、次項の「IPアドレス固定化設定」で詳細を確認できるものもある（Android端末において、この辺の設定は個体差が激しい）。

● MACアドレスの確認

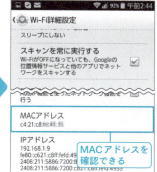

Wi-Fiの詳細設定でMACアドレスを確認できる（メーカー／モデルによる）。なお、該当ローカルエリアネットワークにWi-Fi接続している状態であれば、「Fing（→P.231）」を利用した方がMACアドレスの確認は手っ取り早い。

● ネットワーク情報の確認

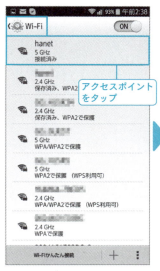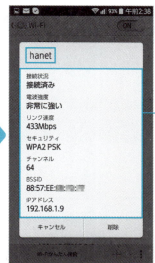

任意のアクセスポイントをタップ（端末によっては長押しタップ）することでネットワーク情報を得ることができる。なお、ここで表示される項目の詳細はAndroid端末のメーカー／モデルによって大きく異なる。

iOS端末でのIPアドレス固定化

　iOS端末では、アクセスポイントごとにIPアドレス固定化設定を行うことができる。任意のアクセスポイントに対してIPアドレス固定化設定を行うには、「設定」→「Wi-Fi」とタップして、該当アクセスポイントの右端にある[ⓘ]をタップ（なお、現在接続中のアクセスポイントを対象として、現在の「DHCP」の値を参考に設定した方がわかりやすい）。

　「静的」をタップしたうえで各欄に固定IPアドレス（ローカルエリアネットワーク上で必ず一意の値）、サブネットマスク、ルーター（デフォルトゲートウェイ）、DNS（DNSサーバーのアドレス、基本的にルーターと同一でかまわない）を入力すればよい。IPアドレスを固定化する際の全般的な注意点については ➡ P.232 だ。

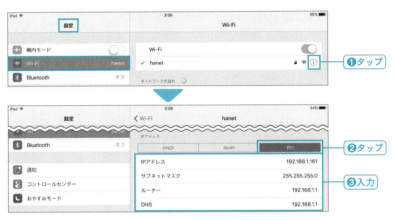

IPアドレス	該当アクセスポイントに適用するIPアドレスを入力。上位3つはデフォルトゲートウェイアドレスにそろえるようにして、下位1つだけローカルエリアネットワーク上で一意の固有の値を入力する。
サブネットマスク	ルーター設定／既存情報に従って「サブネットマスク」を入力する。
ルーター （デフォルトゲートウェイ）	ルーター設定／既存情報に従って「デフォルトゲートウェイアドレス」を入力する。
優先DNSサーバー	ルーター設定／既存情報に従って「DNSサーバー」を入力する。

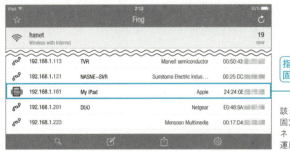

該当iOS端末を指定のIPアドレスに固定化できる。特定のローカルエリアネットワーク上でiOS端末をホスト運用したい場合等に便利だ。

Android端末でのIPアドレス固定化

Android端末ではほとんどのメーカー／モデルでアクセスポイントごとにIPアドレス固定化設定を行うことができる（一部できないモデルもある、Android端末はご承知のようにモデル間での機能差が激しい）。

任意のアクセスポイントに対してIPアドレス固定化設定を行うには、「設定」→「Wi-Fi」とタップして、該当アクセスポイントを長押しタップ後、「ネットワークの変更」を選択。表示内から「詳細オプションの表示（詳細項目設定）」をタップないしはチェックすると、詳細設定が表示されるので「IP設定」から「静的」を選択する。

この設定後、各欄に固定IPアドレス（ローカルエリアネットワーク上で必ず一意の値）、ゲートウェイ（デフォルトゲートウェイ）、ネットワークプレフィックス長（サブネットマスクに当たるもの、「255.255.255.0」であれば「24」になる）、DNS（DNSサーバーのアドレス、基本的にルーターと同一でかまわない）を入力すればよい。

❶長押しタップ

❷選択

任意のアクセスポイントを長押しタップして、「ネットワークの変更」を選択。この手順はAndroid端末のメーカー／モデルによっては異なる。

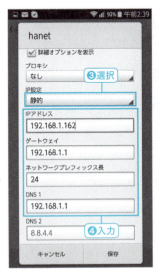

❸選択
❹入力

「IP設定」から「静的」を選択したのち、各欄に適合する値を入力する。

指定したIPアドレスに固定化できる

該当Android端末を指定のIPアドレスに固定化できる。特定のローカルエリアネットワーク上でAndroid端末をホスト運用したい場合等に便利だ。

IPアドレス		該当アクセスポイントに適用するIPアドレスを入力。上位3つはデフォルトゲートウェイアドレスにそろえるようにして、下位1つだけローカルエリアネットワーク上で一意の固有の値を入力する。
ゲートウェイ／デフォルトゲートウェイアドレス		ルーター設定／既存情報に従って「デフォルトゲートウェイアドレス」を入力する。
ネットワークプレフィックス長／サブネットマスク		ルーター設定／既存情報に従ってネットワークプレフィックス長を入力する。一般的なルーターであればサブネットマスクが「255.255.255.0」であるため「24」になる。
DNS／DNSサーバー		ルーター設定／既存情報に従って「DNSサーバー」を入力する。なお、AndroidはGoogle製であるため、GoogleのパブリックDNSサービスである「8.8.8.8（DNS2として「8.8.4.4」）」の入力を推奨するAndroid端末もある（任意選択）。

「GoodReader」をホストとしたファイル共有

iOSアプリ「GoodReader」をホストとしてファイル共有を行いたい場合には、 をタップ。Wi-Fiトランスファーモードになるので、表示に従ったアクセスアドレスをクライアントで入力してアクセスすればよい。iTunesを利用すれば比較的簡単にファイルの受け渡しが行えるGoodReaderだが、この方法であれば重くて有名なiTunesをPCにインストールせずにファイルの受け渡しができるのがポイントだ。

● 「GoodReader」内のファイルを共有する

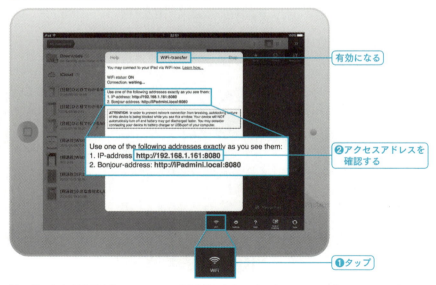

「GoodReader」でWi-Fiトランスファーモードを有効にする。これでGoodReaderの「My Documents」フォルダーにWi-Fi接続経由でアクセスすることができる。

● PCからGoodReaderの共有ファイルにアクセスする

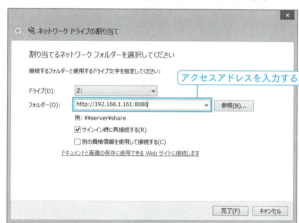

アクセスアドレスを入力する

PCからGoodReaderのフォルダーにアクセス。ドライブを割り当てた共有フォルダーへのアクセスを行いたければ（ P.193 ）、「フォルダー」欄に「http://［アクセスアドレス］」を入力すればよい。GoodReaderの「My Documents」フォルダーにアクセスすることができる。

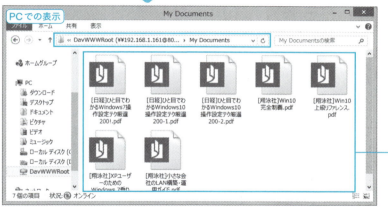

PCでの表示

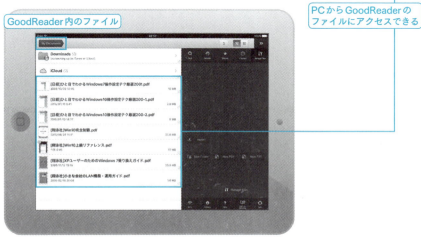

GoodReader内のファイル

PCからGoodReaderのファイルにアクセスできる

> Column
>
> ### バッチファイルによる固定ドライブでのアクセス
>
> 　iOSアプリ「GoodReader」やAndroidアプリ「DavDrive（ ➡P.277 ）」における共有フォルダーにアクセスする際、PC上でいちいちIPアドレスを入力しなければならないのは面倒くさいが、該当iOS端末／Android端末のIPアドレス固定化（ ➡P.272 ／ ➡P.273 ）を行っているのであれば、「NET USE」コマンドを利用したバッチファイル（ ➡P.206 ）を作成してしまえば共有フォルダーに一発でアクセスできる。対象端末／アプリにおいてファイル入出力が多いという環境では重宝するテクニックだ。

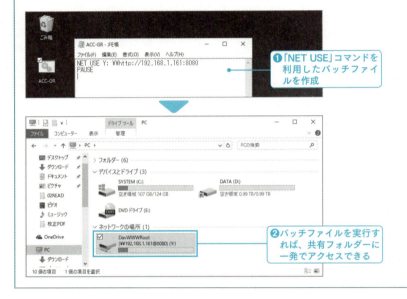

❶「NET USE」コマンドを利用したバッチファイルを作成

❷バッチファイルを実行すれば、共有フォルダーに一発でアクセスできる

「Android端末」をホストとしたファイル共有

　Android端末をホストとしてファイル共有を行いたい場合には、WebDAV機能を実現できるAndroidアプリ「DavDrive」等を用いるとよい。
　「DavDrive」の設定でアクセス許可する任意のユーザー名とパスワードを指定。また必要であればその他のファイルシステム／コネクションタイプ／ポート番号等の各種設定を施したうえで、DavDriveのホーム画面で「電源ボタン」をタップすれば、ホストとしての共有を有効化できる。

● PC から Wi-Fi 経由で Android 端末内のストレージにアクセス

Android 端末をホストとして PC 等から Android 端末内のストレージにアクセス。Android 端末の一部には防水加工等の関係で USB ポートのキャップをあまり開け閉めしたくないものがあるが、この方法であればワイヤレスで Android 端末内のストレージのファイルを PC で読み書きすることができる。

● DavDrive でのファイル共有設定

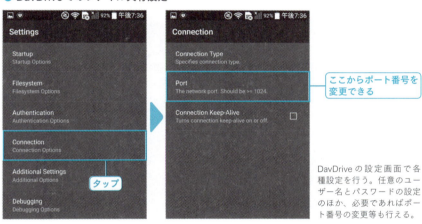

DavDrive の設定画面で各種設定を行う。任意のユーザー名とパスワードの設定のほか、必要であればポート番号の変更等も行える。

● DavDrive による Android ストレージ共有の有効化

DavDrive を有効にするとアクセスアドレスが示される。アクセスアドレスは Android 端末に割り当てられた IP アドレスと DavDrive で設定したポート番号の組み合わせになる。

● PCからAndroid端末のストレージにアクセスする

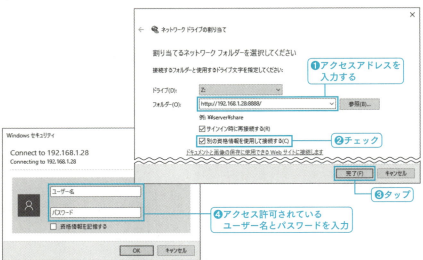

PCからAndroidホストにアクセス。ドライブを割り当てた共有フォルダーへのアクセスを行いたければ（→P.193）、「フォルダー」欄に「http://[アクセスアドレス]」を入力したうえで、「別の資格情報を使用して接続する」をチェックして「完了」ボタンをクリック／タップ。資格情報入力でDavDriveにおいてアクセス許可されているユーザー名とパスワードを入力すればよい。

PCからAndroid端末のストレージにドライブを割り当ててアクセスする。メディアファイルの受け渡しやAndroid端末のストレージをPCのエクスプローラーで任意に操作したい場合に役立つ。

Column

OTG USBメモリによるファイルの受け渡し

Android端末がUSBホスト機能をサポートしていれば、USBメモリ経由でファイルの受け渡しを行うことが可能だ。ちなみにmicroBコネクタとUSB3.0／2.0コネクタの双方を両端に持つUSBメモリを利用すると、変換コネクタ等も必要なく抜き差しできるので利便性が高い。

エレコム製OTG USB3.0対応メモリ「MF-SBU308GDG」。両端USBポートでかつ、microBコネクタとUSB3.0／2.0コネクタであるためファイルの受け渡しが便利に行える。もちろん、スマートフォン／タブレットの写真＆動画ファイル等の一時待避先としても活用できる。

iOS／Android端末でPCをリモートコントロールする

　iOS端末／Android端末でPCのリモートコントロール（リモートデスクトップ接続）を行いたい場合には、あらかじめホストPC側でリモートデスクトップホストを有効にしたうえで（➡P.322）、iOS／Androidアプリ「Microsoft Remote Desktop（RD Client）」を起動。「＋（新規追加）」をタップしたうえで「デスクトップ」をタップする。接続設定においては「PC名」欄に「ホストPCのIPアドレス」、またホストPCに接続許可されているユーザーアカウントを確認したうえで、「ユーザー名」欄に「［ホストPCのコンピューター名］\［ユーザー名］」、「パスワード」欄に「ユーザーアカウントのパスワード」を入力すればよい。

　スマートフォン／タブレットから「リモートデスクトップ接続」によるWindows OS搭載PCのリモートコントロールを実現できる。

● リモートデスクトップ接続の設定

iOS／Androidアプリ「RD Client」でのリモートデスクトップ接続。PC名（PC name）として「ホストPCのIPアドレス」、また「ユーザー名（User name）」と「パスワード（Password）」ホストに接続許可されたユーザーアカウント（ホストに存在する管理者ユーザーアカウント）を入力する。なお、リモートデスクトップ接続における「ユーザー名」の指定は、対象がローカルアカウントである場合は「［ホストPCのコンピューター名］\［ユーザー名］」という形で入力した方が確実だ。

● iOS／Android 端末による PC のリモートコントロール

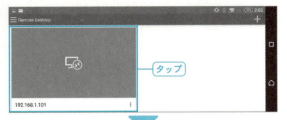

タップ

リモートデスクトップ接続が実現する

ホーム画面にできた任意のリモートデスクトップ接続をタップすれば、スマートフォン／タブレットからのリモートデスクトップ接続を実現できる。なお、遠隔接続環境（➡P.327）を構築していない限り、同一ローカルエリアネットワーク上からのアクセスが条件になる。

Column

遠隔 PC リモートコントロールの実現

リモートデスクトップにおいて遠隔 PC リモートコントロールを実現したい場合には「ダイナミック DNS」「ポートマッピング」等の遠隔接続環境をホスト PC ＆ルーターで設定しなければならない（遠隔接続環境については ➡P.327）。ちなみにこのような面倒くさい設定なしで遠隔 PC リモートコントロール（外出先から自身の回線にある PC をリモートコントロール）をスマートフォン／タブレットから実現したい場合には、「Chrome リモートデスクトップ」がよい（➡P.331）。

Google アカウントでログイン

タブレットから PC をリモートコントロールできる

「Chrome リモートデスクトップ」であれば Google アカウント認証を用いて、スマートフォン／タブレットから遠隔 PC リモートコントロールを簡単に実現することが可能だ（➡P.334）。画面は iPad から Windows 10 PC を遠隔 PC リモートコントロールしている。

iOS／Android端末でリモート電源コントロールを行う　　7-1

iOS端末／Android端末でホストPCに対するリモート電源コントロール（ホストPCの電源オン／スリープからの復帰）を行いたい場合には、あらかじめホストPC側でWOL（Wake On LAN）を有効にしたうえで（ ➡P.335 ）、iOS／Androidアプリ「Fing」を起動。

該当ホストPCが電源オンの状態で「Fing」（ ➡P.231 ）でネットワークデバイススキャンを実行して、一覧に該当PCを表示しておけばよい。

のちの該当PCが電源オフ／スリープの状態では、「Fing」上の該当PCのIPアドレス＆MACアドレスがグレーアウト表示になるので（再スキャン時）、該当項目をタップ後、ネットワークデバイス情報から「Wake On Lan」をタップすればリモート電源コントロールを行うことができる。

ネットワークデバイスをスキャンして一覧表示

リモート電源コントロール対象ホストPCが電源オンの状態で、「Fing」（ ➡P.231 ）でネットワークデバイスをスキャン。一覧に該当ホストPCが表示されればOKだ。なお、機能の特性上対象となるホストPCはIPアドレス固定化設定が適用されていることが望ましい。

電源オフ／スリープのデバイスをタップ

タップすればリモート電源コントロールを行える

「Fing」において以前存在したネットワークデバイスはグレーアウトで表示される。一覧からリモート電源コントロール対象ホストPCをタップして、さらに「Wake On Lan」をタップすればリモート電源コントロールを行える（なお、iOSアプリ／Androidアプリにおいて「Fing」の基本仕様は同一だが、詳細な操作手順や機能は異なる）。

7-2 ネットワークデバイスの活用

PCをホストとしたUSBプリンターの共有

　プリンターをネットワークで共有したければ、プリンター本体に「有線LAN」「無線LAN」等のネットワーク機能があるモデルを選択すればよい。しかし、用紙サイズや印刷方式等の関係で旧型のネットワーク機能のないUSB接続プリンターを共有したいという場合には、「PCをホストとしたUSBプリンターの共有」を行う。

　なお、共有理論としては「共有フォルダー（➡P.156）」と全く同様であり、ユーザーアカウント管理が必要であるほか、プリンターであるため、クライアントPC側でも該当OSに適合するデバイスドライバーが必要になる点に注意だ。

● USBプリンターをPC経由で共有

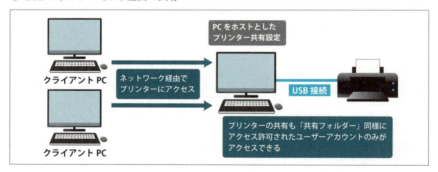

ホストにUSB接続したプリンターの共有を有効にする

　ホストにUSB接続したプリンターの共有を有効にしたければ、コントロールパネル（アイコン表示）から「デバイスとプリンター」を選択。一覧から共有したいプリンターを右クリック／長押しタップして、ショートカットメニューから「プリンターのプロパティ」を選択する（「プロパティ」ではないことに注意）。

　「［プリンター名］のプロパティ」の「共有」タブで、「このプリンターを共有する」をチェックして、「共有名」に任意の共有名（必ず1バイト文字列）を入力すればよい。

　なお、このホストで共有したプリンターにアクセスできるのは、プロパティにおける「セキュリティ」タブ内に列記されているユーザーアカウントのみであり、「Everyone」が存在したとしても共有フォルダー同様、「ホスト上に存在する全ユーザーアカウント」という意味になる点に注意だ（➡P.179）。

7-2 ネットワークデバイスの活用

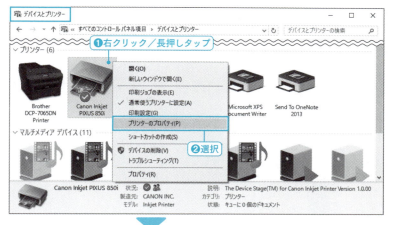

「デバイスとプリンター」から共有を有効にしたいプリンターを右クリック／長押しタップして、ショートカットメニューから「プリンターのプロパティ」を選択する。「共有」タブで「このプリンターを共有する」をチェックして、任意の共有名を入力する。

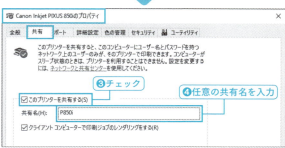

「セキュリティ」タブを確認。ここに存在する「Everyone」は共有フォルダー同様、「ホストPCに存在する全ユーザーアカウント」という意味である点に注意だ。

■ホストで共有設定にしたUSB接続プリンターを利用する

クライアントからホストで共有を有効にしたUSB接続プリンター（以後、「ネットワークプリンター」）を利用したい場合には、コントロールパネル（アイコン表示）から「デバイスとプリンター」を選択して、コマンドバーから「プリンターの追加」

をクリック／タップ。

　プリンターの検索が開始されるので一覧に該当のネットワークプリンターが表示された場合には選択、また一覧に表示されない場合には「プリンターが一覧にない場合(探しているプリンターはこの一覧にはありません)」をクリック／タップして、「共有プリンターを名前で選択する」欄でUNCでネットワークプリンターを指定する。

　こののち、「資格情報の入力」が求められた場合には、ホストPCの共有プリンターでアクセス許可されている「ユーザー名」と「パスワード」を入力すればよい(資格情報の入力が求められるタイミングはネットワーク状況によって異なる)。

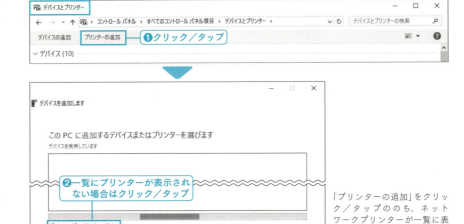

「プリンターの追加」をクリック／タップののち、ネットワークプリンターが一覧に表示されない場合には「プリンターが一覧にない場合」をクリック／タップ。

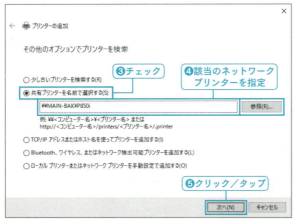

「共有プリンターを名前で選択する」をチェックしたのち、UNC(¥¥[ホストPCのコンピューター名]¥[プリンターの共有名])指定でネットワークプリンターを指定。なお、この手順でうまくいかない場合には「参照」ボタンをクリック／タップして指定する(資格情報の認証の関係で、UNC指定ではうまくいかない場合もある)。

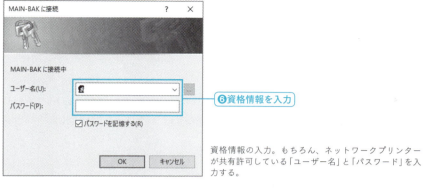

❻資格情報を入力

資格情報の入力。もちろん、ネットワークプリンターが共有許可している「ユーザー名」と「パスワード」を入力する。

ネットワークプリンターが利用可能になる

クライアントでネットワークプリンターを利用できるようになる（なお、環境によってはこの前段階で任意に対応プリンタードライバーの導入が必要になる）。ちなみに当たり前の話だがネットワークプリンターの接続構造上、対象プリンターの電源だけではなくホストPCそのものに電源が入っていなければ印刷を実行できない。

Column

無線LANルーター／NASを利用したプリンター共有

ネットワーク機能のないUSB接続プリンターを共有する方法としては「プリントサーバー」と呼ばれるネットワークデバイスを利用する手もあるが、プリントサーバーは商品としては意外と割高だ。お勧めの方法としては、メーカー／モデルによってサポートの詳細は異なるものの、無線LANルーターやNAS（Network Attached Storage）に配備されたUSBポートを利用してネットワークプリンター化するという方法である（なお、USBポートがあるから必ずしもプリントサーバー機能をサポートするとは限らない点に注意だ）。

NASによる共有管理

本書では、第一部において「Windowsファイルサーバー」の構築を解説している。これは本書を手に取るような読者にとってはNAS（Network Attached Storage）よりWindowsファイルサーバーの方が総合的に優れることを踏まえての解説であるが、逆の言い方をすれば、➡P.123 で解説しているWindowsファイルサーバーのアドバンテージである「ストレージ増設における柔軟性（耐障害性とパフォーマンスを

確保したい場合にはダイナミックディスク（ → P.337 ）／記憶域（ → P.342 ）を参照）」「ハードウェアスペックのカスタマイズ」「故障時の修復対応」等に大きなメリットや魅力を感じない環境であれば、NAS（Network Attached Storage）によるファイルサーバー環境を採用してもよい。

NASには筐体がPCよりコンパクトであるほか、省電力性に優れ、また基本的に24時間運用可能な点が特徴である。なお、理想としては双方の利点を活かせる「Windowsファイルサーバー」と「NASによるファイルサーバー」の併用である。

■ ストレージの用意とRAID

ほとんどのNAS（Network Attached Storage）では購入時にストレージ非搭載であるため、任意のストレージを用意しておかなければならない。RAID 0/1/3/5/6等のサポートはNASによって異なり、求める環境によってあらかじめ用意すべきストレージの数は異なる。

なお、明確な目的が存在しない限り、あえてRAIDは構築しないことを勧める。これは現在のストレージは十分高速であるため、ストライピングによるパフォーマンスアップよりもファイルロスのリスクが増大することの方が気になるからだ。

またミラーリングによる冗長性の確保はファイルロスのリスクは軽減できるものの実利用可能容量が少なくなるほか、実際にトラブルが起こった際にリビルドに奪われる時間と面倒くささ、そしてNAS本体が故障した場合にはミラーリングそのものが意味をなさないことを考えると、ミラーリング構築のために用意すべきもう1台のストレージは素直に他デバイスに接続したうえで任意のバックアップ先（NASのストレージ内容の同期先）とした方がファイルの安全性が高まる（ → P.292 ）。

ちなみにRAID環境を求めないのであれば、あらかじめ用意しなければならないストレージは1台でよく、またのちに増設するストレージにおいては別メーカー／別モデル／別容量がチョイスできる等自由である点も見逃せない（なお、この運用以後のストレージ増設においてスパニングするモデルとしないモデルがある。スパニングする場合、結果的にファイルロスのリスクが増大する点に注意が必要だ）。

なお、ストレージは基本的にSSDではなく「ハードディスク」をチョイスすればよく、また365日24時間駆動を前提とするのであれば、多少値が張るが「NASに最適化されたハードディスク（WD Red等）」をチョイスするとよい。

WD製NAS用ハードディスクドライブ「WD Red」。

◻ NASの設定コンソールへのアクセス

ほとんどのメーカー／モデルでは、Webブラウザーから「NASのネットワークアダプターに割り当てられたIPアドレス」を指定することで設定コンソールにログオンできる。あとはNASの設定コンソールへのアクセスが許可されたユーザー名とパスワードを入力すればよい。

なお、NASもルーター同様にメーカー／モデルによって設定コンソール上の用語定義や設定手順がかなり異なることに注意が必要だ。

Webブラウザーで NAS に割り当てられた IP アドレスを指定すれば設定コンソールにログオンできる。なお、IP アドレスの確認は「Fing（ ➡ P.231 ）」を利用するとよい、また管理上 NAS は「IP アドレス固定化」が望まれる（ ➡ P.289 ）。

◻ NASによる共有フォルダー管理

NASによる共有フォルダー管理も基本的にWindows OSと同様であり、ホストとなるNAS側であらかじめ共有フォルダーにアクセス許可するためのユーザーアカウントを用意。そのうえで任意の共有フォルダーを作成して、任意のアクセス許可／アクセスレベル設定を行えばよい。

なお、NASは様々なネットワークデバイスからのアクセスを想定しているため、共有フォルダーにおいて「共有プロトコル」を選択できるが、PCからのアクセスやPC環境との共存を踏まえるのであれば「SMB」「Samba」「CIFS」等の設定を有効にすればよい。

NASの設定コンソールによって共有フォルダー設定は異なる。基本的にWindows OSの共有プロトコルである「SMB(Samba)」に該当する項目をチェックしたうえで、任意のユーザーをアクセス許可／アクセスレベル設定を行えばよい。

> Column
>
> ### 新しいNASは様子を見てからファイル管理を開始する
>
> NASもPC同様に不安定なロット／モデルが存在する。ファイルアクセスが不安定、負荷を抱えるとフリーズ／プリフリーズ、正常にシャットダウンを行えない、ある瞬間に動作がやけに重たくなる等の問題を抱えるものも存在するのだ。これはのちのファームウェアアップデート等で解消するものもあるが、ハードウェア設計上の問題を抱えるものや単なる不良品(良品交換で改善)等も存在し、要は一般商品同様「当たりはずれ」がある。
>
> この点を踏まえると、購入直後からいきなりファイルサーバーとして運用するのは無謀と言える。メーカー／モデルによって異なる機能や設定手順が異なるという点を踏まえても、1週間ほど様子を見てから本格運用を行うとよい。

無線LANルーターのUSBポートで実現するNAS

ファイルアクセスにおける過度なパフォーマンスや、共有フォルダーへのアクセス管理において細かいユーザー認証等を求めない環境であれば、無線LANルーター背面のUSBポートを利用してNASを実現するという方法もある。

無線LANルーター背面のUSBポートに任意のUSBハードディスク／USBメモリを接続すれば、省電力でかつ365日24時間運用可能なNASを簡単に実現することができる。メーカー／モデルによっては単なるローカルエリアネットワーク上の共有ストレージというだけではなく、ユーザー認証／DLNAサーバー／BitTorrent／遠隔接続等にも対応するため、意外と高機能であることも見逃せない。

● 無線LANルーターの付属機能によるNASの実現

BUFFALO製無線LANルーター「WXR-1900DHP2」のUSBストレージ設定。ファイル共有機能としては十分であり、USBハードディスクだけではなく安価なUSBメモリを共有ストレージとして割り当てることができるのもポイントだ。

NASのネットワーク設定と活用

ここではNAS（Network Attached Storage）のネットワーク設定と活用について述べよう。

なお、ご承知の通りNASはメーカー／モデルにより機能（できること）もパフォーマンスも異なるため、以下の解説が適合するかはチョイスしたNASのメーカー／モデル次第である。

□ IPアドレスの固定化

NASはローカルエリアネットワークのネットワークデバイスからアクセスを受ける「ホスト」であることを踏まえると、「IPアドレスの固定化」が強く推奨される。

NASにおけるIPアドレス固定化設定はメーカー／モデルによって異なるが、基本的にはIPアドレスの割り当てが「自動的に取得（DHCP）」等になっているので、「手動設定」に変更したうえで、任意のIPアドレス（一意の固有の値）／サブネットマスク／デフォルトゲートウェイアドレス等を入力すればよい。

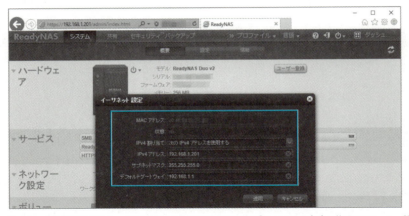

Synology製NAS「DiskStation DS216j」(上)とNETGEAR製NAS「ReadyNAS」(下)の管理コンソール。設定方法は異なるが、それぞれIPアドレスを固定化できる。

❏ 機能の有効化とアドオン

 ほとんどのNASはDLNAサーバー機能に対応するほか、DTCP-IP対応によるムーブ、遠隔接続、クラウド同期、プリントサーバー、ネットワークカメラ等の機能に標準/アドオンで対応するモデルもあり、中にはトランスコードに対応して動画ファイルをクライアント(スマートフォン/タブレット等)に最適化して送信可能なものも存在する。

 これらの各機能の有効化やアドオンの導入はもちろん環境任意であり、中にはWindows OSでは複雑な設定が必要なものを極めて簡単に機能実現できる有用性が高いものがある。

Synology製NAS「DiskStation DS216j」。Webブラウザー上でわかりやすいUIで各種設定が可能であるほか、アドオンも豊富だ。DTCP-IPに対応するメディア関連機能のほか、クラウド同期機能等をアドオンで入手できる。なお、NASもPC同様に機能をてんこ盛りにすると結果的に処理するべき項目を増やすためパフォーマンスを落とすことになる点に注意だ。

「DiskStation DS216j」のアドオン

■ ファイル管理

Windowsファイルサーバーが存在することを前提とするのであれば、NASはWindowsファイルサーバーと上手に棲み分けて利用するのが賢い。例えばWindowsファイルサーバーは特定の時間／特定の人のみ必要になるファイル(ビジネスファイルやあんなファイル)を共有管理して、NASは365日24時間必要になるであろうファイル(家族で共有するデータファイルやメディアファイル)を共有管理するなどだ。

■ Windows OSから見たNASの活用

Windows OSから見ると、NASには常にアクセスできるというメリットが存在する。この点をWindows OSの各機能から見ると、「ファイル履歴(➡P.362)」や「バックアップ」に最適なネットワークデバイスと言える。またクラウドとの同期機能があるNASにおいては、「クラウド同期はNASに任せる」ことでPC負荷軽減(据え置きのデスクトップPCにおいてPCごとにクラウドアクセス＆同期を行うという負担を軽減できる)＆クラウドバックアップの利便性を高めることも可能だ。

● Windows OSから見たNASの活用

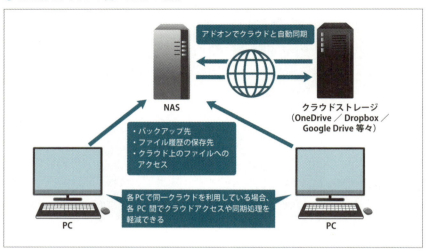

Column

NASのファイルロスを軽減させるための管理

　NASにおける最大のリスクは「ファイルロス」である。これは先にも述べたが、ミラーリングによる冗長性を確保してもNAS本体が壊れてしまうと根本的に意味をなさない点に着目しなければならない。このようなファイルロスを軽減する方法の1つが「ファイル同期（バックアップ）」であり、別ファイルサーバと同期することにより結果的にNAS本体が壊れてもファイルは失われずに済む。

　ちなみに筆者がNASを購入する際には安定性やパフォーマンス、また求める目的と機能を満たしていることを確認したうえで、「もう1台同一型番のNAS」を購入するようにしている。同じ型番のNASを2台所有していれば、NAS本体故障時にもクローンによる運用継続、あるいはストレージの入れ替えによる運用継続（ただしこれが可能か否かはメーカー／モデルによる）、部品取りによる運用継続等の対応が可能であるためリスクを大幅に軽減できるからだ。

● 同一型番のNASを用意することによるリスク軽減

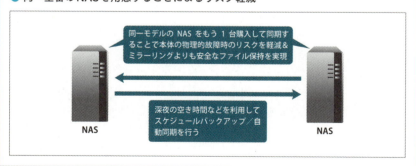

ネットワークカメラの活用と設定

「ネットワークカメラ」とは、その名の通りネットワーク機能（有線LAN／無線LAN機能）を有するカメラのことだ。機能の詳細はモデルによって異なるものの、基本的にネットワーク経由での「遠隔監視（離れた場所の映像確認）」が可能なデバイスであり、来客／ペット／デバイスの様子確認、また防犯に役立てることができる。

ネットワークカメラの上位モデルでは「パン・チルト（いわゆる首振りでありクライアントから任意のアングルを指定できる）」「暗視（暗い場所では赤外線LED等を利用する機能）」「録画（PC／NASの共有フォルダーやSDカードに映像を保存）」「動態監視（動きを検知してお知らせや自動録画）」等が搭載されている。

エレコム製パン・チルト対応ナイトビジョンネットワークカメラ「NCC-EWNP100WH」。有線LAN接続＆Wi-Fi接続に対応するほか、パン＆チルト＆暗視＆録画対応と一通りの機能を備える高機能モデルであり、また無料でダイナミックDNSを利用可能だ。

■ ネットワークカメラの設定コンソールへのアクセス

ネットワークカメラの設定コンソールへのアクセスは、ほとんどのメーカー／モデルでは「ネットワークカメラのネットワークアダプターに割り当てられたIPアドレス」を指定することでログオンできる。ネットワークカメラの背面や付属シールに本体のMACアドレスが記載されていれば、それを頼りにネットワークカメラに割り当てられたIPアドレスを探すとよいだろう。

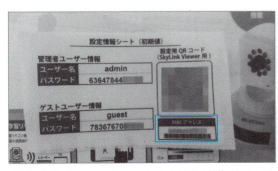
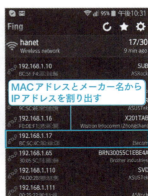

このネットワークカメラはシールでMACアドレスが記載されているため、「Fing（➡P.231）」からMACアドレスとメーカー名（Elecom）を頼りに、現在割り当てられているIPアドレスを確認することができる。

◯ IPアドレス固定化とポート番号設定

ネットワークカメラはカメラ映像を配信するという特性上、ホスト的役割を持つためIPアドレスの固定化が望まれる。

また、遠隔接続を実現するのであれば任意のポート番号を指定したうえで、ルーターの設定コンソールでポートマッピング設定を行うとよい。

ネットワークカメラの設定

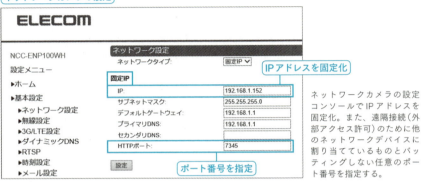

ネットワークカメラの設定コンソールでIPアドレスを固定化。また、遠隔接続（外部アクセス許可）のために他のネットワークデバイスに割り当てているものとバッティングしない任意のポート番号を指定する。

ルーターの設定

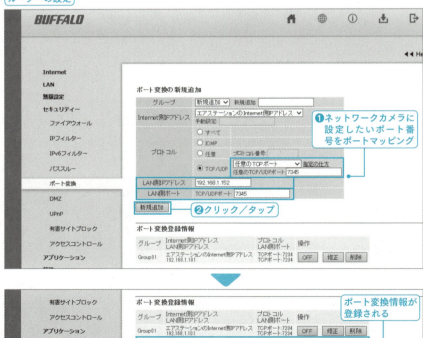

ネットワークカメラに設定したポート番号をポートマッピング。これで遠隔接続が可能になる。

◘ ダイナミックDNSの確認と設定

　ネットワークカメラによっては、独自にダイナミックDNS機能を保有するものがある。ダイナミックDNS環境がないのであれば（ルーター側でDDNS環境を構築していないのであれば）ネットワークカメラの設定コンソールでダイナミックDNS設定を行う。

このネットワークカメラでは無料のダイナミックDNSサービスにてDDNSドメイン名を取得したうえで、DDNS管理をネットワークカメラの設定コンソールで行うことができる。なお、ルーターの設定コンソール等でDDNS設定を行っているのであれば、そのDDNSドメイン名をアクセスアドレスに指定すればよいので必須設定ではない。

◘ ネットワークカメラへのアクセス／遠隔接続

　ネットワークカメラへのアクセスは、ローカルエリアネットワーク上であれば、Webブラウザーからネットワークカメラに割り当てられた（あるいは固定化した）IPアドレスとポート番号を「［IPアドレス］：［ネットワークカメラに割り当てたポート番号］」とアドレス指定することで、カメラ映像を閲覧できる（メーカー／モデルによる）。

　また、遠隔接続を実現するのであれば別回線から「［DDNSドメイン名］：［ネットワークカメラに割り当てたポート番号］」という形で実現できる。なお、多くのネットワークカメラはスマートフォン／タブレット用の専用アプリを用意しているので、これを利用してもよいだろう。

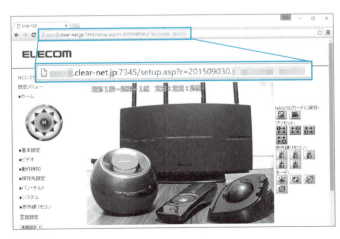

ローカルエリアネットワーク接続の場合には「ネットワークカメラのプライベートIPアドレス：［ネットワークカメラに割り当てたポート番号］」、遠隔接続の場合には「［DDNSドメイン名］：［ネットワークカメラに割り当てたポート番号］」をアクセスアドレスとして指定すれば、ネットワークカメラの映像にアクセスできる。

スマートフォン／タブレットにおけるネットワークカメラへのアクセス。左画像はWebブラウザーからのアクセス、右画像は専用アプリによるアクセスだ。このネットワークカメラではスワイプによるパン・チルトが行えるほか、ナイトビジョン（暗視）の有効化、ネットワークカメラ内蔵マイク／スピーカーによる音声送信／音声確認なども行える。

USBカメラをネットワークカメラとして運用する

　USBカメラとPCのアプリを組み合わせれば、ネットワークカメラを構築することも可能だ。USBカメラでネットワークカメラを実現できるアプリには「Msako」等がある。「Msako」では、動体検知による警報設定／画像保存／映像保存を任意に行うことができるほか、HTTPサーバーを設定することで遠隔接続も可能だ。

サンワサプライ製「CMS-V36BK」。USBカメラとしては貴重な「ワイヤレスUSBカメラ（USBレシーバーとカメラ部が別体になっている）」ため、自由な配置が可能であり、PCから離れた場所も撮影可能だ。

● USBカメラを「Msako」でネットワークカメラにする

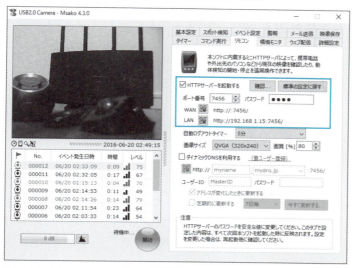

「Msako」によるHTTPサーバー設定。➡P.293 で説明したネットワークカメラの設定同様、任意のポート番号を指定したうえで、ルーターの設定コンソールでポートマッピング設定を行う。ちなみにあらかじめ定められたダイナミックDNSサービスを利用することも可能だ。

スマートフォン／タブレットによる「Msako」への遠隔接続。映像の更新間隔を任意に設定できるほか、スポット検知や警報等の各種設定、またイベント一覧を確認することも可能だ。

7-3 Windows 10 Mobileの活用

Windows 10 Mobileの仕様と魅力

　iPhoneやAndroidスマートフォンであればどこでも触ることができ、また販売店等で詳細な説明を受けることもできるが、Windows 10 Mobileとはいったい何者か……という疑問に答えるために、ここでは本書と連動したネットワークテクニックを交えてWindows 10 Mobileを解説しよう。

　なお、あらかじめ断っておくが、筆者は過去に「Windows Phone 7（Windows 10 Mobileの前身、Microsoftの社員が強制的に所持させられた伝説の端末）」に触れた際に3分で放り投げた経験があり、いわゆるWindowsの名が付けば何でも好意的という間抜けな信者ではない。

■ Windows 10と同じUIを持つWindows 10 Mobile

　Windows 10 Mobileを利用するメリットがあるとすれば、それは「Windows 10（PC版）」のユーザーインターフェースに限りなく近いという部分だ。

　例えば画面端をスワイプすれば「アクションセンター」を表示することができ、「⚙設定」の大まかな設定項目や分類はWindows 10と同様である。また、PCで利用しているMicrosoftアカウントでサインインすれば、同一のクラウドにアクセスして各種サービスと連携できるため、Windows 10を普段から利用しているものであれば、違和感なく各種操作設定を行うことができるのだ。

Windows 10 Mobile（左）とWindows 10（右）のアクションセンターの比較。双方とも画面端からのスワイプで表示可能だ。

7-3 Windows 10 Mobileの活用

Windows 10 Mobile（左）とWindows 10（右）の「⚙設定」の比較。大まかな設定項目はほぼ同一であり、つまりはWindows 10を極めてしまえばWindows 10 Mobileも難なく操作設定を行える。

◻ Officeが無料で使えるWindows 10 Mobile

Officeにおいては、「10.1インチ以下の媒体において無料で編集機能を利用できる」という特徴があるが、Windows 10 Mobileはその例にもれず、無料でWord／Excel／PowerPointの編集機能を利用できる。

Windows 10 MobileのWord／Excel／PowerPointは、Windows 10におけるOffice Mobileと同等の機能を持ち、基本的なOfficeファイルの編集であれば特に不足なく行える。

● Windows 10 MobileでPCで作成したWordファイルを開く

Windows 10 Mobile（Lumia）によるWordの編集画面。タッチ操作に最適化されており、操作がわかりやすくまとめられている。基本的な編集であれば不足がないほか、Microsoftアカウントでサインインしていれば OneDriveでデータファイルを同期して編集を行える。

Windows 10 Mobile（左）と Windows 10（右）における Office Mobile の初期起動。右画面はデスクトップ PC による起動であるため、「読み取り専用」とあり編集ができない。逆の言い方をすると Windows 10 Mobile は仕様上間違いなく Office の編集機能が無料で得られるという特徴がある。

◻ 基本的に SIM フリー端末である

　iOS／Android の SIM フリー端末を手に入れようとするとかなりの高額になるか、あるいは何らかのキャリアと契約しなければならないが、Windows 10 Mobile 端末は基本的に SIM フリー端末であり、また比較的安価に入手可能である（まあ大手キャリアと組めるほど人気がないのが理由だが）。

　Windows 10 Mobile 端末でも、もちろん電話／メール／カレンダー／Web ブラウズ等の一通りのことができ、またストアからアプリを入手可能であるため、大まかな使い方であれば iOS & Android 端末と変わらない……と言いたいが、アプリの充実度は正直二大巨頭に遠く及ばず、おそらく永遠に追いつくことはない。

　このような事実を踏まえると、Windows 10 Mobile 端末はむしろ Windows 10 PC の超小型版と考え、素直に iOS & Android 端末のテザリングで利用するのも手だ。

Windows 10 Mobile 端末はほぼ SIM フリーだ。筆者は月額料金不要のプリペイド SIM「IIJmio」を SIM スロットに挿入したうえで利用している。

キャリア設定画面。筆者手持ちの端末はAPN設定が必要だったが、国産Windows 10 Mobile端末においてはプロファイルから任意に選択するだけで通信可能なモデルもある。

Windows 10 Mobileで物理キーボード/マウスを利用する

　Windows 10 Mobile端末単体ではタッチ操作が基本になるが、Bluetoothキーボード/Bluetoothマウスを利用すればPC同様の操作環境を得ることも可能だ。

　Windows 10 MobileでBluetoothデバイスを利用したい場合には、「⚙設定」から「デバイス」→「Bluetooth」と選択して、Bluetooth機能をオンにした状態で任意のBluetoothデバイスとペアリングするとよい。

　物理キーボードを利用すれば、Windows 10同様のショートカットキーを利用でき、例えば⊞＋Aキーで「アクションセンター」、⊞＋Iキーで「⚙設定」にアクセスできる。また物理マウスを利用すれば、マウスクリックはタップ相当/マウス右クリックは長押しタップ相当の操作が実現できる。

　もともと物理キーボード＆物理マウスの存在を前提としたWindows OSから派生したWindows 10 Mobileにおいて、この辺の操作は使いやすく圧倒的なアドバンテージがある。

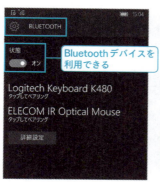

Windows 10 Mobileでは、もちろん各種BluetoothデバイスがЛ利用できる。もともと物理キーボード＆物理マウスを前提としたWindows OSがベースであるため（むしろタッチ操作が後付けであるため）、入力デバイスの利用は快適だ。

Continuum／Miracastによる大画面操作

　Windows 10 Mobileは「Miracast（ミラキャスト）」に対応しており、また一部のモデルでは「Continuum（コンティニュアム）」に対応している。

　Miracastでは、HDMI端子を持つ液晶ディスプレイとMiracastアダプターを組み合わせることで、現在のWindows 10 Mobile端末の画面をそのままワイヤレスで液晶ディスプレイに映し出すことができる。またContinuumでは、HDMI端子を持つ液晶ディスプレイとContinuum対応アダプターを組み合わせることで、「Windows 10のデスクトップに近い操作環境」を得ることができ、Continuum対応アダプターによってはUSBキーボード＆USBマウスが利用できるのもポイントだ。

　Windows 10 MobileではWord／Excel／PowerPointにおいて編集機能が無料で利用できることを考えても、Continuum対応アダプターとの組み合わせは強力であり、大画面でのOffice系ファイル編集はもちろん、PowerPointによるプレゼンテーション実践等にも活用できる。

VAIO製Continuumに対応したWindows 10 Mobile端末「VAIO Phone Biz」。SIMフリー端末でかつ、5.5インチフルHD＋RAM 3GBなのでもちろん単体でWord／Excel／PowerPointの編集操作等も快適に行える。

トリニティ製Windows 10 Mobile「NuAns NEO」。大容量バッテリーと急速充電機能を備える。SIMフリーによる国内主要周波数バンドに対応。スタイリッシュなデザインも特徴的で、好みに応じた外装（カバー）を組み合わせて個性を演出できる。

Actiontec製Continuum対応アダプター「スクリーンビーム・ミニ2 Continuum」。Continuumに対応することはもちろん、アダプター側にUSB端子を備えるため、付属のY型ケーブルを利用することにより「USBキーボード」「USBマウス」を利用できる。

● Continuumによる大画面出力&各種ファイル操作

Continuum対応Windows 10 Mobile端末+Continuum対応アダプターで液晶ディスプレイに映し出したデスクトップ画面。Windows 10のデスクトップにかなり近い操作感になる(ただしアプリは基本的に全画面表示になるため、どちらかと言うとWindows RTに近い)。

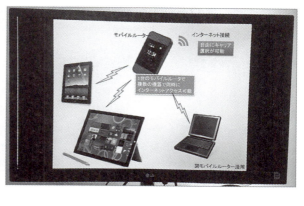

ContinuumにおけるPowerPointのプレゼンテーション実践。左がWindows 10 Mobile端末上の画面、右が液晶ディスプレイ+Continuum対応アダプターの画面。Windows 10 Mobile端末ではプレゼンシート+ノート+サムネイルが表示され、液晶ディスプレイ側にはプレゼンシートのみが全画面で表示される。

Windows 10 Mobile 端末でのネットワーク情報確認

　Windows 10 Mobile端末でWi-Fi接続におけるMACアドレスを調べたい場合には、「⚙設定」から「システム」→「バージョン情報」と選択して、「デバイス情報」欄で確認することができる。また、現在接続しているWi-Fiネットワーク情報を確認したければ、「⚙設定」から「ネットワークとワイヤレス」→「Wi-Fi」とタップして、現在のWi-Fi接続（アクセスポイント）をタップすれば、IPアドレスやデフォルトゲートウェイアドレス等を確認できる。

● ネットワーク情報の確認

Windows 10 Mobile デバイス情報／ネットワーク情報の確認。デバイス情報ではMACアドレスのほかWindows 10 Mobile のバージョンや各種システム情報を確認できる。

Windows 10 Mobile 端末でのリモートデスクトップ接続

　Windows 10 Mobile端末でPCのリモートコントロール（Windows 10／8.1／7におけるリモートデスクトップホストへの接続）を行いたい場合には、あらかじめホストPC側でリモートデスクトップホストを有効にしたうえで（➡ P.321 ）、Windows 10 Mobile上でユニバーサルWindowsアプリ「リモートデスクトップ」を起動。「＋（新規追加）」をタップしたうえで「Desktop」をタップする。接続設定においては、「PC Name」欄に「ホストPCのIPアドレス」を入力。また「Add account」をタップして、「Username」欄に「［ホストPCのコンピューター名］\［ユーザー名］」、「Password」欄に「ユーザーアカウントのパスワード」を入力すればよい。もちろん、Microsoftアカウントを指定することも可能だ。Windows 10 MobileからWindows PCのリモートコントロールを実現することができる。

● リモートデスクトップ接続の設定

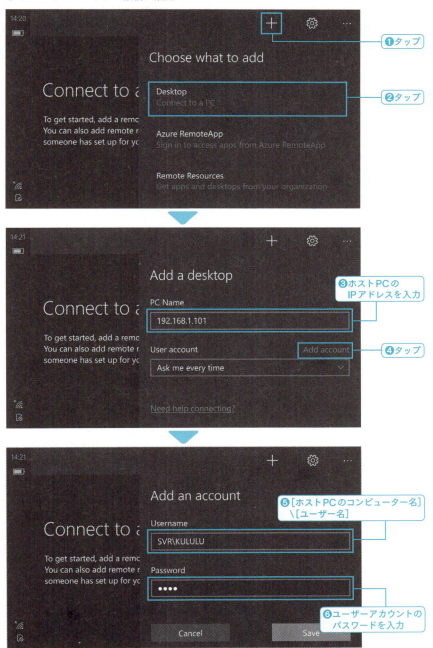

ユニバーサル Windows アプリ「リモートデスクトップ」を起動して、「＋（新規追加）」をタップしたうえで「Desktop」をタップ。「PC Name」欄に「ホスト PC の IP アドレス」を指定したうえで、「Add account」をタップして、ホストに接続許可されているユーザーアカウントのユーザー名とパスワードを入力する。

● Windows 10 Mobile 端末によるPCのリモートコントロール

Windows 10 Mobile から Windows PC のリモートコントロールを実現できる。なお、遠隔接続環境をセットアップすれば（ P.327 ）、外出先から自身の回線にある PC をリモートコントロールすることも可能だ。

Windows 10 Mobile 端末でのリモート電源コントロール

　Windows 10 Mobile端末でホストPCに対するリモート電源コントロール（ホストPCの電源オン／スリープからの復帰）を行いたい場合には、あらかじめホストPC側でWOL（Wake On LAN）を有効にしたうえで（ P.335 ）、ユニバーサルWindowsアプリ「wakeONlan」を起動。「＋（追加）」をタップして、該当ホストPCの任意名称とMACアドレスを登録すれば、wakeONlanのホームの画面に項目が追加されるので、タップすることでリモート電源コントロールを行うことができる。

　該当設定をWindows 10 Mobileのホーム画面にピン留めすれば、ホーム画面から該当ホストPCのリモート電源コントロールを直接実行することも可能だ。

ユニバーサル Windows アプリ「wakeONlan」。同名称のアプリは多数存在するのだが、本書が利用したのはこのアプリだ。

● リモート電源コントロールの設定

ユニバーサル Windows アプリ「wakeONlan」の設定画面。MAC アドレスを指定すれば、wakeONlan のホーム画面に登録されるので、該当項目をタップすることでリモート電源コントロールを実現できる。

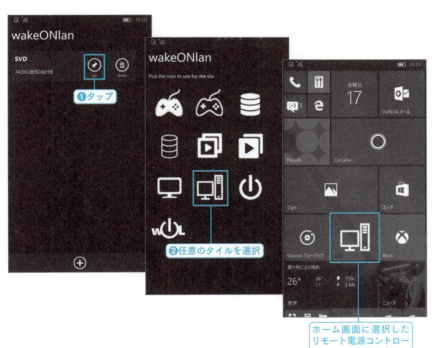

ホーム画面に選択したリモート電源コントロールタイルを配置できる

wakeONlan のホーム画面で該当項目の「pin」をタップしたのちに任意のタイルアイコンを選択すれば、Windows 10 Mobile のホーム画面に、該当ホスト PC のリモート電源コントロールタイルを配置することができる。

7-4 メディア共有とDTCP-IPによるデジタル放送の視聴

メディアを共有するためのサーバーとDTCP-IP

　本書で言うメディアとは「動画・画像・音声」であるが、ネットワークデバイス間で画像と音声を共有することは比較的簡単であるため、ここでは「動画(PC動画ファイル、放送中番組の視聴、録画番組の視聴)」に絞って各ネットワークテクニックを解説しよう。

　なお、ネットワーク経由での動画再生においてネックになるのはネットワークデバイス間の動画に対する互換性と重さ(解像度/ビットレート/コーデック等)と、事実上日本にしか存在しない著作権保護技術によるコンテンツ保護である。

■ 共有フォルダーによる共有と動画再生

　PC/NAS等の共有フォルダーに動画ファイルを置いておけば、クライアントからアクセスそのものはファイラー等で可能だ。ただし、動画ファイルは様々なコンテナ/コーデックにより生成されている関係上、動画プレーヤー(正確には動画再生環境)が該当するコンテナ/コーデックをサポートしてなければ映像＆音声として視聴できない点に注意する必要がある。

　逆の言い方をすると、動画視聴を行うクライアントネットワークデバイスにおいては、様々なコンテナ/コーデックに対応している動画プレーヤーをチョイスすべきということになる。

■ デジタル放送のリアルタイム視聴＆録画視聴

　DLNAは「Digital Living Network Alliance」の略であり、要はPCと家電製品(テレビ/BD/DVD/HDDレコーダー/ゲーム機)間でメディア共有するための規格である。DLNA規格に対応したネットワークデバイスであれば動画・画像・音声を共有して再生することが可能であり、またあまり活用されていないがリモート操作(デジタルメディアコントローラー/デジタルメディアレンダラー)を行うことも可能だ。

　さて、ここまではよいのだが、日本国内のデジタル放送においてはコピーを禁止するための著作権保護技術によるコンテンツ保護が行われている関係上、DLNA規格をもってしてもネットワーク経由での再生は阻まれる。

　そこで登場するのが「DTCP-IP(Digital Transmission Content Protection over Internet Protocol)」である。サーバー/クライアント双方のデバイスがDTCP-IPに

対応していることにより、デジタル放送のリアルタイム視聴／録画視聴がネットワーク経由で可能になる。

ちなみに「DLNA対応デバイス」イコール「DTCP-IP対応デバイス」ではないことに注意が必要だ。いわゆるPC／スマートフォン／タブレット等でBD/DVD/HDDレコーダーで録画したデジタル放送や現在放送中のデジタル放送を視聴したければ、サーバーとなるBD／DVD／HDDレコーダーがDTCP-IP対応で、かつクライアントとなるPC／スマートフォン／タブレットもDTCP-IP対応アプリが導入されていなければならないということになる（➡P.314）。

Column
著作権保護を意に介さずデジタル放送を視聴する

著作権保護を意に介さずにデジタル放送（放送中番組／録画番組）をネットワーク経由でPC／スマートフォン／タブレットで視聴する方法は主に2つある。

1つはアナログ出力を利用する方法であり、いわゆるデジタル放送視聴デバイスからコンポーネント端子でアナログ出力してしまい、そのアナログ映像＆音声をキャプチャーしてネットワーク上の他のネットワークデバイスに配信するという方法である。PCのアナログキャプチャーカードを用いる方法のほか、コンポーネント端子入力対応のハードウェアトランスコーダーを用いて実現する方法もある。

もう1つは生TSファイルを保存できるデバイス＆アプリを利用する方法であり、生TSファイルは著作権保護のない単なる動画ファイルであるため、録画フォルダーを共有フォルダーに設定するだけでネットワーク経由での再生が可能になる。

ただし、ここで挙げた機能を実現できるデバイスの一部は販売終了等に伴い入手困難であり、また比較的難解な環境設定が要求される。

動画ファイル再生／DTCP-IP対応再生環境の構築

動画ファイルフォーマット（コンテナ／コーデック）には様々なものがあるが、この多種の動画ファイルフォーマットに対応させるために、過去には「対応コンテナ／コーデックを1つ1つ入手してインストールする」「主要コーデックがセットになったコーデックパック（ffdshow、Shark007 Codecs等）」を導入するという方法があったが、現在ではあらかじめ多種のコンテナ／コーデックに対応したメディアプレーヤーアプリを用いるのが一般的だ。

このようなメディアプレーヤーアプリには「Media Player Classic」「VLC Media Player」「GOM Player」等があるが、一長一短なので環境に合わせた使い分けが必要である（なお、フリーウェア全般に言えることだが、特に動画系ツールの導入はマルウェア感染に注意されたい）。また、DTCP-IP対応プレーヤーにはユニバーサルWindowsアプリ「sMedio TV Suite for Windows」等がある。

ちなみに「PowerDVD Ultra」であれば、多種の動画ファイルフォーマット＆

DTCP-IP 対応プレーヤーとして活用できるほか、スマートフォン／タブレットで
PC 上の再生におけるリモコン操作（ ➡ P.314 ）等も行えるため、総合的に優れる。

● **DTCP-IP サーバーにある録画番組の視聴**

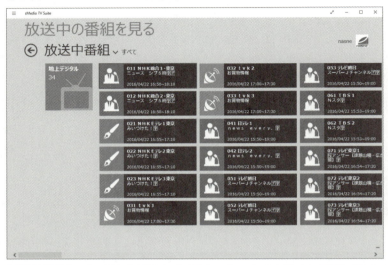

DTCP-IP 対応プレーヤー「sMedio TV Suite for Windows（ユニバーサル Windows アプリ、Windows 10／8.1 対応）」で DTCP-IP サーバー対応レコーダーにアクセス。録画番組の視聴はもちろん、放送中番組の視聴もできる。

CyberLink 製メディアプレーヤー「PowerDVD Ultra」。主要動画ファイルフォーマットをサポートするほか、DTCP-IP にも対応するため DTCP-IP サーバー対応レコーダーにアクセスして録画番組コンテンツ／放送中番組コンテンツを視聴することもできる。

PCをマルチメディアプレーヤーにした際のリモコン操作

　現在の家庭用テレビはHDMI入力端子を持つため、HDMI出力端子搭載PCを接続すればマルチメディアプレーヤーとして活用することが可能だ。なお、メディアプレーヤーアプリやDTCP-IP対応プレーヤーを家庭用テレビで活用する際、意外と困るのがPC操作そのものである。そこでここでは、家庭用テレビ＋PC環境で活躍するリモコンデバイスとテクニックを紹介しよう。

◻ Windows Media リモコン

　現在ではやや入手困難だが、Windows Mediaリモコンであれば映像の再生／一時停止はもちろん、ボリューム調整やスリープ／スリープ復帰等を行える（UEFI／BIOS設定にもよる）。なお、赤外線方式であるため、別途学習リモコンを用意することでデジタル家電との相互の操作性を高めることが可能だ。

◻ トラックボール

　マウスを転がす場所がない、あるいはTV録画PC等においてマウスの微振動でスタンバイから復帰してしまい困る等の場合は「トラックボール」がよい。

エレコム製ワイヤレストラックボール「M-DT1DRBK」。人差し指によるトラックボール操作であるため少々癖はあるものの、高性能光学式センサー＆OMRON社製スイッチであるため、慣れれば操作性は高い。

◻ プレゼンテーションマウス

「プレゼンテーションマウス」は、文字通りプレゼンテーション用のマウスだが、ジャイロセンサーにより本体の傾きでマウスカーソル移動のほか、カーソルキー／ボリューム調整等の各機能はPC上の映像操作にも活用できる（メーカー／モデルによる）。

サンワサプライ製ジャイロマウス「MA-WPR9BK」。本体収納可能な小型USBレシーバーをPCに接続することにより、物理マウス相当の操作をジャイロセンサー／カーソルキー／各種ボタンで実現できる。ジャイロ動作のオン／オフもできるため操作性は高い。

サンワサプライ製プレゼンテーションマウス「MA-WPR10BK」。ジョイパッドに近い感覚でマウスカーソル操作を行え、またBluetooth 4.0 & USBレシーバー接続の双方に対応するため、様々な場面＆デバイスでの活用が可能だ。

◻ デジタルメディアコントローラー／デジタルメディアレンダラー

　DLNA対応デバイスやDLNA対応Windows／iOS／Androidアプリにおいて、デジタルメディアコントローラー（DMC）／デジタルメディアレンダラー（DMR）をサポートしていれば、リモートで映像再生を行うことが可能だ。

　例えば「Microsoft Edge」でYouTube等の動画サイトを閲覧している状態で、メニューから「デバイスにメディアをキャスト」を選択後に任意のDLNAデバイス（あるいはDMR対応アプリ）を選択すれば、映像を指定デバイス側で視聴することができる。

● Microsoft Edge 上の YouTube 動画を他のデバイスで視聴

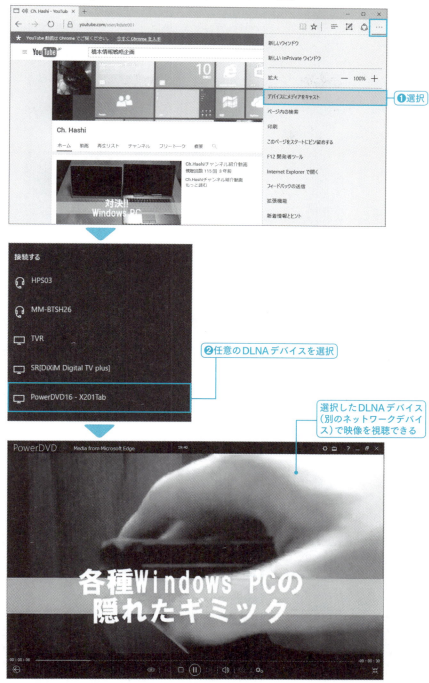

Column

iOS／Android端末をリモコンにする

「PowerDVD Ultra」はデジタルメディアコントローラー／デジタルメディアレンダラーに対応するほか、iOS端末／Android端末に「PowerDVD Remote」を導入することでiOS／Android端末をPowerDVD Ultraのリモコンとして活用することができる。

PCの映像視聴においてマウス操作＆キーボード操作から解放されることは、想像以上に快適で便利だ。

iOS端末で動画ファイル再生環境を構築する

iOS（iPhone／iPad）端末でPC／NAS等の共有フォルダー内にある動画ファイルを再生したい場合には、SMBプロトコルに対応し、かつ多種の動画ファイルフォーマットに対応した動画プレーヤーを導入すればよい。このような多機能動画プレーヤーには「nPlayer」「GoodPlayer」が存在し、ファイラーではあるが「FileExplorer（→ P.263）」もなかなかの再生能力を誇る。また、DTCP-IP対応プレーヤーには「DiXiM Digital TV」「Media Link Player for DTV」等がある。

● nPlayerによる共有フォルダーへのアクセス

「nPlayer」でネットワークアクセスを設定。新規サーバーとして「SMB／CIFS」を選択したのち、「ホスト」欄にホストPCのIPアドレス指定したうえで共有フォルダーで許可されているユーザー名とパスワードを入力する。

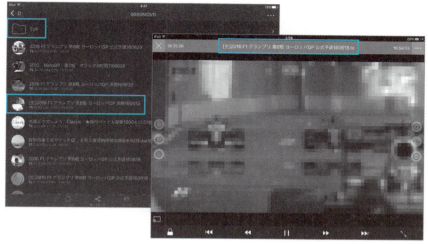

「nPlayer」で共有フォルダーにアクセスして動画ファイルを再生。本書2章に従って無線LAN環境さえしっかり整えておけば、重めの動画ファイルでも再生可能だ。

● DTCP-IPサーバーにある録画番組の視聴

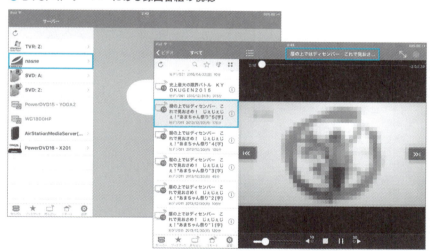

「DiXiM Digital TV」でDTCP-IPサーバー対応レコーダー(nasne)に接続して著作権保護されたデジタル放送の録画番組コンテンツを視聴。「ライブチューナー」を選択すれば放送中番組コンテンツを視聴することも可能だ。

Android端末で動画ファイル再生環境を構築する

　Android端末でPC／NAS等の共有フォルダー内にある動画ファイルを再生したい場合には、Androidはインテントにより任意のアプリを呼び出すことができるため、使い慣れたSMBプロトコル対応ファイラー（「ESファイルエクスプローラー」等、➡P.267）からアクセスして、多種の動画ファイルフォーマットをサポートし

た「MX Player Pro」等の動画プレーヤーで動画ファイルを開けばよい。また、DTCP-IP対応プレーヤーには「sMedio TV Suite」「Media Link Player for DTV」等がある。

● 共有フォルダーの動画ファイルを「MX Player Pro」で再生

「ESファイルエクスプローラー」から任意の動画ファイルをタップして「MX Player Pro」で再生する。「MX Player Pro」は基本的な動画ファイルフォーマットをほぼ網羅しているほか、ジェスチャー操作や端末によってはハードウェアデコードにも対応する。

● DTCP-IPサーバーにある録画番組の視聴

「sMedio TV Suite」でDTCP-IP対応サーバー(nasne)に接続。「ビデオ」から「すべて」選択すれば録画番組コンテンツ、「ライブチューナー」を選択すれば放送中番組コンテンツを視聴することができる。

防水アイテムの活用

7-4

お風呂でもスマートフォン／タブレットで動画ファイルを楽しみたい、あるいはDTCP-IP対応環境を用いて放送中番組コンテンツ／録画番組コンテンツを楽しみたいという場合には、以下のような防水アイテムを活用するとよい。もちろん下記アイテムは、キッチン／雨天バーベキュー等のいわゆる水場でも活躍する。

防水ケース

水まわりでタブレットを活用したいという場合には「防水ケース」を活用するとよい。実際に防水ケースを用いてみればわかるが、「音がこもる」ことになるので、音声出力にこだわる場合には別途スピーカーを用意するか、あるいは「スピーカー付き防水ケース」を用いることをお勧めする。

ちなみに防水ケースにおいては「大は小を兼ねる」ように思えるかもしれないが、防水ケースに入れた状態での端末操作はタッチ感度の関係上「密着性」が重要になるため、自身のタブレットに合ったサイズをチョイスするようにしたい。なお、爆熱端末の使用は、防水ケースの密閉性の高さゆえに最悪物理的クラッシュを招くことになるため注意したい。

エレコム製タブレットPC汎用防水ケース「TB-WPS」シリーズ。3連チャック＋巻きこみ式の蓋はほぼ完ぺきな防水環境を実現でき、無段階角度調整スタンドとストラップも付属するため各場面で活用できる。

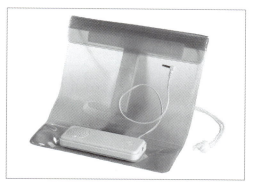

サンワサプライ製スピーカー付き防水ケース「MM-SPWP2」。こちらは3.5mmステレオミニプラグの防水スピーカー（最大出力1W、単四乾電池2本使用）を搭載していることがポイントになる。Bluetoothスピーカーは著作権保護コンテンツの再生に対応できないものもあるため（次項参照）、意外と現実的な選択である。

防水Bluetoothスピーカー／ヘッドフォン

　水まわりで音質にこだわりたい場合には防水Bluetoothスピーカー／防水Bluetoothヘッドフォンを選択するとよい。なお、Bluetoothデバイスにおいて著作権保護コンテンツを再生したい場合にはSCMS-T対応でなければならないが、以下で紹介するBluetoothデバイスはすべてSCMS-Tに対応である（海外製Bluetoothスピーカーの多くはSCMS-Tに対応しないことに注意したい）。

エレコム製防水Bluetoothスピーカー「LBT-SPWP200」。連続動作約20時間の充電式でかつ、保護等級IPX5/X7相当であるため水場でも安心して利用できる。お風呂の中で音声再生を行うと音質のよさに感動できる。

エレコム製防水Bluetoothイヤホン「LBT-HPC11WP」。「耳の内側に引っ掛ける」タイプのイヤホンでありフィット感がある。A2DP（オーディオ）、AVRCP（リモートコントロール）、HFP（ハンズフリー）、HSP（ヘッドセット）対応であるため、ヘッドセットとしても利用可能だ。

サンワサプライ製防水Bluetoothヘッドセット「MM-BTSH26」。オーディオ＆ヘッドセット両対応であり、またaptXにも対応するため、遅延が少ない高音質再生が可能だ（aptXはSCMS-Tと排他仕様）。

第2部
Windows ネットワークの活用 編

Chapter 8

究める！ネットワークを応用したPCテクニック

8-1	PCリモートコントロール＆PCリモート電源	➡ P.320
8-2	ストレージ管理と応用	➡ P.337
8-3	Windows OS「TPO」テクニック	➡ P.350

8-1 PCリモートコントロール & PCリモート電源

PCをリモートコントロールする各手段

　Windows OS搭載PCのデスクトップをクライアント（PC／スマートフォン／タブレット）からリモートコントロールしたいという場合にはいくつかの手段が存在するが、大きく分けると「Windows OS標準機能」を利用する方法と、「任意のリモートコントロールアプリ」を導入して実行する方法がある。

◻ Windows OS標準機能「リモートデスクトップ」

　Windows OS標準機能のリモートコントロール機能に「リモートデスクトップ」がある。このリモートデスクトップはWindows OSにおけるホストPCの「ユーザーアカウント」で認証を行うのがポイントであり、基本的には同一ローカルエリアネットワーク上でのアクセスが前提になる。ちなみにクライアントから特定ユーザーアカウントがサインインしてリモートデスクトップ接続を行っている関係上、ホストPCではデスクトップ操作ができないという特徴がある。

　なお、残念ながらリモートデスクトップにおいて「ホスト」になれるエディションは限られている。また「遠隔接続」を実現するためには「ダイナミックDNS」＋「ポートマッピング」が必要なほか、結果的にレジストリ設定によるポート変更やファイアウォール設定も必要になるため、かなり敷居は高い（➡P.324）。

● リモートデスクトップ

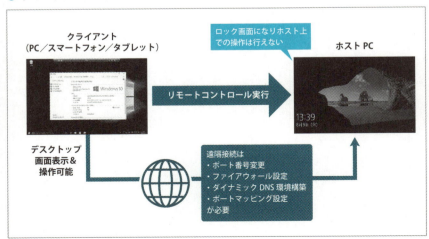

📘 PCリモコンアプリ「Chromeリモートデスクトップ」

　PCのリモートコントロールを実現するためのアプリは「VNC」等のタイトルが存在するが、使いやすくまた高性能なリモートコントロールアプリの1つが「Chromeリモートデスクトップ」だ。

　「Chromeリモートデスクトップ」はGoogle Chrome（Webブラウザー）の拡張機能であり、「Googleアカウント」で認証を行うのがポイントだ。ローカルエリアネットワークだろうがワイドエリアネットワーク（遠隔接続）だろうが意識する必要がなく、同一手順でPCリモートコントロールを行えるというメリットがある。

　なお、「Chromeリモートデスクトップ」はリモートデスクトップとは異なり、クライアントからリモートコントロールを実行している際にもホストPC上でのデスクトップ操作が可能だ。

● Chromeリモートデスクトップ

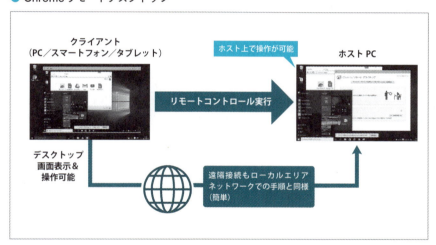

リモートデスクトップホストの設定

　リモートデスクトップホストは、Windows OS標準機能であるため設定は難しくない。基本的にリモートデスクトップホスト機能を有効にするだけで準備完了だ。

📘 リモートデスクトップホストの対応エディション

　リモートデスクトップホスト機能を有効にできるWindows OSエディションは本書で言う「上位エディション」のみになり、具体的には次表のようになる。

　なお、クライアントとしてリモートデスクトップホストに接続する機能（リモートデスクトップ接続）は、すべてのWindows OSエディションのほか、スマートフォン／タブレットも対応する。

● **リモートデスクトップホストのサポート**

	リモートデスクトップホスト
Windows 10 Enterprise	○
Windows 10 Education	○
Windows 10 Pro	○
Windows 10 Home	×
Windows 8.1 Enterprise	○
Windows 8.1 Pro	○
Windows 8.1（無印）	×
Windows 7 Enterprise	○
Windows 7 Ultimate	○
Windows 7 Professional	○
Windows 7 Home Premium	×

リモートデスクトップホスト機能の有効化

コントロールパネル（アイコン表示）から「システム」を選択して、「システム」のタスクペインから「リモートの設定」をクリック／タップ。「システムのプロパティ」の「リモート」タブ内、「リモートデスクトップ」欄にある「このコンピューターへのリモート接続を許可する（リモートデスクトップを実行しているコンピューターからの接続を許可する）」をチェックすれば、リモートデスクトップホスト機能を有効化できる（3OS共通、上位エディションのみ）。

なお、リモートデスクトップホストにおいて接続が許可されるのは「ホストPCに存在するユーザーアカウント」で、かつ「アカウントの種類が管理者のユーザーアカウント」である（「管理者」であれば任意に接続許可する必要がなく、「アカウントの種類」が影響する点が共有フォルダーとの違いになる）。

ちなみに、スマートフォン／タブレットからリモートデスクトップホストに接続する際はIPアドレス指定になるため、ホストPC環境として「IPアドレス固定化」が行われていることが望ましい（➡ P.272）。

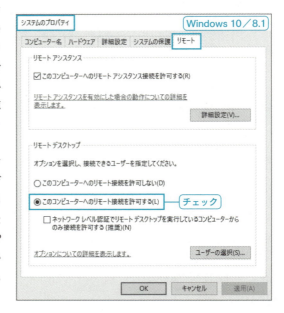

「システムのプロパティ」の「リモート」タブ内、「リモートデスクトップ」欄でリモートデスクトップホスト機能を有効化できる。なお、「ユーザーの選択」ボタンをクリック／タップすることでアカウントの種類における「標準ユーザー」も接続許可が可能だが、通常は必要のない設定だ。

PCクライアントからのリモートデスクトップ接続

　PCクライアントからリモートデスクトップホストに接続してリモートコントロールを行うには、［スタート］メニュー／スタート画面から「リモートデスクトップ接続」を起動。「コンピューター名」欄にホストPCのコンピューター名を指定したうえで、ホストに接続許可されたユーザー名（ホスト上に存在する「ローカルアカウントのユーザー名」あるいは「Microsoftアカウント」）とパスワードを入力すればリモートデスクトップ接続によるリモートコントロールを実現できる。

　なお、リモートデスクトップ接続においてホストPCのWindows OSによっては電源操作が制限されるが、「SHUTDOWN」コマンドを利用すれば電源操作が可能だ（→P.146）。このような環境制限があるホストPCにおいてよく電源操作を利用するというのであればホスト上のデスクトップに電源操作のショートカットアイコンを作成しておくとよいだろう。

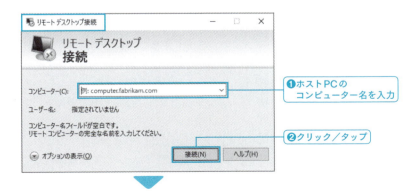

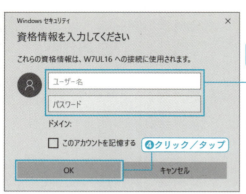

❸資格情報として「ユーザー名」と「パスワード」を入力

❹クリック/タップ

「リモートデスクトップ接続」で「コンピューター名」欄にホストPCのコンピューター名を入力。また資格情報の入力としてホストPCで接続許可された「ユーザー名」と「パスワード」を入力する。なお、ローカルアカウントにおけるユーザー名の認証がうまくいかない場合には、「ユーザー名」欄に「[ホストPCのコンピューター名]¥[ユーザー名]」という形で入力するとよい。

リモートデスクトップ接続が実現する

リモートデスクトップ接続が実現する。画面は Windows 10 クライアントから Windows 7 ホストにリモートデスクトップ接続したものだ。なお、スマートフォン/タブレットにおけるリモートデスクトップ接続は ➡ P.279 だ。

リモートデスクトップホストのポート番号変更

　リモートデスクトップホストのデフォルトポート番号は「3389」であり、クライアントからのリモートデスクトップ接続においてもポート番号が「3389」であることを前提にホストに対して接続を行う。しかし、遠隔接続（➡ P.327）を実現したい場合やセキュリティを高めたい場合には、このデフォルトポート番号を任意に変更するとよい。

　なお、リモートデスクトップホストのポート番号変更後は、クライアントからのリモートデスクトップ接続手順も変更され、任意に変更したポート番号を指定してアクセスしなければならない点に要注意だ。

◻ リモートデスクトップホストのポート番号変更（ホスト）

リモートデスクトップホストを有効にしているPCからレジストリエディターを起動して、ツリーから「HKEY_LOCAL_MACHINE¥SYSTEM¥CurrentControlSet¥Control¥Terminal Server¥WinStations¥RDP-Tcp」を選択。右ペインの「PortNumber」をダブルクリック／ダブルタップして、表記から「10進数」を選択したうえで値のデータに任意のポート番号を入力する。

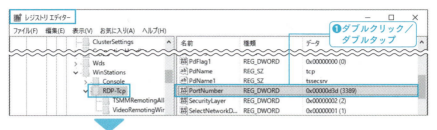

「HKEY_LOCAL_MACHINE¥SYSTEM¥CurrentControlSet¥Control¥Terminal Server¥WinStations¥RDP-Tcp」内の「PortNumber」をダブルクリック／ダブルタップ。表記から「10進数」を選択して、値のデータに任意のポート番号を入力する。なお、ポート番号は1024番以降で、かつ他のアプリで利用しないポート番号を入力する。

◻ ポート番号変更に伴うファイアウォール設定（ホスト）

ホスト上で利用しているファイアウォール機能（セキュリティソフトの導入によっては、パッケージに付属するファイアウォール機能に置き換えられる）の特性によっても異なるが、リモートデスクトップホストのポート番号変更に伴い、ファイアウォール設定で該当ポート番号を開放しなければならない（➡P.244）。

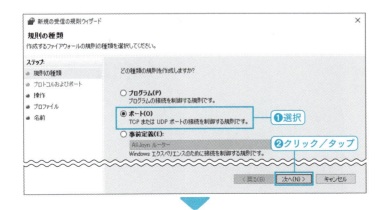

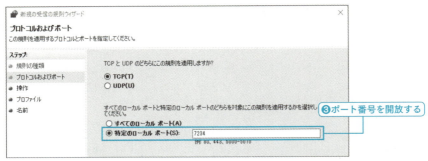

「セキュリティが強化された Windows ファイアウォール」において、「受信の規則」で「新しい規則」をクリック／タップ。リモートデスクトップホストで変更したポート番号を接続許可する指定を行う。

■ リモートデスクトップ接続（クライアント）

リモートデスクトップのポート番号を変更した関係でリモートデスクトップ接続の手順が変更され、接続先指定において「[ホストPCのコンピューター名]:[リモートデスクトップホストに割り当てたポート番号]」あるいは「[ホストPCのIPアドレス]:[リモートデスクトップホストに割り当てたポート番号]」という形で入力する必要がある。

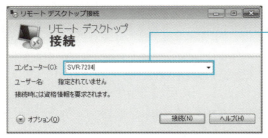

PCクライアントからのリモートデスクトップ接続。リモートデスクトップホストのポート番号を変更した関係で「コンピューター」欄は「[コンピューター名]:[リモートデスクトップホストに割り当てたポート番号]」という形で指定しないと接続できなくなる。

スマートフォン／タブレットからのリモートデスクトップ接続。「PC名（PC Name）」欄に「[ホストPCのIPアドレス]:[リモートデスクトップホストに割り当てたポート番号]」という形で入力する。

● ショートカット起動

- 「セキュリティが強化されたWindowsファイアウォール」
  WF.MSC

遠隔接続環境の構築（リモートデスクトップの遠隔接続）　8-1

　任意のホストプログラム（HTTPデーモン／FTPデーモン／リモートデスクトップ等々）における遠隔接続（昔はこのような環境を「自宅サーバー」とも呼んだ）を実現したい場合には、まずインターネット回線において固定IPアドレスが割り当てられていない環境であれば「ダイナミックDNS環境」を構築する（➡ P.105）。PC上で任意のホストプログラムをセットアップして、ファイアウォールにおいてホストプログラムの利用許可、あるいは該当ポート番号の着信許可を設定する。その後、ホストプログラム利用における利用ポート番号を、ルーターの設定コンソールで「ポートマッピング設定」を行えばよい。

　ここでは具体例として「リモートデスクトップ」を遠隔接続させるための手順を紹介しよう。なお、遠隔接続環境の構築例としてリモートデスクトップを例に挙げているが、単にPCを遠隔リモートコントロールしたければ「Chromeリモートデスクトップ」の方が下記のような面倒くさい各種設定が必要ないため手早い（➡ P.331）。

◻ ポート番号の確認と通信許可（ホスト）

　ホストプログラムが利用するポート番号の確認と通信許可を行う。リモートデスクトップホストであれば、リモートデスクトップのポート番号をレジストリ設定で変更したうえでファイアウォールで接続許可を行う（➡ P.325）。

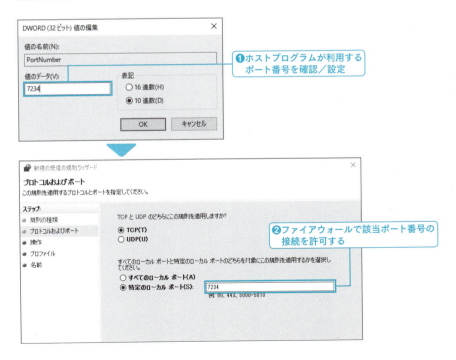

❶ホストプログラムが利用するポート番号を確認／設定

❷ファイアウォールで該当ポート番号の接続を許可する

ダイナミックDNS環境とポートマッピング設定（ルーター）

自身の回線に割り当てられるグローバルIPアドレスが「動的IPアドレス（浮動IPアドレス）」である場合、ダイナミックDNS環境をあらかじめ構築する（➡ P.105）。また、外部から任意のポート番号に着信した信号をホストPCに送信するため、ポートマッピングの設定を行う（➡ P.102）。

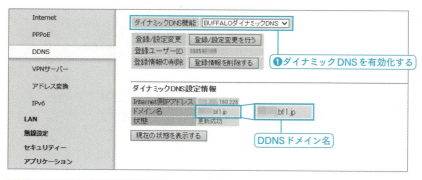

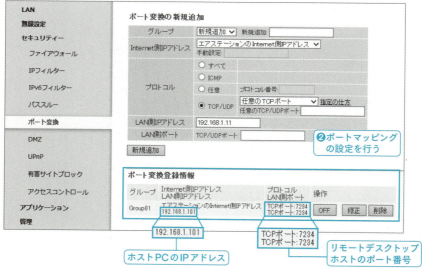

遠隔リモートデスクトップ接続（クライアント）

遠隔リモートデスクトップ接続を行うには、接続先指定において「[DDNSドメイン名]:[リモートデスクトップホストに割り当てたポート番号]」という形で入力する。

なお、DDNSドメイン名はローカルエリアネットワーク上からはアクセスできないため（コラム参照）、この手順における接続においては必ず「別回線（4G／LTEや別のインターネット回線）からのアクセス」が必要になる。

遠隔リモートデスクトップ接続は、接続指定において「[DDNSドメイン名]:[リモートデスクトップホストに割り当てたポート番号]」という形で入力する。

必ず「ホストPCと同一ローカルエリアネットワークにアクセスしていない」状態で、遠隔接続を実行する。遠隔リモートデスクトップ接続を実現できる。

Column

同一ローカルエリアネットワーク接続と遠隔接続

　ダイナミックDNSは「自身の回線のグローバルIPにDDNSドメイン名を割り当てる」テクニックであるが、インターネット回線の特性上、「自身の回線から自身の回線にアクセスする」ことは許されない。

　よって、該当端末においてリモートデスクトップ接続における「同一ローカルエリアネットワークからの接続」と「遠隔接続」の双方を実現したければ、対象ホストPCが同一であっても別々の接続を作成しておく必要がある。

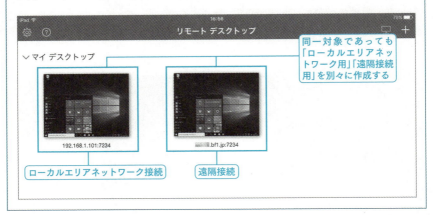

Column

PCをHTTPサーバー／FTPサーバーにする

　自身のPC内での「Webサイト運営」や「大容量ファイルの受け渡し」が可能なる自宅HTTPサーバー／自宅FTPサーバーテクニックが過去に流行した。自身のPCをHTTPサーバー／FTPサーバーにしたければ、デーモンアプリ（国産であれば「AN HTTPD」や「NekosogiFtpd」等）をPC上でセットアップしたうえで、上記手順同様に遠隔接続環境を構築すれば実現できる。

　筆者も過去には自宅FTPサーバーを用いてGB単位の原稿ファイルの受け渡し等を行ったものだが、最近ではレンタルサーバーが月数百円でかつ速度も快適ということもあり、出番がなくなった。現在のWindows OSであっても自宅サーバーを構築することは可能だが（筆者はWindows 10で自宅HTTPサーバー／自宅FTPサーバーの動作を確認している）、デーモンアプリそのものがもう数年間プログラムを更新していないという問題のほか、データアクセス状況によってはインターネットサービスプロバイダーから目を付けられる行為でもあるため、正直積極的に環境構築する理由が見当たらない。

「Chromeリモートデスクトップ」の活用

　PCリモートコントロールの実現方法は「リモートデスクトップ（➡P.320）」を利用する方法もあるが、Windows OSのエディションが限られるほか、遠隔接続を行いたい場合には環境設定が難しい。

　ちなみにPCリモートコントロールにおいて「Chromeリモートデスクトップ」を利用すれば、PC間のリモートコントロールはもちろん、スマートフォン／タブレットからのPCリモートコントロールや、遠隔PCリモートコントロール（外出先から自身の回線にあるPCをリモートコントロール）も簡単に実現できる。

「Chromeリモートデスクトップ」のセットアップ

　「Chromeリモートデスクトップ」を利用するには「Google Chrome」をインストールしたうえで、任意のGoogleアカウントでサインイン。そのうえでGoogle Chromeの拡張機能として、Chromeウェブストアから「Chromeリモートデスクトップ」を導入する。PCホスト＆PCクライアントともに共通の手順だ。

❶Google Chromeをインストール
❷Googleアカウントでサインイン

❸Chromeリモートデスクトップを導入

◘ リモート接続の有効化（ホスト）

「Chromeリモートデスクトップ」の「マイパソコン」欄から「リモート接続を有効にする」ボタンをクリック／タップ。「PIN」の設定を求められるので任意のPINを入力する。

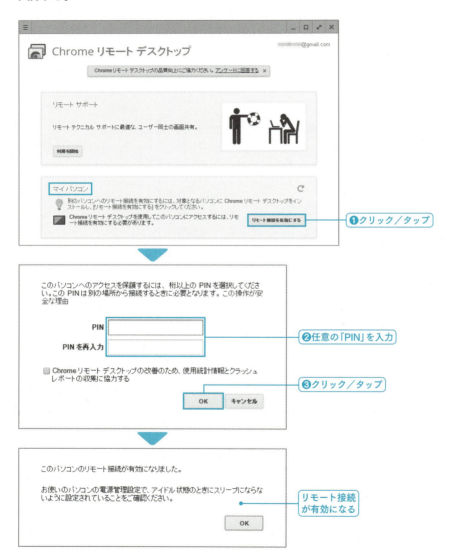

◘ 「Chromeリモートデスクトップ」へのアクセス（PCクライアント）

「Chromeリモートデスクトップ」の「マイパソコン」欄から任意のホストPCのコンピューター名をクリック／タップして、PINを入力すればPCリモートコントロー

ルが実現できる。なお、リモートデスクトップ（ ➡P.320 ）とは異なり、遠隔接続でも同様の手順でPCリモートコントロールが可能だ。

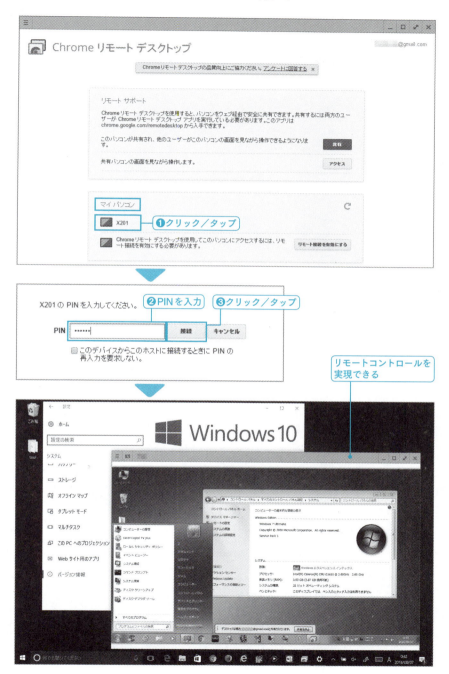

リモートコントロールを実現できる

「Chromeリモートデスクトップ」へのアクセス（スマートフォン／タブレット）

iOS／Androidアプリ「Chromeリモートデスクトップ（Chrome Remote Desktop）」を起動して、Googleアカウントでログイン。Chromeリモートデスクトップのホーム画面からホストPCのコンピューター名をタップして、PINを入力すればPCリモートコントロールが実現できる。遠隔接続でも同様の手順でPCリモートコントロールが可能だ。

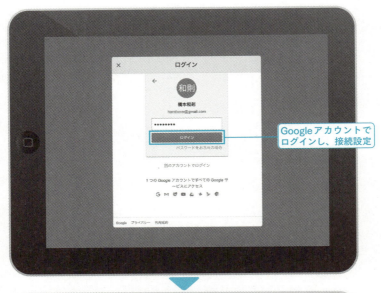

Googleアカウントでログインし、接続設定

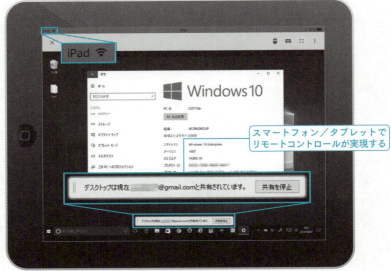

スマートフォン／タブレットでリモートコントロールが実現する

ホストPCにおける「WOL」の有効化

ホストPCの「電源オン」あるいは「スリープからの復帰」をリモートコントロールで実現したい場合には、ホストPCでWOL(Wake On LAN)環境を構築したうえで、クライアントからリモート電源コントロールを行えばよい。

◻ WOLの有効化(ホスト)

WOLの有効化設定はPCのハードウェアによって大きく異なるが、基本的にはUEFI／BIOS設定とネットワークアダプター設定が必要になる。

UEFI／BIOS設定でWOLを有効にするには、「Wake On LAN」「PME Event Wake Up」等を「Enabled」に設定する(メーカー／モデルによる)。

また、ネットワークアダプター設定でWOLを有効にするには、コントロールパネル(アイコン表示)から「デバイスマネージャー」を選択して、「ネットワークアダプター」のツリーから該当ネットワークアダプターをダブルクリック／ダブルタップ。WOLに該当する設定をオンにすればよい。

● WOLの有効化(UEFI/BIOS設定)

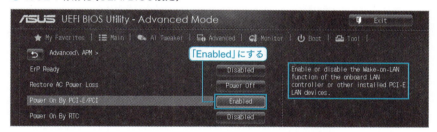

UEFI／BIOS設定でLANアダプターの「Wake On LAN」を有効にする。ちなみにこのPC(マザーボード)におけるLANアダプターはPCI-E接続であるため、「Power On By PCI-E / PCI」を「Enabled」にすればよい。

● WOLの有効化(ネットワークアダプター設定)

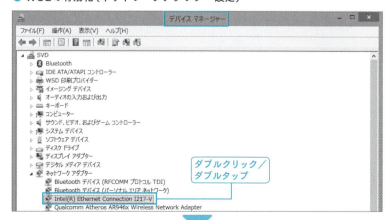

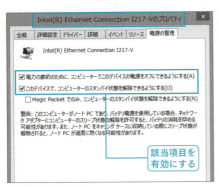

「デバイスマネージャー」で該当ネットワークアダプターのプロパティを表示。WOLに該当する設定をチェックして有効にする。ここでの設定はネットワークアダプターのメーカー/モデル/デバイスドライバーによって大幅に異なる。

◻ PCクライアントからのリモート電源コントロール

PCクライアントでホストPCに対するリモート電源コントロールを行いたい場合には、WOL関連のアプリを導入すればよく、タイトルとして「Wake on LAN for Windows」「Wake On LAN tool」等がある。

「Wake on LAN for Windows」であれば、メニューバーから「ツール」→「ホスト情報収集」でローカルエリアネットワーク上のネットワークデバイスのIPアドレス/MACアドレスを一覧表示することができ、また一覧から任意のホスト名（コンピューター名）を指定することでリモート電源コントロールを行うことができる。

「Wake on LAN for Windows」ではローカルエリアネットワーク内のネットワークデバイスの収集を行うことができる。そのうえで、指定PCをリモート電源コントロールすることができるほか、もちろん任意のホストPCをMACアドレス指定で登録することも可能。

8-2 ストレージ管理と応用

ダイナミックディスクの特徴と適用

　複数のストレージをまとめてスパン／ストライプ／ミラー等を実現できる機能としては、「ダイナミックディスク」を利用する方法と「記憶域（ ➡ P.342 ）」を利用する方法がある。

　ちなみに総合的な機能としては「記憶域」の方が優れるものの、「ダイナミックディスク」はボリューム単位での環境構築が可能であり、また管理そのものがわかりやすいのもポイントだ。

　なお、ダイナミックディスクを管理するためのコンソールである「ディスクの管理」は、「ファイル名を指定して実行」から「DISKMGMT.MSC」と入力実行することで起動できる。

● 各 Windows OS のストレージ機能のサポート

	ダイナミックディスク	記憶域
Windows 10	○	○
Windows 8.1	○	○
Windows 7	○	×

「ファイル名を指定して実行」から「DISKMGMT.MSC」と入力実行することで、ストレージ管理を行うことができる「ディスクの管理」を起動することができる。

❶入力実行

❷「デスクの管理」を起動できる

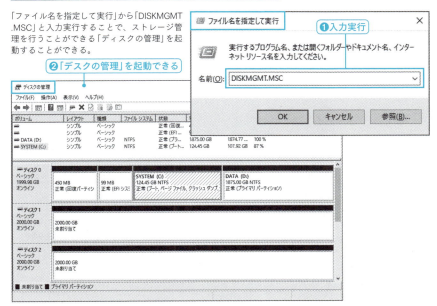

◻ ダイナミックディスクによるストレージ管理

「ダイナミックディスク」が特徴的なのは、ダイナミックディスクの適用自体は「ストレージ単位」になるものの、ストレージをまたいで任意の領域を1つの領域として扱うことができる「スパンボリューム」、同内容を2つのストレージで管理してファイルの損失を防ぐ「ミラーボリューム」、2つ以上のストレージに読み書きを分散して高速化する「ストライプボリューム」等の管理は、パーティション(ボリューム)単位になることである。

なお、いわゆる一般的なストレージ管理を「ベーシックディスク」と言うが、一度ストレージに対してダイナミックディスクを適用すると、データを保持したままベーシックディスクに戻せない点に注意が必要だ。

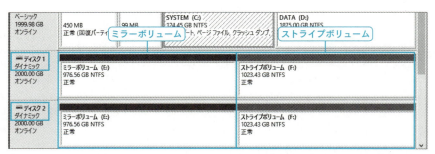

ダイナミックディスクはストレージ丸ごとではなく、パーティション単位でミラー/ストライプ/スパン等の管理を行えるのがポイントだ。ちなみに「記憶域(➡P.342)」は複数のストレージをまとめて1つにしてから各種設定を行うため、概念も設定方法も全く異なる。

◻ ダイナミックディスクの適用

現在「ベーシックディスク」が適用されているストレージを変換して、「ダイナミックディスク」を適用したい場合には、「ディスクの管理」からストレージを右クリック/長押しタップして、ショートカットメニューから「ダイナミックディスクに変換」を選択してウィザードに従えばよい。

なお、ここではストレージに対して明示的なダイナミックディスクの適用方法を解説しているが、スパンボリューム/ミラーボリューム/ストライプボリューム等を適用しようとした際には、必要に応じて警告ののちダイナミックディスクに変換されることもある。

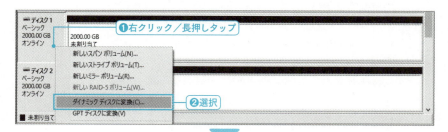

❸変換したいディスクにチェック

ストレージを右クリック／長押しタップして、ショートカットメニューから「ダイナミックディスクに変換」を選択。ダイナミックディスクを適用するストレージを選択する。なお、基本的にシステムストレージへの適用は推奨しない(OS起動しなくなる環境が一部に存在する)。

● ショートカットキー

- 「ディスクの管理」
  ⊞ + X → K キー(Windows 10 ／ Windows 8.1 のみ)

● ショートカット起動

- ディスクの管理
  DISKMGMT.MSC

ダイナミックディスクによるミラー／ストライプボリューム

　ダイナミックディスクにおける「ミラーボリューム」はいわゆるミラーリングであり、2つのストレージに同一内容を書き込むことでファイルの損失を防ぐ管理である。

　また「ストライプボリューム」はいわゆるストライピングであり、複数のストレージに読み書きを分散することで高速なファイルアクセスを実現する管理である。

　なお、一般的なRAIDにおいてミラーリング／ストライピングともに「ストレージ単位」の設定になるが、ミラーボリューム／ストライプボリュームは名称の通り「ボリューム(領域)」に対しての設定であり、異なる容量のストレージを組み合わせて構築することもできる。また、ボリューム単位の適用であるため2つのストレージ上でミラーボリュームとストライプボリュームの双方を作成することも可能である。

■ミラーボリュームの作成

　2台のストレージに「未割り当て」がある状態で、「未割り当て」を右クリック／長押しタップして、ショートカットメニューから「新しいミラーボリューム」を選択。あとは、ウィザードに従って「選択されたディスク」に適用対象となる複数のストレージを指定したうえで、容量指定を行えばよい。

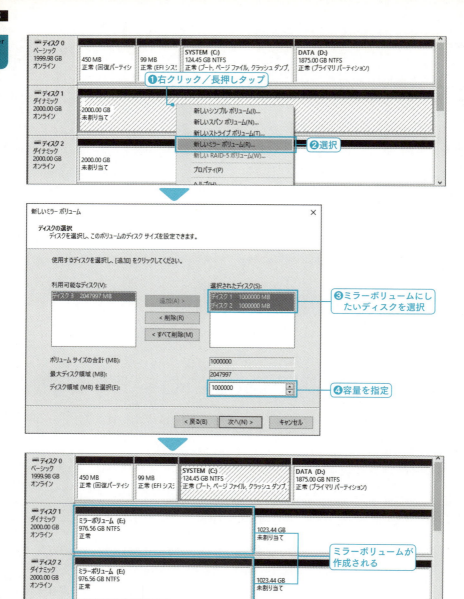

◻ ストライプボリュームの作成

2台以上のストレージに「未割り当て」がある状態で、「未割り当て」を右クリック/長押しタップしてショートカットメニューから「新しいストライプボリューム」を選択。あとは、ウィザードに従って「選択されたディスク」に適用対象となる複数のストレージを指定したうえで、容量指定を行えばよい。

なお、ストライプボリュームは読み書きが分散するため、パフォーマンスが高まる反面、指定した物理ストレージ数分のファイルロスリスクが増大していることに注意されたい。

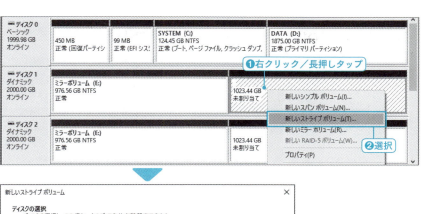

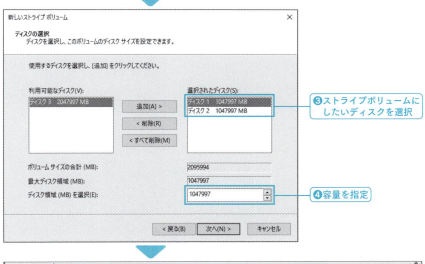

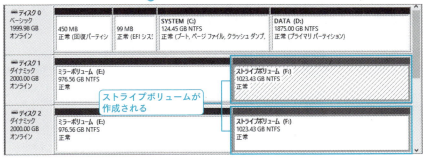

■ミラーボリュームの解除

ミラーボリュームは、一方のボリュームが死んでもファイルが保持できるという特性上、データを保持したまま一方のミラーボリュームを解除することも可能だ。ミラーを解除したい場合には、ミラーボリュームを右クリック／長押しタップして、ショートカットメニューから「ミラーの削除」を選択してウィザードに従えばよい。

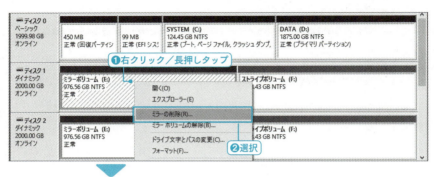

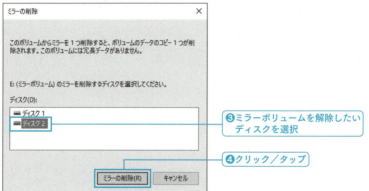

記憶域によるストレージ容量の仮想化

「記憶域」の最大の特徴は「容量の仮想化（シン・プロビジョニング）」にあり、現在のストレージ容量（プール容量）がいくつであろうがあらかじめ最大63TBの容量を割り当てたうえで、足りなくなったらあとからストレージを追加するという管理が可能な点にある。「記憶域」は、このほか「回復性の種類」の選択によって「耐障害性」と「パフォーマンスアップ」の一方、あるいは双方を得ることが可能である。

なお、このような高度な管理が実現できる「記憶域」だが仮想化される関係上、個々ストレージの管理がわかりにくく、物理ストレージの追加／削除を行う際には記憶域プールを形成している対象ストレージを把握しておかないと、のちの管理において破たんしかねないことに注意だ。

記憶域の作成① 記憶域のプールを形成

　記憶域のプールを形成するストレージを用意したうえで、コントロールパネル（アイコン表示）から「記憶域」を選択。タスクペインから「新しいプールと記憶域の作成」をクリック／タップする。ウィザードに従い、記憶域プールを形成する任意の物理ストレージ（仮想ハードディスクも可だが推奨しない）をチェックしたうえで「プールの作成」ボタンをクリック／タップする。

　なお、プール容量が足りなくなったら、あとからストレージを加えればよい記憶域ではあるが、のちの「回復性の種類（ ➡ P.344 ）」の選択によってはあらかじめ決められた数以上のストレージを用意しておかなければならない。

「記憶域」のタスクペインから「新しいプールと記憶域の作成」をクリック／タップ。まずは記憶域のプールを形成するためのストレージを選択する。なお、記憶域の特性を活かすには結果的に複数のストレージが必要だ。

記憶域の作成② 回復性の種類と容量の指定

　「回復性の種類」のドロップダウンから「シンプル（冗長性なし、1台でも障害が起こったらすべてサヨナラ）」「双方向ミラー（ミラーリングによりストレージに1つ障害が起こってもデータは保護される、あらかじめ2台以上のストレージが必要）」「3方向ミラー（3ヶ所にデータを書き込み、ストレージ2台に障害が起こってもデー

タを保護、あらかじめ5台以上のストレージが必要)」「パリティ(パリティ情報とともにデータを分散して書き込みストレージに1台に障害が起こってもデータは保護される、あらかじめ3台以上のストレージが必要)」から任意の選択肢を選択する。

こののち、各欄を任意設定したうえで「サイズ」欄で記憶域のサイズ(仮想容量)を指定して、「記憶域の作成」ボタンをクリック／タップすれば記憶域を作成できる。

● 「回復性の種類」のバリエーション

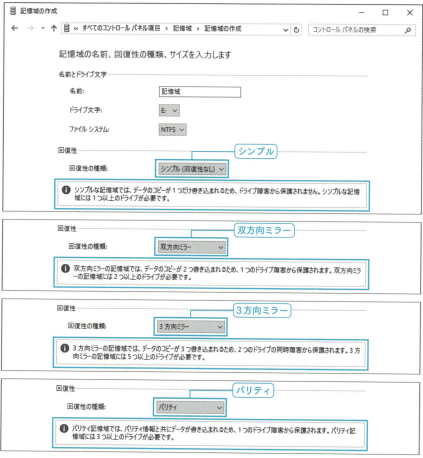

「回復性の種類」の選択に従って耐障害性の確保や分散書き込みによるパフォーマンスアップが望める。なお、複数台ストレージにおけるミラーや分散書き込みの処理は「記憶域」により自動的に管理される。

● 記憶域のサイズ指定

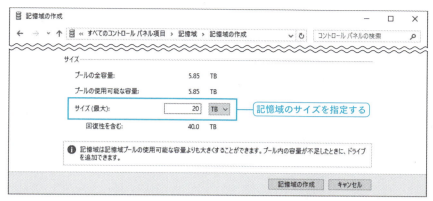

　記憶域のサイズを任意に設定する。記憶域による容量は仮想化されるため、現在接続している物理ストレージの容量を超えたサイズ設定を行うことが可能だ。なお、記憶域プールを形成するストレージと「回復性の種類」の選択によっては、ファイルシステムとして自動修復等回復性に優れる「ReFS（Resilient File System）」を選択することができるようになるが、ReFSはNTFSが有する一部の機能をサポートしないため、NTFSでの動作を前提としたアプリ等では問題が発生する可能性がある。

◻ 記憶域の管理

　記憶域の各種管理は「設定の変更」ボタンをクリック／タップすることで行える。プール容量が足りなくなったら「ドライブの追加」、記憶域の名前やサイズを変更したい場合には「記憶域」欄内にある「変更」、またパフォーマンスを最適化したい場合には「ドライブ使用率の最適化」をクリック／タップすればよい。

　コントロールパネルの「記憶域」では管理として新たに記憶域を作成することができるほか、記憶域プールにドライブの追加、ドライブ使用率を最適化、また既存記憶域に対する各種変更を行うことが可能だ。

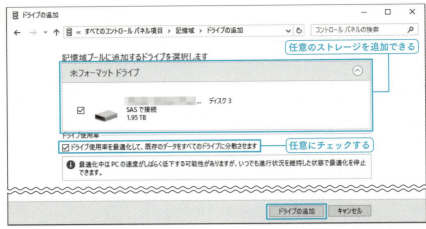

「ドライブの追加」をクリック/タップした場合のウィザード。任意のストレージを追加することができる。なお、「ドライブ使用率を最適化して、既存のデータをすべてのドライブに分散させます」をチェックした場合、データ配置の最適化が行われファイルアクセスのパフォーマンスアップが期待できる。

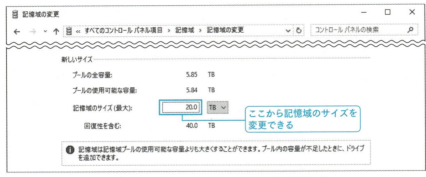

「記憶域」欄内にある「変更」クリック/タップした場合の画面。既存記憶域の名前やサイズを変更することが可能だ。なお、記憶域のサイズは最大63TBまで増やすことが可能だが、既存容量によってはクラスター最大数の関係で容量制限が発生する場合がある。

BitLockerによるデータドライブ暗号化

バックアップ対象外付けハードディスクやデータファイルを保持しているUSBメモリ等のストレージが盗まれた場合を想定しよう。

PCでフォーマットしたストレージであれば、単にPCに接続するだけで簡単にファイルが参照できてしまうため何らかのアクセス制限を設けていない限りデータファイルは丸見えになってしまう（これがPCトラブルにおいてファイルサルベージがしやすい良い特性でもあるのだが）。

そこで登場するのが、該当ストレージを他のPCに直接接続されてもファイルを読み取らせないためのセキュリティ機能である「BitLockerドライブ暗号化」である（BitLockerを任意ストレージに適用できるのはWindows 10 Pro/Enterprise/Education、Windows 8.1 Pro/ Enterprise、Windows 7 Ultimate/Enterpriseのみ。機能の詳細は一部Windows 10／8.1／7で異なる）。

ちなみに、BitLockerによりドライブのセキュリティを高める行為は「あらゆる場面でドライブにアクセスしにくくする」という行為であり、きちんと構造を理解したうえでパスワードや回復キーの管理を行わないと痛い目にあう。なお、サーバー／ホストにおける「共有フォルダー」が存在するドライブに対するBitLocker適用はお勧めしない（ P.349 ）。

システムドライブに対するBitLockerとそれ以外のドライブに対するBitLockerでは、特性が異なる。システムドライブに対するBitLockerは「システム保護」が目的であるため、TPM（Trusted Platform Module）と紐付けるのが一般的で、ハードウェア側の環境も要求される。ちなみに最近のモバイルPCは、出荷時からシステムドライブに対するBitLockerが適用されていることが多い。

ドライブを暗号化する

任意のドライブにBitLockerによる暗号化を適用したい場合には、コントロールパネル（アイコン表示）から「BitLockerドライブ暗号化」を選択。一覧からBitLockerを有効にしたいドライブ（ここでの解説はシステムドライブ以外のBitLocker）横にある「BitLockerを有効にする」をクリック／タップ。「パスワードを利用してドライブのロックを解除する」をチェックして、ウィザードに従ってパスワードを設定、

また万が一のときに必要になる「回復キー」を任意の場所に保存すればよい。

● ドライブの暗号化

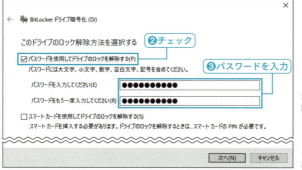

該当ドライブに対する「BitLockerを有効にする」をクリック/タップ。ウィザードに従って任意のパスワードを設定する。該当ドライブに対するアクセスには、この「パスワード」が必要になる。

● 回復キーの保存

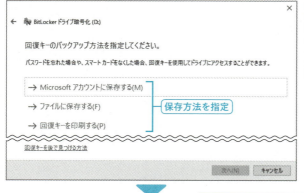

BitLockerの回復キーを任意の場所に保存する。パスワードを忘れた場合等には回復キーによるBitLockerの解除が必要になるため、この回復キーが記述されたテキスト/印刷物の管理には注意したい。

◻ 暗号化ドライブに対するパスワードの自動入力

　BitLockerを適用したドライブを利用する際には、新たにサインインした後はいちいちパスワードを入力する必要がある。このドライブロック解除のパスワード入力を自動化したい場合には、エクスプローラー（PC表示）から該当ドライブをダブルクリック／ダブルタップ。「このドライブのロックを解除するため〜」が表示されたら「その他のオプション」をクリック／タップして、「このPCで自動的にロックを解除する」をチェック後にパスワードを入力すればよい。

　この設定を適用すると、該当サインインアカウントがサインインした際に、自動的にドライブのロック解除を行う。

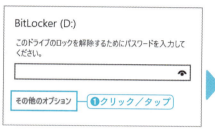

「このドライブのロックを解除するため〜」が表示されたら「その他のオプション」をクリック／タップ後、「このPCで自動的にロックを解除する」をチェックしたうえでパスワードを入力する。これでいちいちパスワードを入力する必要がなく、該当アカウントではサインインするだけでBitLockerを適用したドライブにアクセスできる。

Column

共有フォルダー管理ドライブでの「BitLocker」の適用

　共有フォルダーを管理するドライブでの「BitLocker」の適用はお勧めできない。なぜなら、BitLockerを適用したドライブは、ホストPCでサインイン後にBitLockerドライブ暗号化に対するパスワード認証が行われない限り、アクセス可能にならないためだ。

　つまり、仮にWindowsファイルサーバーのデータドライブにBitLockerを適用してしまうと、ホストPC起動のみでは共有フォルダーにはアクセスできない形になってしまうのだ（そもそも認証を行わない限りアクセスできないのが「BitLocker」の機能だ）。

8-3 Windows OS「TPO」テクニック

空パスワードのアカウントのアクセスを許可する

　Windows OSのネットワーク機能へ接続するには、アクセス許可指定されたユーザーアカウントに「パスワード」が必須である。仮にパスワードがないユーザーアカウントをホスト上のネットワーク機能でアクセス許可しても、クライアントからそのユーザーアカウントを指定してネットワーク機能にはアクセスできないのだ。

　これはWindows OSの仕様であり、セキュリティでもあるのだが、この仕様をぶっちぎって空パスワードのユーザーアカウントもネットワークアクセスを許可したいという場合には、コントロールパネル（アイコン表示）から「管理ツール」→「ローカルセキュリティポリシー」を選択。「ローカルセキュリティポリシー」から「ローカルポリシー」→「セキュリティオプション」を選択して、「アカウント：ローカルアカウントの空のパスワードの使用をコンソールログオンのみに制限する」をダブルクリック／ダブルタップ後、「無効」を選択すればよい（3OS共通、上位エディションのみ）。

　なお、セキュリティとして非常に危険なカスタマイズであるため、ビジネス環境では適用してはならない。自分以外の第三者が絶対的に介在しないローカルエリアネットワーク環境等、極めて特殊な環境でのみ適用すべきカスタマイズだ。

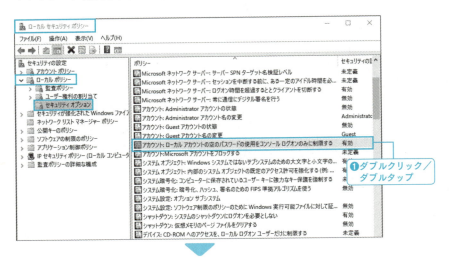

「アカウント：ローカルアカウントの空のパスワードの使用をコンソールログオンのみに制限する」を「無効」にすることで、パスワードがないユーザーアカウントもネットワーク機能を利用できるようになる。

● ショートカット起動

■「ローカルセキュリティポリシー」
　SECPOL.MSC

特定ユーザーアカウントのサインインを自動化する

　PC起動直後から特定のユーザーアカウントをデスクトップに自動的にサインインさせたい（つまりデスクトップへのサインイン手順におけるパスワード入力を省きたい）場合には、「ファイル名を指定して実行」から「NETPLWIZ（あるいは「CONTROL USERPASSWORDS2」）」と入力実行。「ユーザーがこのコンピューターを使うには、ユーザー名とパスワードの入力が必要」のチェックを外して「OK」ボタンをクリック／タップ。「自動サインイン（自動ログオン）」が表示されるので、自動サインインしたいユーザー名（Microsoftアカウントも可）とパスワードを指定すればよい。

　ビジネス環境ではセキュリティとして適用してはならないカスタマイズだが、TV録画PC等自動サインインしたうえで、任意のアプリを起動＆常駐させておきたい環境などでは必要な設定である。

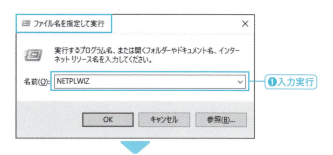

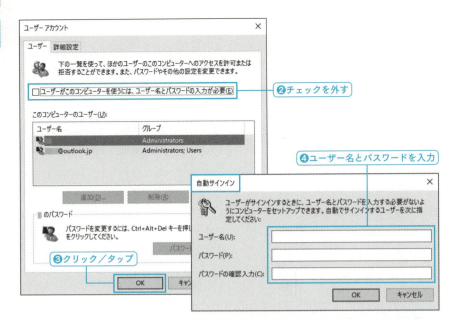

「ユーザーがこのコンピューターを使うには、ユーザー名とパスワードの入力が必要」のチェックを外して「OK」ボタンをクリック／タップ。「自動サインイン」が表示されるので、各欄にサインインに必要な情報を入力すればよい。入力情報に間違いがなければ次回以降 PC 起動直後に自動サインインが実現できる。

● ショートカット起動

- 「ユーザーアカウント（自動サインイン）」
  NETPLWIZ.EXE
  CONTROL.EXE USERPASSWORDS2

サインインできないユーザーアカウントにする

　本書第一部では「共有フォルダーでアクセス許可するためのユーザーアカウント」の作成を解説しているが（ P.162 ）、**この共有フォルダーでアクセス許可するためだけのユーザーアカウントに対してデスクトップへのサインインを許可させたくない場合には、**コントロールパネル（アイコン表示）から「管理ツール」→「コンピューターの管理」と選択して、「コンピューターの管理」のツリーから「システムツール」→「ローカルユーザーとグループ」→「ユーザー」と選択。

　デスクトップへのサインインを許可させたくないユーザーアカウントをダブルクリック／ダブルタップ後、「［アカウント］のプロパティ」ダイアログの「所属するグループ」タブ、「Users」を選択して「削除」ボタンをクリック／タップすればよい（3OS共通、上位エディションのみ）。

　これにより、いわゆる「標準ユーザー」としての権利も失われ、デスクトップに

サインインできないユーザーアカウントになる。なお、管理上危険な設定であるため本カスタマイズはよく意味を理解したうえで必然性がある場合のみ適用する。

該当ユーザーアカウントを「デスクトップへのサインインできないユーザーアカウント」としたい場合には、「ローカルユーザーとグループ」の「ユーザー」内で該当ユーザーアカウントをダブルクリック／ダブルタップ。

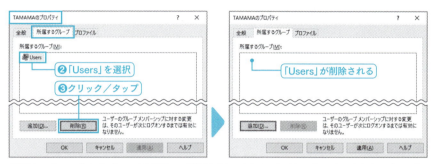

「所属するグループ」タブ、「Users」を選択して「削除」ボタンをクリック／タップ。これによりどのグループにも属さないユーザーアカウントになる。意味を理解して実行しないと危険なカスタマイズではあるが、一部のセキュリティを重んじる環境では有効な設定だ。

● ショートカット起動

■ 「ローカルユーザーとグループ（コンピューターの管理）」
LUSRMGR.MSC

PCのドライブをクラウド経由で共有する

Windows OSにはたまに「本当に大丈夫か?」というような機能が搭載されているが、その1つが「PCのドライブをクラウド経由で共有する」という機能であり、Windows 10のOneDriveで実現できる。

クラウド経由でドライブを共有する（ホスト）

PC丸ごとクラウド経由で共有するには、ホストPCでMicrosoftアカウントでサ

インインしたうえで、通知領域にある「OneDrive」アイコンを右クリック／長押しタップし、ショートカットメニューから「設定」を選択。「設定」タブ内、「OneDriveを使ってこのPC上のファイルにアクセスできるようにする」をチェックすればよい（Windows 10のみ）。

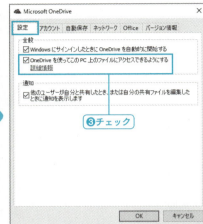

◻ OneDrive経由でホストPCへアクセスする

任意のネットワークデバイスのWebブラウザー上でクラウドストレージ「OneDrive」にアクセスしたうえで、該当Microsoftアカウントでサインイン。OneDriveの左ペインから任意のホストPCをクリック／タップして、セキュリティチェックを経ればホストPCのドライブにクラウド経由でアクセスできる。

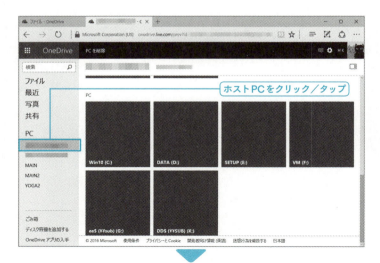

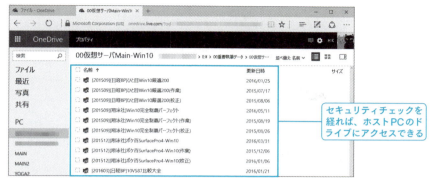

Web ブラウザーで「OneDrive」にアクセス。Microsoft アカウントでサインインののち、ホスト PC をクリック／タップしてセキュリティチェックを経れば「ホスト PC のドライブ」にアクセスすることができる。

ロックしたアプリを強制終了する

　アプリを強制終了したければ、タスクバーを右クリック／長押しタップして、ショートカットメニューから「タスクマネージャー」を選択。あるいはショートカットキー Ctrl + Shift + Esc キーでもよい。タスクマネージャーから、任意のアプリを選択して「タスクの終了」ボタンをクリック／タップすれば強制終了できる。

　ちなみに複数起動している状況において任意の対象のみ終了したい場合には、詳細表示における「プロセス」タブ（Windows 7では「アプリケーション」タブ）で対象を選択して終了することもできる。

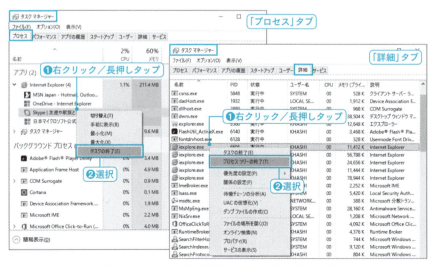

タスクマネージャーの「プロセス」タブでは、同一アプリであっても対象を指定して終了することができる（画面は Internet Explorer の任意のタブをタスク終了している）。また、「詳細」タブではプロセスツリーの終了を行うことが可能だ。

Windows 10/8.1の「プロセス」タブと「詳細」タブは、Windows 7において「アプリケーション」タブと「プロセス」タブに当たる。Windows OSの進化により名称がズレている点に注意だ。

● ショートカットキー

■ 「タスクマネージャー」
　Ctrl + Shift + Esc キー

● ショートカット起動

■ 「タスクマネージャー」
　TASKMGR.EXE

停電復旧時のPC電源動作の指定

　停電時のPC対策としては「無停電電源装置（UPS、→P.134）」を用いるべきだが、TV録画PC等でUPSを導入するまでもないものの、停電から復旧した際には自動的に起動してほしいという場合には、UEFI／BIOS設定で「Restore on AC Power Loss」「AC BACK Function」等を「Enabled」に設定すればよい。メーカー／モデルによっては「Full-On AC（通電時自動起動）」「Last State／Memory AC（停電前の状態に復元）」等の電源復旧方法を任意に選択できるものもある。

　なお、本設定を適用後は電源ボタンを押さなくても通電した瞬間にPCの電源がオンになるため、PCのメンテナンスを行う際等には注意する必要がある。

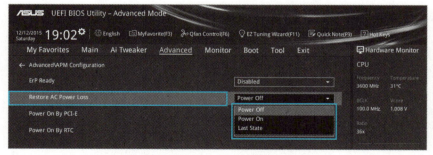

このマザーボードでは停電復旧時（正確にはPCへの通電時）の電源動作を「Restore on AC Power Loss」から「Power Off（電源オフ）」「Power On（通電時自動電源オン）」「Last State（以前の電源状態を復元）」を任意に選択できる。

データファイルの個人情報の削除

　データファイルの種類によっては、作成者等の個人情報や撮影場所を示すGPS情報等が含まれている。ファイルを共有する前にこれらの情報を削除したい場合には、対象データファイルを右クリック／長押しタップして、ショートカットメニューから「プロパティ」を選択。「詳細」タブから「プロパティや個人情報を削除」をクリック／タップして、「このファイルから次のプロパティを削除」をチェック。削除したい任意の個人情報項目をチェックしたうえで「OK」ボタンをクリック／タップすればよい。

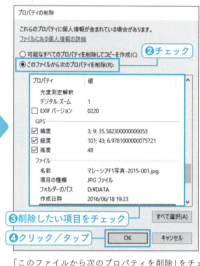

プロパティダイアログの「詳細」タブで埋め込まれた個人情報を確認。「どこで」「どのデバイスで」等の情報報が埋め込まれているため、このままファイルを共有／受け渡すのはまずい環境もある。

「このファイルから次のプロパティを削除」をチェックしたうえで、削除したい任意の個人情報項目をチェック。なお、「すべて選択」ボタンをクリック／タップすれば、削除可能なすべての項目をチェックすることができる。

● ショートカットキー

■ 選択アイテムのプロパティ表示
　Alt ＋ Enter キー

Webブラウザー偽装／プロキシサーバー利用

　PCのWebブラウザーにおいて、スマートフォン向けサイト等を表示したいという場合にはWebブラウザーを偽装すればよく、また相手先のサーバーにこちらのIPアドレス情報を渡したくないという場合にはこちらの各種情報を送信しないプロキシサーバーを利用すればよい。このような機能の実現はWebブラウザーの各種設定を行うことでも可能だが、Webブラウザーとインターネット回線の間に介在して各種入出力情報を任意に書き換えられる便利ツールが「Proxomitron」だ。

　任意のWebブラウザーのプロキシサーバーに「Proxomitron」を指定することにより、あとはProxomitronのフィルターを有効にして相手先に渡す情報／自身が受け取る情報を任意に書き換えることができる。また、プロキシサーバーアドレスをあらかじめ登録することで、通知領域から任意のプロキシサーバーに切り替えることも可能だ。

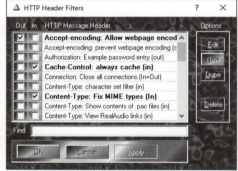

「Proxomitron」のメイン画面(左)とヘッダーフィルター設定(右)。既存フィルターは任意にカスタマイズすることや新しいフィルターを追加することも可能だ。入出力時の情報を任意に書き換えることができるため、うまく活用すると不要な情報を渡さない／受け取らないというセキュリティ対策にも活用できる。

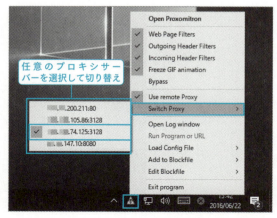

通知領域の「Proxomitron」を右クリック／長押しタップして、ショートカットメニューから任意にプロキシサーバーを切り替える。このような一部ユーザーにとって便利な機能を実現できるのが「Proxomitron」だが、全般的にこのようなネットワークツールのダウンロード＆利用は自己責任だ。

アプリやOSの検証環境の構築

　動作や安全性が確実ではないアプリを試したい、あるいはWindows OSやアプリにおけるアップグレードにおいて問題がないことを確認してから実運用している各PCに適用／導入したいという場合には「テスト環境」を用意するとよい。

　「テスト環境」には、すぐにテスト前の状態を復元できる仕組み、また実害を押さえるために実運用PCから隔離された状態が必要だが、ここではこのようなテスト環境のいくつかについて解説しよう。

仮想マシン＋スナップショット

　アプリやアップグレード後のOSのテスト環境としては「仮想マシン」がよい。仮想マシンを管理できる環境としては標準として「Hyper-V（64ビット版Windows 10／8.1）」「Windows Virtual PC（Windows 7）」があるが、仮想環境として完成度が高いのは「VMware」である。

　VMwareの仮想マシン環境はリアルマシンと遜色なく、電源管理／タッチ操作環境／USBデバイスの利用等が確保できるほか、スナップショット管理も可能であるため検証環境に向いている。

　ちなみにVMwareのスナップショットは任意の名称＆任意の説明文を付加することができるためわかりやすい管理が可能であり、アプリ導入前／OSアップグレード前の状態のスナップショットを段階的に保持しておけば、任意の時点のクリーンなOS状態をすぐに復元できる。

VMwareのスナップショットマネージャ

◼ リアルPCをすぐにリセットできる環境

　テスト専用PCを1台用意できるのであれば、ローカルエリアネットワークと隔離したうえで（ネットワーク分離／故意に二重ルーターの配下に置く／レイヤー2スマートスイッチでの管理等）、アプリ導入／OSアップグレード前に復元できる仕組みを用意する。復元できる仕組みとしては「OSバックアップソフトを利用する（Acronis True Image等、クリーンな状態をOSバックアップして、テスト後にリカバリする）」「Windows OSの回復機能を利用する（Windows 10／8.1の「回復」からの初期状態の復元）」などがあるが、テスト環境として手早く復元できるのが「HD革命/WinProtector」であり、PC起動後の情報をすべて一時ファイルで保持したうえで、再起動時に起動後の情報に更新するか破棄するかの選択を行うことができる。

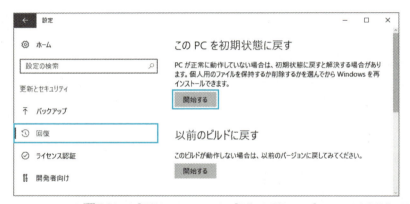

Windows 10から「⚙設定」から「更新とセキュリティ」→「回復」を選択して、「このPCを初期状態に戻す」から「開始する」ボタンをクリック／タップすれば、文字通りPCの初期状態を復元できる。なお、メーカー製PCと自作PCでは「初期状態を復元」の意味合いが異なる場合があるので注意だ。

アーク情報システム製「HD革命/WinProtector」。保護開始適用以後の更新情報はすべて一時ファイルに書き込むため、再起動時に「一時ファイルを適用する」をチェックしなければ、再起動後に前回起動直後の環境が復元される。

> Column

サポートに役立つ3OSマルチブート環境

　本書を読むような読者は「何となくサポート担当」となってしまい、周囲のサポートのためにWindows 10／8.1／7の各OSを保持、あるいはバージョン違いのMicrosoft Office環境を保持しておかなければならない……という者も多いだろう。
　このような各OS & Office環境の保持には「仮想マシン」が最適なのだが、一部の操作や設定はリアルマシンではないと検証できないという場面がある場合には、適切なPC（3OSをサポートするPC）を1台用意したうえで「3OSマルチブート環境」を構築してしまうとよい。
　Windows 10／8.1／7のブート構造は基本同一であるため、ストレージのパーティションを分けたうえで順にインストールしていけば、比較的容易に3OSマルチブート環境を構築できる。

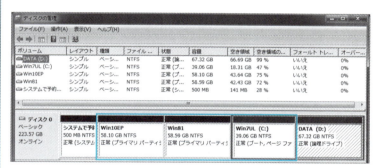

筆者の検証用PC。ポイントとしてはPCのハードウェア構成が「Windows 7をサポートしていること」である。Windows 10搭載PCの多くはデバイスドライバーやセキュアブートの問題によりWindows 7をインストールできない（ないしはマルチブートしづらい）環境にあるので、比較的古めのPCをチョイスするとよい。

> Column

一部メーカー／中古PCのクリーンインストール

　中古PCや余計なアプリ（限りなくスパイウェアに近いプログラム）が導入されているメーカー製PCを入手した際、そのままの状態でのWindows OS運用は危険であるため、OSのクリーンインストールを行うことが推奨される。
　ちなみにWindows 10ではライセンス情報がハードウェア（あるいはMicrosoftアカウント）に紐付くため、基本的にそのままOSセットアップを行えばクリーンインストールが可能だ。
　また、Windows 8.1（一部）／7であってもPC本体裏や電源アダプターに「プロダクトシール」が存在し、かつそのライセンスが他のPCに転用されていなければ、そのプロダクトキーを利用してクリーンインストールが可能だ。
　なお、クリーンインストールそのものの手順は難しくないものの、OSセットアップののちにデバイスドライバー導入等の作業も必要になるため一定のスキルが要求される点に注意したい。

ちなみにOSセットアップディスクを所有していないという場合には、Microsoftのソフトウェアダウンロードサイトから必要な手順を踏むことで該当WindowsOSの「ディスクイメージ（ISOファイル）」を入手することが可能だ。

ネットワークを応用したバックアップ管理

データドライブがいっぱいになったからUSBメモリにファイルを移動しました、ストレージのクラッシュに備えてミラーリングしています……これをバックアップと称する者もいるが、正直バックアップでも何でもない。

バックアップ方法（自動同期プログラム等）において不具合が起こることを想定して「複数のバックアップ手段」を確保、またバックアップ媒体が吹っ飛ぶ可能性等を考えて「複数のバックアップ媒体」を確保、「ミラー」「世代」「累積」の各バックアップ管理を確保等々、必要なファイルを確実に復元できる環境を実現して、初めて「バックアップ」なのである。

ファイル履歴の活用

Windows 10／8.1の「ファイル履歴」はファイルを履歴的にバックアップする機能であり、消去してしまったファイルの復元はもちろん、履歴的に過去のデータファイルも復元できる機能だ。復元手順自体も該当フォルダーからアクセスのうえプレビュー機能でファイルの内容を確認して復元できるので、Windows OS標準機能としてはなかなかのものだ。

なお、ファイル履歴は暗号化や圧縮を行わないままバックアップする特性上、USBメモリ等を保存先として指定することは情報漏洩の危険がある。また保存先メディアを接続していないとどんどんシステムドライブにファイル履歴を蓄えていくという構造を考えても、保存先としてはセキュアに常時アクセスできるネットワークドライブである「NAS（Network Attached Storage）」が最適である。

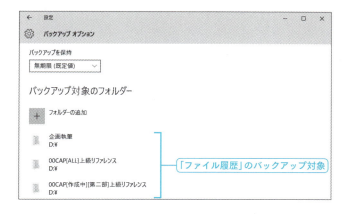

■ フォルダーの自動同期によるファイルロス対策

　フォルダー自動同期を行うには自動同期プログラム（ツール）が必要なほか、自動同期を行う際には同期先となるドライブが起動している状態で、かつ恒久的に同じパス指定でアクセスできなければならない。このような特性を考えると、やはり同期先として最適なのは「NAS（Network Attached Storage）」であり、NASのメーカー／モデルによっては付属バックアップツールを用いることで任意のスケジュールで自動同期を行うことが可能だ。

　なお、Windows OS上でバックアップ／自動同期が行える使いやすいバックアップツールには「BunBackup」がある。

NETGEAR製NAS「ReadyNAS」のバックアップ管理画面。ネットワークドライブを指定したうえでスケジュールに従ったバックアップを実行できる。スケジュールでNAS本体の電源管理もできるのでバックアップデバイスとして考えても非常に優秀だ。

■ ミラー／累積／世代バックアップの確保

　フォルダー内容として全く同じ状態をバックアップ先で保持するのが「ミラー」であり、フォルダー内で削除したファイルはバックアップ先でも削除される。対して「累積」は削除したファイルが保持される点に違いがあるが、更新したファイルはバックアップ先でも更新されてしまうため、以前のファイル状態にさかのぼることはできない。そして「世代」は文字通りファイルを世代管理できる機能で、任意

の世代のバックアップを保持することができる。

このミラー／累積／世代すべてのバックアップを実現できるバックアップツールが「BunBackup」であり、バックアップ元とバックアップ先を指定したうえで「詳細」ボタンをクリック／タップすることで任意に設定可能だ。

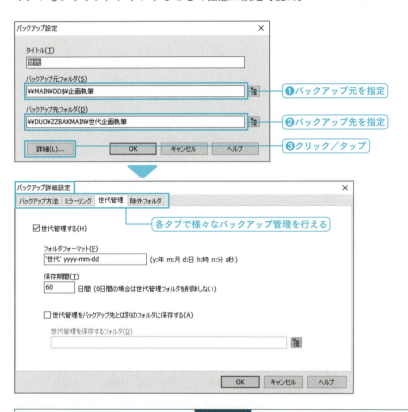

❶バックアップ元を指定
❷バックアップ先を指定
❸クリック／タップ
各タブで様々なバックアップ管理を行える

Column

ネットワーク＋リザーバーPCによる作業継続

　PCを酷使する筆者環境において、実作業に利用しているメインPCが1年以上問題なく動作することはまれだ。過去には仕事が忙しい時期にPCが不調になり、仕事を中断してのメンテナンスに迫られ業務が破たんしかねない場面もあった。

　そこで筆者はここ数年、「リザーバーPC」を用意している。リザーバーPCとはいわゆるメインPCのクローンであり、アプリ環境を整えたうえでMicrosoftアカウントを利用して基本設定とクラウド上のデータファイルを同期、また「BunBackup」の完全ミラーでローカル上のデータ＆特殊管理フォルダーを同期している。

　これによりメインPCが不調になった際にはすぐに乗り換えて作業続行、そしてトラブルの起こったPCはゆっくりメンテナンスができるという環境を確立しているのだ。

　ちなみにこういう万全の環境を用意しておくと、不思議とメインPCにトラブルが起こらないから面白いものだ。

ショートカットキー一覧

● 電源

ショートカットキー	動作	対応 10	対応 8.1	対応 7
⊞ + X → U → Shift + R キー	「オプションの選択」の起動	○	○	
⊞ + X → U → U キー	シャットダウン	○	○	
⊞ + X → U → R キー	再起動	○	○	
⊞ + X → U → S キー	スリープ	○	○	

● 全般

ショートカットキー	動作	対応 10	対応 8.1	対応 7
⊞ + A キー	「アクションセンター」の表示	○		
⊞ + I キー	「⚙設定」の表示	○		
⊞ + K キー	「接続」の表示	○	○	
⊞ + H キー	「共有」の表示	○	○	
⊞ + Print Screen キー	画面キャプチャー	○	○	
Print Screen キー	全画面キャプチャー(カットバッファー)	○	○	○
Alt + Print Screen キー	アクティブウィンドウキャプチャー(カットバッファー)	○	○	○
⊞ + R キー	「ファイル名を指定して実行」の表示	○	○	
⊞ + , (カンマ) キー	デスクトップのプレビュー	○	○	
⊞ + P キー	ディスプレイの表示モードの切り替え	○	○	
⊞ + L キー	ロック	○	○	
📄 キー	「ショートカットメニュー」の表示	○	○	
⊞ + S キー	タスクバーの検索ボックス/Cortanaにフォーカス	○		
⊞ + X → P キー	コントロールパネル	○	○	
Ctrl + Shift + Esc キー	タスクマネージャー	○	○	○

● タスクバー

ショートカットキー	動作	対応 10	対応 8.1	対応 7
⊞ キー	[スタート]メニュー(画面)の表示/非表示	○	○	○
⊞ + [数字] キー	タスクバー上のアプリを起動	○	○	○
⊞ + Shift + [数字] キー	タスクバー上のアプリを複数起動	○	○	○
⊞ + Alt + [数字] キー	「ジャンプリスト」の表示	○	○	○
⊞ + B キー	通知領域の「▲」ボタンにフォーカス	○	○	○
⊞ + B → Enter キー	非表示になっている通知アイコンをポップアップで表示	○	○	○

ショートカットキー一覧

●タスク切り替え

ショートカットキー	動作	対応 10	8.1	7
⊞ + Tab キー	「タスクビュー」の表示	○		
Alt + Tab キー	Windowsフリップ	○	○	○
Alt + Shift + Tab キー	Windowsフリップ（逆回転）	○	○	○
Ctrl + Alt + Tab キー	静止版Windowsフリップ	○	○	○

●仮想デスクトップ

ショートカットキー	動作	対応 10	8.1	7
⊞ + Ctrl + D キー	仮想デスクトップ：新しいデスクトップの作成	○		
⊞ + Ctrl + F4 キー	仮想デスクトップ：現在表示中のデスクトップを閉じる	○		
⊞ + Ctrl + 左右カーソルキー	仮想デスクトップ：デスクトップの表示切り替え	○		

●ウィンドウ

ショートカットキー	動作	対応 10	8.1	7
Alt + space キー	アクティブウィンドウのショートカットメニュー表示	○	○	○
Alt + space → M キー	アクティブウィンドウの移動	○	○	○
Alt + space → S キー	アクティブウィンドウサイズの変更	○	○	○
Alt + space → X キー	アクティブウィンドウサイズの最大化	○	○	○
Alt + space → N キー	アクティブウィンドウサイズの最小化	○	○	○

●アプリ

ショートカットキー	動作	対応 10	8.1	7
Alt + F4 キー	アプリを終了	○	○	○
Ctrl + W キー	Microsoft Edge／Internet Explorer等のタブを閉じる	○	○	○
Ctrl + P キー	印刷（一部のアプリのみ）	○	○	○

●ウィンドウ（スナップ）

ショートカットキー	動作	対応 10	8.1	7
⊞ + ← キー	ウィンドウの左半面表示	○	○	○
⊞ + → キー	ウィンドウの右半面表示	○	○	○
⊞ + → + ↑ キー	ウィンドウの右上1/4面表示	○		
⊞ + → + ↓ キー	ウィンドウの右下1/4面表示	○		
⊞ + ← + ↑ キー	ウィンドウの左上1/4面表示	○		
⊞ + ← + ↓ キー	ウィンドウの左下1/4面表示	○		

ショートカットキー	動作	対応 10	対応 8.1	対応 7
⊞ + Shift + ↑ キー	ウィンドウの垂直方向最大化	○	○	○
⊞ + ↑ キー	ウィンドウの最大化	○	○	○
⊞ + Home キー	アクティブウィンドウのみ表示	○	○	○

● ウィンドウ（最小化）

ショートカットキー	動作	対応 10	対応 8.1	対応 7
⊞ + D キー	すべてのウィンドウの最小化／復元（デスクトップから）	○	○	○
⊞ + M キー	ダイアログ以外のすべてのウィンドウの最小化	○	○	○
⊞ + Shift + M キー	ダイアログ以外のすべてのウィンドウの最小化した後の復元	○	○	○

● エクスプローラー

ショートカットキー	動作	対応 10	対応 8.1	対応 7
Alt キー	リボンへのアクセス／ショートカットキー表示	○	○	
⊞ + E キー	「エクスプローラー」の起動	○	○	○
Ctrl + F1 キー	リボンの展開／最小化	○	○	
Alt + ← キー	戻る	○	○	○
Alt + → キー	進む	○	○	○
Alt + ↑ キー	「上位フォルダー」の表示	○	○	
Alt + P キー	プレビューウィンドウ表示	○	○	○
Alt + Shift + P キー	詳細ウィンドウ	○	○	
Ctrl + E キー	検索ボックスへのフォーカス移動	○	○	○
Alt + [数字] キー	クイックアクセスツールバーの各コマンド	○	○	
Shift + 🖱 → W キー	選択アイテムをカレントとして「コマンドプロンプト」を起動	○	○	○

● エクスプローラー（表示）

ショートカットキー	動作	対応 10	対応 8.1	対応 7
Ctrl + Shift + 1 キー	特大アイコン	○	○	
Ctrl + Shift + 2 キー	大アイコン	○	○	
Ctrl + Shift + 3 キー	中アイコン	○	○	
Ctrl + Shift + 4 キー	小アイコン	○	○	
Ctrl + Shift + 5 キー	一覧	○	○	
Ctrl + Shift + 6 キー	詳細	○	○	
Ctrl + Shift + 7 キー	並べて表示	○	○	
Ctrl + Shift + 8 キー	コンテンツ	○	○	

● エクスプローラー（ファイル操作）

ショートカットキー	動作	対応 10	対応 8.1	対応 7
Alt → H → C → F キー	選択アイテムのコピー	○	○	
Alt → H → M キー	選択アイテムの移動	○	○	
Ctrl + C → Ctrl + V キー	ファイル／フォルダーのコピー	○	○	○
Ctrl + X → Ctrl + V キー	ファイル／フォルダーの移動	○	○	○
Delete キー	削除	○	○	○
Shift + Ctrl + N キー	フォルダーの作成	○	○	○

● ツール／設定

ショートカットキー	動作	対応 10	対応 8.1	対応 7
■ + X キー	クイックアクセスメニュー	○		
■ + X → F キー	プログラムと機能	○		
■ + X → B キー	Windowsモビリティセンター（バッテリー搭載PCのみ）	○		
■ + X → O キー	電源オプション	○		
■ + X → V キー	イベントビューアー	○		
■ + X → M キー	デバイスマネージャー	○		
■ + X → W キー	ネットワーク接続	○		
■ + X → K キー	ディスクの管理	○		
■ + X → G キー	コンピューターの管理	○		
Ctrl + 変換 → R キー（日本語入力有効状態）	Microsoft IMEの設定	○	○	○
■ + Pause キー	システム（コントロールパネル）	○	○	○
■ + X → A キー	コマンドプロンプト（管理者）	○		
■ + X → C キー	コマンドプロンプト	○	○	

● 拡大鏡

ショートカットキー	動作	対応 10	対応 8.1	対応 7
■ + + キー	拡大鏡の起動／拡大率のアップ	○	○	○
■ + - キー	拡大率の縮小	○	○	○
■ + Esc キー	拡大鏡の終了	○	○	○
Ctrl + Alt + F キー	拡大鏡「全画面モード」	○	○	○
Ctrl + Alt + L キー	拡大鏡「レンズモード」	○	○	○
Ctrl + Alt + D キー	拡大鏡「固定モード」	○	○	○

INDEX

数字・記号

/A	146
/L	146
/R	146
/S	146
/T	146
1000Base-T	28
１バイト文字／２バイト文字	162
2.4GHz帯	63
5GHz帯	63

A〜C

AES	75
AN HTTPD	330
AUTO-MDIX	28
BitLocker	347
BYOD	79
Chromeリモートデスクトップ	321
〜のセットアップ	331
〜へのアクセス（PC）	332
〜へのアクセス（スマートフォン／タブレット）	334
Continuum	302
CPU	124

D〜F

DavDrive	277
Default Share	182
DHCP	25, 59, 99
〜による自動割り当て	99
DLNA	308
DTCP-IP	308
ESファイルエクスプローラー	267, 315
Everyone	173
FileExplorer	263
Fing	231

G〜I

GOM Player	309
GoodPlayer	314
GoodReader	265, 274
IEEE802.11a	60
IEEE802.11ac	60
IEEE802.11b	60
IEEE802.11g	60
IEEE802.11n	60
IPv6/IPv4DNSサーバー	225
IPv6/IPv4アドレス	225
IPアドレス	24
〜の固定化	232
〜の固定化（Android端末）	273
〜の固定化（iOS端末）	272
〜の固定化（NAS）	289
〜の固定化（Windows PC）	235
〜の固定化（ネットワークカメラ）	295

L〜N

LAN 26
LANアダプター 124, 252
LANケーブル 28, 31
　〜の規格 32
　〜の作成 259
　〜の選択 32
MACアドレス 26
　〜の登録 81
MACアドレスフィルタリング ... 26, 79
　〜の管理 83
　〜の準備 80
　〜の有効化 82
　〜有効化後の注意点 83
Media Player Classic 309
Microsoft Officeのサポート終了日
.... 213
Microsoft Security Essentials 214
Microsoftアカウント 159
Miracast 302
MU-MIMO 63
MX Player Pro 316
NAS 26, 58
　〜のIPアドレス固定化 289
　〜の設定コンソール 287
　〜のネットワーク設定 289
　〜のファイルロス軽減 292
NAT 122, 285
NekosogiFtpd 330

NET USE 205
NOTEPAD 209
nPlayer 314

O〜S

OneDrive 354
OSビルド 34
OTG USBメモリ 279
PCのクリーンインストール 361
PowerDVD Ultra 309
RAID 286
RJ45コネクタ 258
SATAポート 123
SHUTDOWN /S 146
SIMフリー 300
sMedio TV Suite for Windows 309
SSID 74
SSIDステルス 65, 84, 89

T〜W

TKIP 75
UAC 49
UNC 190
UPS 134
USBカメラ 296
USBプリンター 282
VLC Media Player 309
Wake On LAN 335
WAN 26

Webブラウザー偽装 358	アップグレード 245
WEP 60	〜の延期 247
Wi-Fi接続 85	アプリの強制終了 355
Windows 10の設定 85	暗号化キー 76
Windows 8.1の設定 86	暗号化方式 75
Windows 7の設定 88	アンチウィルスソフト 213
Windows 10 Mobile 298	イーサネットコンバーター 93, 112
Windows 10のエディション 38	イジェクトピン 259
Windows 8.1のエディション 39	一意 24
Windows 7のエディション 40	エクスプローラーのオプション 45
Windows Defender 214	エクスプローラーの起動 186
Windows OS エディション 33	遠隔PCリモートコントロール 280
〜の違い 37	遠隔接続環境 327
Windows Update 245	オートネゴシエーション 28
Windowsファイアウォール 240	
Windowsファイルサーバー 122	**か行**
Windows Mediaリモコン 311	回復キー 348
WOL 306, 335	回復性の種類 343
WPA 75	拡張子 44
	確認君 108
あ行	カシメ工具 258
アカウントの種類 163	仮想マシン 359
〜の変更 165, 168	管理者アカウント 163
アクセスアドレスの恒久化 233	管理者コマンドプロンプト 45
アクセスポイントモード 66	記憶域 337, 342
アクセスレベル 157	〜の管理 345
フルコントロール 181	〜の作成 343
変更 181	共有フォルダー 156
読み取り 181	〜設定前の確認 176

371

～でアクセス許可するアカウントの設定 179	サブネットマスク 237
～のアクセス状況の確認 215	資格情報 199
～のアクセスレベルの設定 .. 157, 180	～の確認 200
～の解除 195	～の削除 203
～の共有名の設定 176	～の新規追加 201
～の存在の秘匿 178	～の編集 202
～へのアクセス ... 190, 192, 193, 194	資格情報マネージャー 199
～へのアクセス（Android端末）.. 267	システム領域 131
～へのアクセス（iOS端末）......... 262	実装RAM 34, 35, 36
～への素早いアクセス 196	自動同期 363
～を一覧で確認する 182	自動ロック 216
クイックアクセス 186, 197	社内ネットワーク 152
矩形波 134	集中管理 126
クラシックログオン 220	従量制課金接続 90
グローバルIPアドレス 24	ショートカットアイコンの作成 52
～の確認 108	スクリーンセーバー 216
更新プログラム 245	ストライプボリューム 339
～の適用方法を変更する 248	～の作成 340
～を手動で適用する 251	ストリーム数 63
個人情報の削除 357	ストレージ省電力機能 142
コマンドの実行 45	スナップショット 359
コマンドプロンプト 45	スリープ 139
コンピューターの管理 184	正弦波 134
コンピューター名 136	制限ユーザー 163
	セキュリティの種類 224
	設定コンソール 40

さ行

サーバー専用PC 127	<div align="center">た行</div>
サインイン自動化 351	ダイナミックDNS 67

ダイナミックディスク 337
　～によるストレージ管理 338
　～の適用 338
タスクマネージャー 356
著作権保護 308
ディスクの管理 339
データ領域 131
デジタルメディアコントローラー ...312
デジタルメディアレンダラー 312
デスクトップアイコン 188
デチューン 119
デバイスマネージャー 255
電源オプション 141, 143
電波干渉 119
盗難防止ケーブル 259
ドッキングステーション 253
ドライバーのバージョン 225
ドライブ暗号化 347
トラックボール 311

な行

二重ルーター 101
　～の解決 109
ネットワークアダプター 226, 252
　～の無効化 254
ネットワークカメラ 293
　～のIPアドレス固定化 294
　～の設定コンソール 293
ネットワーク情報 224

～の確認（Android端末） 271
～の確認（iOS端末） 270
～の確認（Windows 10 Mobile）..304
～の確認（Windows 10） 224
～の確認（Windows 8.1） 225
～のテキスト化 226
ネットワーク帯域 225
ネットワークチャンネル 225
ネットワークツール 230
ネットワークと共有センター
.... 149, 228
ネットワークドライブへの割り当て..193
ネットワークプロファイル 148
　～の詳細設定 153
　～の選択 150

は行

ハイパワーアンテナ搭載無線LANルー
ター 110
バックアップ管理 362
バッチファイル 204
　～の作成 206
　～の実行と確認 208
　～の自動起動 210
　～の保存 208
ハブ 27
　～の商品選択 28
　～の配置 30
　～を導入しない場合の注意点 29

パフォーマンスオプション 147
パブリックネットワーク 148
ビームフォーミング 64, 119
標準ユーザー 163
ファイル名を指定して実行 37, 45
ファイル履歴 362
ファンレス 28
フォルダーオプション 45
物理アドレス 225, 227, 229
プライベートIPアドレス 25
プライベートネットワーク 148
フルデュプレックス 28
プレゼンテーションマウス 312
プロキシサーバー 358
プロセッサ 34, 35, 36
プロセッサスケジュール 146
ペンとタッチ 34, 35, 36
防水アイテム 317
ポート規格 65
ポートマッピング 102
ホームネットワーク 152

ま行

マザーボード 123
マルウェア 211
マルチSSID 65, 77
マルチブート 361
ミラーボリューム 339
　〜の解除 342
　〜の作成 339
無線LAN 60
　〜帯域の選択 73
　〜のセキュリティ機能 65
　〜の通信規格 60
無線LANルーター 61
　〜親機でのアクセスポイント設定 .. 73
　〜によるダイナミックDNSの設定
　... 106
　〜のIPアドレスの変更 98
　〜のアクセスポイント化 62, 109
　〜の設定コンソール 71
　〜の設定状態の保存 94
　〜の導入事例 61
　〜のハードウェアリセット 70
　〜のファームウェアアップデート ...95
　〜の付加機能の確認 65
　〜のマニュアルモード 117
無停電電源装置 134
メモ帳 209

や行

ユーザーアカウント 157
　〜の確認 173
ユーザーアカウント制御の設定 50
ユーザー名 162
有線LAN接続 31, 32
有線LANポート 65
　〜のハードウェアセキュリティ ...256

INDEX

ら行

リダイレクト 230
リモートコントロール 279
リモートデスクトップ............304, 320
リモートデスクトップホスト 321
　～機能の有効化......................... 322
　～の対応エディション 322
　～のポート番号変更.................... 324
リモート電源コントロール
.... 281, 306, 336
ルーターモード...............................66
レジストリエディター 47
ローカルアカウント 159, 162
　～の作成 165, 166, 169
　～を連続的に作成......................... 172
ローカルエリアネットワーク 26
ローカルグループポリシーエディター
....47
ローカルセキュリティポリシー
....221, 351
ローカルユーザーとグループ
....173, 174
ロック 211, 216

わ行

ワイドエリアネットワーク 26

著者プロフィール

橋本 和則（はしもと・かずのり）

IT著書は70冊以上に及び、代表作には「Windows 10上級リファレンス（翔泳社）」「Windows 10完全制覇パーフェクト（翔泳社）」「ポケット百科 Surface Pro4 知りたいことがズバッとわかる本（翔泳社）」「ひと目でわかる Windows 10 操作・設定テクニック厳選200プラス！（日経BP）」のほか、上級マニュアルシリーズ（技術評論社）などがある。
IT機器の使いこなしやWindows OSの操作、カスタマイズ、ネットワーク等、わかりやすく個性的に解説した著書が多い。震災復興支援として自著書籍をPDFで公開。Windows 10/8/7シリーズ関連Webサイトの運営のほか、セミナー、著者育成など多彩に展開している。マイクロソフトMVP（Windows and Devices for IT）を受賞。

橋本情報戦略企画　http://win10.jp/

編集・DTP・本文デザイン	BUCH⁺
装丁デザイン	round face 和田 奈加子

Windows ネットワーク 上級リファレンス
Windows 10 ／ 8.1 ／ 7 完全対応

2016年9月16日 初版第1刷発行

著　　　者	橋本 和則
発　行　人	佐々木 幹夫
発　行　所	株式会社 翔泳社（http://www.shoeisha.co.jp）
印刷・製本	株式会社 ワコープラネット

Ⓒ 2016 Kazunori Hashimoto

本書は著作権法上の保護を受けています。本書の一部または全部について（ソフトウェアおよびプログラムを含む）、株式会社 翔泳社から文書による許諾を得ずに、いかなる方法においても無断で複写、複製することは禁じられています。
本書へのお問い合わせについては、2ページに記載の内容をお読みください。
落丁・乱丁はお取り替えいたします。03-5362-3705までご連絡ください。

ISBN978-4-7981-4813-7　　　　　　　　Printed in Japan